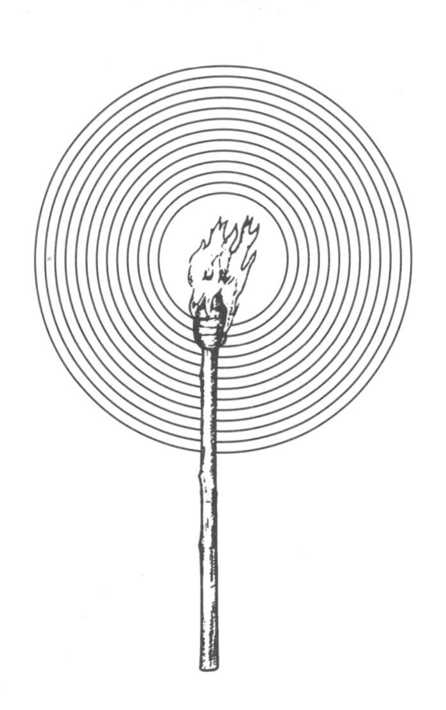

目之所及

引发视觉革命的重大发明

A History of
Seeing in
Eleven Inventions

〔澳〕苏珊·德纳姆·韦德 著
Susan Denham Wade

仲红实 王柳莉 译

中国出版集团
中 译 出 版 社

著作权合同登记图字：01–2021–6512

图书在版编目（CIP）数据

目之所及：引发视觉革命的重大发明 /（澳）苏珊·德纳姆·韦德 (Susan Denham Wade) 著；仲红实，王柳莉译.
-- 北京：中译出版社，2023.1
书名原文：A History of Seeing in Eleven Inventions
ISBN 978-7-5001-7203-1
Ⅰ. ①目… Ⅱ. ①苏… ②仲… ③王… Ⅲ. ①创造发明–世界–普及读物 Ⅳ. ① N19–49

中国版本图书馆 CIP 数据核字 (2022) 第 184809 号

目之所及：引发视觉革命的重大发明
MUZHISUOJI: YINFA SHIJUEGEMING DE ZHONGDA FAMING

作　　者　[澳] 苏珊·德纳姆·韦德
译　　者　仲红实　王柳莉
策划编辑　温晓芳　吴中杰
责任编辑　温晓芳
营销编辑　梁　燕
装帧设计　北京锋尚制版有限公司
排版设计　北京杰瑞腾达科技发展有限公司

地　　址　北京市西城区新街口外大街 28 号普天德胜主楼四层
电　　话　（010）68002926
邮　　编　100044
电子邮箱　book @ ctph.com.cn
网　　址　http://www.ctph.com.cn
印　　刷　北京盛通印刷股份有限公司
经　　销　新华书店
规　　格　710mm×1000mm　1/16
印　　张　26
字　　数　291 千字
版　　次　2023 年 1 月第 1 版
印　　次　2023 年 1 月第 1 次

I S B N　978-7-5001-7203-1
定　　价　89.00 元

中　译　出　版　社

献给罗伯（Rob）、查理（Charlie）、斯特拉（Stella）、
罗西（Rosie）和哈蒂·布（Hattie Boo）

序　言

若是没有大脑，人类只不过是装满了水、蛋白质和脂肪的容器；而没有了感官，我们的大脑就和豆腐没什么区别——虽然不尽相同，但也差不多少。

有了感官传递的信息，大脑才能帮助我们了解世界、改善生活以及规避风险。感官使得我们的生活变得更为丰富、更具活力也更加安全。对于 99% 以上的人来说，眼睛是最强大的感官。

但问题是，我们不知道该如何运用它。

即便大脑前端兜着一对“超级工具”，我们还是稀里糊涂地讨着生活，希望能在这一过程中学着驾驭它。通过研究其他人的行为，我们逐渐得到了一些模糊的线索。例如我们了解到，看 YouTube 视频并不能让人变聪明，反而会导致发胖。

而双眼——人们所能用到的最特别的工具——没有使用手册。就算有人递给我们一本干巴巴的说明书，相信大多数人也不会读。幸运的是，透过人与视觉之间丰富多彩的文化发展史，德纳姆·韦德（Denham Wade）把我们所需的信息都捡了出来。她将这段历史生动地融入我们的生活，弥合了巨大的时间鸿沟，让我们得以看清过去。要知道，早在第一面抛光镜子于土耳其现世后，个人主义很快便兴盛起来。

正是这种世界历史和个人历史的融汇交织才令人激动。你知道超重人群会高估一段距离的长度吗？你知道我们会美化眼中的自己和伴侣吗？在此之前我并不知道，可这的确引发了我的思考。虽然这并不适用于我，但不可否认的是，这种写作方式很聪明，它成功撩拨了我们那条脆弱的神经——我们总想知道自己在别人眼里是什么样的，并且对这种虚荣心无能为力。

尤瓦尔·诺亚·赫拉利（Yuval Noah Harari）在他的《人类简史》（*Sapiens*）一书中对整个人类族群的历史进行了描述。而《目之所及：引发视觉革命的重大发明》则是描绘了一幅在空间和时间维度上都更为紧密、拥有更近距离的画面。

读完这本书后，我开始意识到许多事情并非最初看起来的那样。相信你读完它以后，也会有同样的感受。

特里斯坦·古利（Tristan Gooley）①

① 英国作家。——译者注

前　言

一位智者曾经说过，在任何一段历史中，被记载下来的部分总是少于那些被遗漏的部分。[1]就这一特点而言，很难找到比本书所探讨的历史更为典型的例子了。借以各种各样的形式，视觉已经存在了数亿年。在人类社会乃至整个动物世界中，视觉是一种近乎普遍却又极具主观性的存在。视觉的产生是一种复杂的神经生理运作过程。几个世纪以来，物理学家们一直在尝试揭开它的面纱，但直至今日，人们对其深层工作原理的探索也只是刚刚起步。不仅如此，还有几十种有趣的视觉差有待研究。

也许某天，最权威的视觉史终会被书写，但我们须耐心等待。

为了研究和撰写这本书，我在描写视觉的各个方面的茫茫书海中，选择了一条路。沿着这条路，我披荆斩棘，穿越了几十个不同的专业领域。我选择的道路自有逻辑，但别人难免会有其他的选择。不管怎么说，还有很多领域有待开发。尽管我尽了最大的努力，但必须承认，这一路上一定还有我没能发现的“岔路”或视角，以及一些零散的失误。为此，我提前致歉，并欢迎读者更正。

苏珊·德纳姆·韦德（Susan Denham Wade）

引　言

2015 年年初，格蕾丝·麦格雷戈（Grace McGregor）正期待着自己的婚礼。婚礼将在一个名叫科伦赛（Colonsay）的小岛上举行，从苏格兰大陆坐船过去大约需要两个半小时。当这位准新娘忙着制订婚礼计划时，她的母亲塞西莉亚（Cecilia）正在 300 英里外的布莱克浦（Blackpool）为自己购置参加婚礼的行头。塞西莉亚给女儿发了几张自己中意的裙子的照片，这些照片是她在一家商店用朋友的手机拍的，接着她在店内打给了格蕾丝。

格蕾丝问妈妈最喜欢哪一件。

“第三件。”塞西莉亚回答道。

“哦，你是说白金相间的那件吗？”格蕾丝说。

“不，它是蓝黑相间的。”塞西莉亚表示。

“妈妈，那是白色和金色。”格蕾丝说道。而塞西莉亚坚持说裙子是蓝黑相间的，于是格蕾丝把照片拿给她的未婚夫基尔（Keir）。他和塞西莉亚的看法一致，认为裙子是蓝黑相间的。基尔父亲也被从隔壁叫来参与讨论。他表示裙子是白金相间的。

争论还在继续，并延伸到这对夫妇的朋友和家人。有些人认为图中的裙子是蓝色和黑色的，有些人则认为是白色和金色的。在当地争论了几周后，这对夫妇的朋友凯特琳·麦克尼尔

（Caitlin McNeill）把照片放到了社交媒体网站 Tumblr 上，并向粉丝求助："请大家帮帮我——这条裙子的颜色是白色和金色，还是蓝色和黑色？我和朋友们无法统一意见……"[1]

不到半小时，这张照片就出现在了推特上，并成了一个话题标签："那件裙子"（*"the dress"*）。照片在网络上蹿红。Buzzfeed 也瞄准了这一话题，它让用户投票选择自己看到的颜色。这下推特圈彻底炸开了锅。高峰时期，这一标签在推特上每分钟的转发量超过 11000 次。一夜之间，话题下涌现出 1100 万条推文。真人秀明星金·卡戴珊（Kim Kardashian）也发表评论，表示不同意自己丈夫坎耶·维斯特（Kanye West）的看法（她认为颜色是白色与金色，坎耶则坚持蓝色与黑色）。流行歌手贾斯汀·比伯（Justin Bieber）和泰勒·斯威夫特（Taylor Swift）也看到了蓝色和黑色，后者在推特上说她对这一现象感到"困惑和害怕"。

第二天早上，世界各地的媒体都对这张照片进行了报道。新闻播报员在直播中为裙子的颜色争论不休，结果各方不仅没能达成共识，还根本无法理解为何对方看到的颜色和自己不一样。即使在被告知裙子就是蓝色与黑色后，他们还是不能改变自己的看法。

随着争论持续发酵，媒体联系到了最开始拍摄照片的那一家人。就在照片走红前一周的周末，格蕾丝和基尔按计划举行了婚礼，并开始了蜜月旅行。艾伦秀①劝说他们缩短假期，并邀请婚礼派对上的所有人飞到美国，对事情的经过进行电视直播。节目开始时，艾伦（Ellen）再次向演播室的观众展示了那张大家都很熟悉的图片，然后询问他们看到的是蓝色和黑色，还是白色和

---

① the Ellen Degeneres chat show，美国的一档热门脱口秀。——译者注

金色。果不其然，答案又分成了两派。在稍后的节目中，她请出了格蕾丝、基尔以及他们的朋友凯特琳。他们在节目中讲述了故事的经过。作为回报，节目组送给这对夫妇一次加勒比的蜜月之旅，以及 1 万美元的现金，帮助他们“迎接新生活”。

随着艾伦把格蕾丝的母亲塞西莉亚叫到片场，节目也被推上了高潮。在一片掌声和欢呼声中，她穿着那件全世界最出名的裙子走上了舞台。这一次，大家的意见终于统一了——裙子是蓝黑相间的。

2015 年

目录

第一章

形成：

视觉是如何产生的

一

“西红柿”和“洋柿子”：主观的视觉艺术

“人人都把自己视野的局限当作世界的极限。”

——叔本华（Arthur Schopenhauer），

《悲观论集》（*Studies in Pessimism*），1851

若是早出生 500 年，我会是一个盲人。我天生只能看到一个没有线条的世界。周围的物体都是一团团污迹，他人的面孔也都一片空白，所有颜色都混合成了一抹暗淡的棕色。我的可视距离只有短短几英尺。一切都是完全模糊的。

但值得庆幸的是，我出生在 20 世纪。我从 8 岁起开始戴眼镜，从 14 岁起戴隐形眼镜，还矫正了自己的高度近视。这种能够改变人生的医疗手段在今天的人看来最熟悉不过了，人们甚至都不认为这就是科技。只要戴上眼镜或隐形眼镜，我就能和视力正常的人一样生活。

可在几年前，我开始因为视力问题而烦恼。如果哪天晚上家中发生火灾，我却在逃难时没来得及戴上眼镜，怎么办？假如我被困在某个地方，几天都用不了眼镜或备用的隐形眼镜，怎么办？我一定会十分无助。这或许是杞人忧天，但恐惧是真实存在的；因为我意识到，随着年龄的增长，潜在的危险在逐渐增加。不管怎么说，30 多岁的我已经厌倦了戴眼镜和摆弄隐形镜片的日子。几乎每个星期都有人拿自己激光手术如何成功的故事来鼓动我。看样子，我是时候亲自迈出这冒险的一步了。

可结果是，我的近视太严重了，不能做激光手术，但可以进行晶状体置换。手术的过程和《发条橙》（*Clockwork Orange*）[①]里的场景一样诡异。你需要坐在椅子上，被撑开眼皮，全程“眼睁睁”地看着医生捣碎你的晶状体，然后把它拔出来，再放一个人造的晶状体进去，以达成矫正视力的目的。每天都会有成千上万的白内障患者经历这样的流程。在经历了几段小插曲和一系列无痛的视觉折磨后，手术见效了。如今，早上醒来时，我能和身边的人一样清楚地看到这个世界，这是我有生以来第一次体验到这种奇妙的感受。

可我们各自眼中的世界都一样吗？事实并非如此。你也不例外。

我们眼中的世界一样吗？

在西方社会，超过 99% 的人都有着同样的视觉体验。[②]我们

---

① 英国电影，1972 年上映。——译者注

② 世界卫生组织的数据显示，全世界盲人总数为 3600 万人，中度至重度视力障碍者共 2.17 亿人，他们绝大多数来自低收入国家。【数据来自《世界卫生组织事实档案》第 213 号（*WHO Fact Sheet #213*），可在 www.WHO.int/en/news-room/fact-sheets/detail/blindness-and-visual-impairment. 访问】

看到周围的物体时，可以用同样的词语描述出来，比如一个红苹果、一个白色杯子或一把木椅。相遇时，我们可以认出对方；看到纸张上的标记，我们可以用语言表达出来。我们共享的视觉世界仿佛就已是全部：世界就是我们看到的样子，对于每个人都一样。

可事实上，这种视觉认知的共性只是我们的错觉。虽然可能存在视觉能力完全相同的两个人，理论上他们看到的东西是相同的，但这在现实生活中根本无法实现。视觉感知具有主观性，是其主体所独有的。我们不仅仅是对美的认知不同，实际上，我们看到的每一件事物都有所不同。

归根结底，这种主观性取决于我们“看”的方式。人类以及其他所有脊椎动物的眼睛被称为“单眼”，原因是其只有一个晶状体（昆虫和其他节肢动物的眼睛为“复眼”，存在多个晶状体）。从外表上看，单眼的结构就像一个照相机。光线通过一个小孔（瞳孔）进入眼睛，由晶状体聚焦到眼球（视网膜）后方的感光区域，就好比照相机镜头将通过光圈进入的光线聚焦到胶卷上。然而，这个比喻只能到此为止。与照相机不同的是，眼睛并不会像冲洗胶卷一样，在捕捉到眼前的图像后，直接将其“上报”到大脑进行处理。相反，视觉通道是一个完整的信息处理系统[1]：从收集视觉信息，分析其组成部分，再到建立有意识的视觉感知以及最终识别看到的场景。在上述每个阶段中，大脑各个区域都会参与进来，挟带着个人的经验、记忆、期望、目标和需求，与我们能看到或是看不到的场景联系在一起。神经科学家将人脑收集和处理光信号的过程称为物理视觉，并将其描述为一种“自下而上”的流程；而大脑将视觉转化为感知的机制，是“自上而下”的过程。直至近几十年，科学家们才开始理解这两个过程之间的相互作用。

其实，在真正开始“看”之前，大脑就已经对人的视觉产生了影响，那就是左右我们收集视觉信息的方式。在使用相机时，只需一次拍摄就能捕捉整个画面，但用眼睛观象不是。胶卷上规律地分布着感光化学物质，因此当光线进入光圈后，可以迅速与胶片表面发生均匀的反应。视网膜的工作机制却大不相同。作为大脑的前哨，它在受孕早期就已成型，其神经组织与胚胎大脑一致，上面覆盖着神经元。两种形态的光感器——视杆细胞和视锥细胞——负责检测光信号并将其转化为电信号。它们分工明确，且在视网膜上的分布极其不均匀。

视锥细胞可以区分颜色并赋予我们极佳的视觉敏锐度，但需要相对明亮的光线。在白天（或人工照明环境下），我们利用它来实现高分辨率的视觉体验。人眼内约含 600 万个视锥细胞，其中大部分集中在视网膜中心一处名为“中央凹”的小区域，也就是眼睛的焦点。距离中央凹越远，视锥细胞的数量也会随之锐减。

视杆细胞的感光能力大约是视锥细胞的 1000 倍，能够看到单个光子（已知最小的光单位）。它们非常擅长检测动态光源，但无法辨别颜色，分辨能力相对较差。这就是人们在夜间无法分辨颜色，以及视线相对模糊的原因。视杆细胞的数量大约是视锥细胞的 20 倍，聚集在除中央凹以外的视网膜的中部到内部，越靠近视网膜边缘的位置分布越少。[①] 视杆细胞主要作为夜间视力和外围视力的支持。

由于视锥细胞集中在小小的中央凹，也就意味着我们的眼睛每次只能聚焦在一个很小的区域。到了距离眼睛一臂远的地方，清晰的焦点区域只剩一张邮票大小。要想验证这一点，你可以尝试举起一本书，伸长手臂，眼神聚焦在某个字上。周围的字都会变得一片模糊。为了补偿狭小的焦点区域，我们的眼睛会以每秒三到四次的震频，在我们所看的物体周围不断地快速移动，以收集更为详细的信息，这一潜意识的小动作被称为“眼球跳动”。

眼睛在扫视时并不像打印机扫描文档那样逐段扫描。目光会朝一个场景的各个方向移动，有时瞬间聚焦在某处，下一秒又继续移动，如此反复，像集邮一样逐渐拼凑起完整的图像。20 世纪 60 年代，一位名叫阿尔弗雷德・亚尔布斯（Alfred Yarbus）的苏联心理学家设计出了一款外形诡异的装置。装置上面附有吸盘，好似一副巨大的隐形眼镜。他把吸盘放在受试者的眼睛上，让他们看各种图像，摄像机会追踪并记录眼球的移动轨迹。他将记录下来的运动轨迹还原到受试者观察的图像上，以此显示出眼球移动过程以及受试者的目光停顿之处。

亚尔布斯从中发现了许多关于视觉的“秘密”。首先，眼球跳动并不具备系统性，但也并非随机产生的。眼睛并不是在无差别地扫视整个场景，而是倾向于捕捉最有用的信息。从生物学的角度上讲，能帮助我们生存的信息就是最有用的信息。因此，正

---

① 要想感受视杆细胞和视锥细胞的区别，只需把一个有色物体放在你面前一臂长的地方。凝视前方，慢慢地将它移动到侧面，移动的同时摇晃物体。很快，你将无法辨别物体的颜色，视线变得非常模糊，但即便看不清它的颜色，其运动轨迹仍然清晰可见。

如亚尔布斯的实验结果显示的那样，人们的眼睛往往会被其他生物的图像吸引，尤其是人类的照片，且关注点多为面部、眼睛和嘴巴。这些都是人类赖以生存的重要身体部位，它们所传达的信息往往能够揭示一个人的意图和情绪。

此外，亚尔布斯还发现，当人看到一个场景时，眼睛会试图以叙事的方式解读它，也就是拼凑出一个故事来描绘眼前的画面。当我们正在思考眼前发生的事情时，眼球会在事件角色之间来回移动，当大脑认为场景中的某些细节至关重要时，目光便会在那里聚焦。但不知为何，我们的眼睛和大脑会把这一切严丝合缝地拼接在一起，忽略掉每次注视之间的目光转换，让我们对眼前的事物形成连贯的印象。这种工作方式就好比一名电影剪辑师将不同的镜头剪辑在一起，引导观众构建一个完整的故事。顺便说一句，电影剪辑师都知道，最佳的观众反馈来自动态过程下的剪辑效果。哈佛大学神经科学家玛格丽特·利文斯通（Margaret Livingstone）认为，这是由于我们的视觉系统习惯于处理一系列被运动分隔开的移动场景（在眼睛固定的情况下）。[2]

后续的眼动研究表明，一个人的文化背景也会影响他们的注视模式。一次实验中，人们被分成了两组，一组来自西方，一组来自东亚。接着，实验人员分别向他们展示了一系列置于大背景下的中心物体图像，比如森林里的老虎或是飞越山脉的飞机。结果显示，西方人更关注图中的主要物体，而东亚人倾向于将目光置于中心物体和背景之间。[3]研究人员表示，造成差异的原因是西方文化重视个性发展以及独立性，所以会更关注主要对象；而东亚文化更注重相互依存，因此这些受试者对图中的背景信息更感兴趣。

最新的神经学研究对早期阶段的视觉信号收集及其对视觉的影响有了新的认识。视网膜发出的光信号会传播到两个部位——丘脑（多在一分钟内到达）和上丘。上丘在控制头部和眼球运动方面也发挥着重要作用。它将来自视网膜的光信号与大脑其他部分（包括负责记忆和指令的区域）传输的信息结合起来，以此决定人接下来该看向哪里。你是否曾经突然环顾四周，却不知道为什么要这么做？这可能是因为负责周边视域的视杆细胞无意间检测到了某种运动，使整个身体系统认为这可能预示着危险，于是下令让眼睛仔细检查周围的情况。这是一种基本的求生本能。[4]也就是说，无论我们承认与否，视觉从一开始就是眼睛和大脑协作的产物。

为补足观察画面时目光无法主动聚焦的部分，我们大脑自上而下的运转就起到了至关重要的作用。视杆细胞和中心凹区域外的视锥细胞会对焦点以外的场景形成粗略的视觉信号，再由大脑根据记忆和个人经验补充遗漏的部分。这使我们相信自己已经看到了完整的场景，其实这种感觉是错误的。

有时大脑会误导我们的双眼，使之聚焦在错误的地方，导致我们错过重要的信息。这是魔术师、街头骗子和扒手们的惯用手段。他们都十分擅长移开对方的注意力，在我们的眼皮底下行骗。我们专注于其他事情时，即便是那些显而易见的东西也很容易被忽略。哈佛大学的一个研究小组给受试者播放了一群人投球的视频，并要求他们记下传球的次数。视频中有一只大猩猩从球场穿过，然而一半的受试者都没能注意到。[5]这种现象被称为“非注意视盲”（或称“疏忽盲”）。同样地，我们常常会忽视发生在眼皮底下的巨大变化。上述研究小组又做了一次实验，这一次，他们派出了一名研究人员，假扮成游客进入公园并向路人问路。当研究人员假扮的游客和路人交谈时，另外两名团队成员提着一扇门从两人之间走过，并将先前的“游客”换成了另一名研究人员。大多数路人竟然没有注意到这一变化，并同替换后的研究人员继续交谈。这一现象便是所谓的“变化盲”。

当视觉信号进入中央凹以及视网膜的其他部分时，会进一步传递到丘脑，并由此传输至大脑后部的视皮层中。20 世纪 50 年代，生理学家大卫·胡贝尔（David Hubel）和托斯滕·韦塞尔（Torsten Weisel）发现，传输的第一阶段会对基本的视觉信号进行处理，比如判断一条线是水平的、垂直的还是倾斜的。对此，二人进行了一项开创性的研究，他们将显微电极插入猫脑视皮层的单个细胞中。通过训练，他们让猫盯住屏幕保持不动，并尝试记录其大脑对不同光模式的反应。他们进行了多日的试验，几乎在屏幕上的每一处都照了灯，但无法捕捉到猫脑细胞的任何反应。最后，两名生理学家尝试在载玻片粘上了一块小纸片。终于，在他们移动玻片时，猫有了回应：其中一个脑细胞开始放电。他们不断地挪动载玻片，试图找到屏幕上激活脑细胞的具体对象。经过多小时的苦苦尝试后，他们意识到导致细胞反应的不是哪一点，而是载玻片移动时在屏幕边缘投射出的对角线阴影。

这是一个完全出乎意料的结果。进一步实验过后，两人得出结论，在视觉皮层的一个分区（以下称为 V1）中有数百万个细胞，其中每一个都会对某种单一且特定的视觉特征做出反应。比如不同的细胞会对“/”“\”“—”“|”等视觉信号产生响应。根据这些基本信号，大脑可以快速勾勒出一个场景的轮廓，从而有

效地描绘出眼睛所看到的一切。我们之所以天生就能识别一些简单的线条画，就是因为细胞采用了大脑处理图像的最基本方式。

胡贝尔和韦塞尔的实验颇具革命性，因为他们证明了大脑并不会主动分析视觉信息。相反，它只是对视觉信号做出一定的反应。V1 区的每一个细胞都会根据特定光信号的视觉特性选择自觉触发或保持不动。在下一个处理阶段的 V2 中，特定的细胞会对轮廓、纹理和位置做出反应。同样地，细胞反应的触发与否仍取决于每个物体的视觉特征，比如颜色、形状或动态。最终的视觉感知，即针对图像的不同视觉特征，细胞所做出的反应之和。这是一个非同寻常的结论，与在此之前研究人员的假设完全相反。胡贝尔和韦塞尔后来因这项成果获得了 1981 年的诺贝尔奖（应该给猫咪颁发奉献奖），他们的见解为此后视觉系统运作的所有研究提供了支持。

视皮层输出信息会经过两个通道——哺乳动物共有的“where”（背侧）通路和极少数生物才有的“what”（腹侧）通路。背侧通路通向背部，沿大脑枕顶叶分布。它无法辨别颜色，但可以检测运动与纵深，实现物体与背景分离，并确定其空间位置。这些都是生存所需的基本视觉功能，它们能够帮助主体寻找食物的来源以及探测潜在的风险，并在视线范围内进行活动。

第二条通路俗称腹侧系统，居于耳朵上方的大脑两侧颞叶中。这条通路不仅能够感知颜色，更重要的是还可以识别事物。它是一个比背侧系统更为复杂的机制，目前据信只存在于人类和其他灵长类动物的大脑中，有可能也包括犬类。[6]

人类的腹侧系统在大脑中有一个特定的区域，专门用于识别面孔——作为一种社会性动物，我们向来以面部信息为重中之重

（这解释了为什么人们的注意力往往会被面部吸引）。小孩子们的人物画也总是一张脸外加粗略的几笔胳膊和腿：他们本能地认为脸才是最重要的部位。我们看到一张脸时，大脑会瞬间将眼前的特征与先前储存的“大众脸”数据进行比较——例如眼睛大小、面部长短、鼻梁高低等。漫画家们会利用这一点进行创作，将面部特征最大限度地夸张化，甚至与正常的特征相差甚远。然而，我们还是立刻就能认出这些图像，因为艺术家们的这些奇思妙想正是人脑无意识中一直在做的事情。[7]

正如亚尔布斯的实验显示，视觉处理的目标是帮助我们理解周围发生的事情，而不是实现某种精确的光学成像。比如，大脑自上而下的些机制会对我们看到的信息行补充，帮助们理解句意。（这一句缺了好几个字，但你还是读懂了！）此外，还有一些机制会剔除与主题无关的细节，或对我们看到的内容进行调整，以补全模糊的部分。这些操作使我们得以生存和发展，但也让我们容易掉入各种光学误差和错觉的陷阱。① 其中一些视错觉非常强大，即便我们知道了错误所在，也无法“真正看到”它原本的面貌。你可以想象一个棋盘，它的一部分处于阴影中。就其光学性质而言，处于强光下的黑色格应当比阴影下的白色格更亮。然而，我们眼睛反馈的信息恰恰相反。这就是因为，视觉处理中自上而下的系统正在利用过去的经验和记忆，影响我们对眼前信号的感知。这里涉及了一个有趣的哲学问题——到底哪个版本才是棋盘的“真面目”？

① 德国音乐家、视觉艺术家米夏埃尔·巴赫（Michael Bach）在 www.michaelbach.de/ot 上传了一系列精彩的错视图。也可访问 www.youtube.com/watch?time_continue=76&v=z9Sen1HTu5o 观看一段视错觉短视频。

根据视觉处理系统的复杂性以及大脑在每个阶段扮演的不同角色，我们可以推断出不同生活背景的人可能对同一事物有不同的看法。最近有研究发现，对于同一事物，受试的几个不同群体间存在着巨大的视觉差异。

2016 年的一项研究表明，肥胖人群对距离的感知与标准体重者有所不同。当研究者给出一段 25 米的距离要求判断其长度时，体重 150 千克的受试者的回答是 30 米，而 60 千克的受试者认为是 15 米。研究人员将此归结为人的感知能力与行动能力相关——肥胖群体与身材苗条的人相比，更难走完同样的路程。[8]

位于非洲纳米比亚的辛巴（Himba）部落，迄今仍然远离西方社会，过着原始的生活。他们的语言对颜色的描述与我们完全不同。其中有一种颜色叫作“Dambu”，是绿色、红色、米色和黄色的合集（他们也用这种颜色形容白种人的肤色）。另一种颜色“Zuzu”，则囊括了大多数深色系的颜色，包括黑、深红、深紫、暗绿和深蓝。第三种颜色“Buru”则包括各种蓝色和绿色。在他们的语言和色彩认知系统中，我们所说的单一色彩“绿色”，根据不同的色调可能属于三种不同的颜色分类。

2006 年，研究人员就此进行了一项测试。[9] 他们向辛巴族人展示了一套瓷砖，共 12 块，其中 11 块颜色相同，只有一块不同。在第一次测试中，整套瓷砖都是绿色的，其中一块色调略有不同。在大多数西方人眼中，12 块瓷砖看起来一模一样，但参与实验的辛巴族人立刻找出了颜色不同的那块瓷砖。第二次，研究人员展示了 11 块完全相同的绿色瓷砖，外加一块蓝色瓷砖——西方人可以轻而易举地分辨出不同，然而这次辛巴人很难将不同颜色的瓷砖区分开来。

你之所见不一定是我之所见

大概就在我的眼部手术前后，“裙子事件”爆发了。当时我满脑子都想着“视觉”这一话题，我不禁开始思考：既然生活在相似时间和地点的人看到的东西如此不同，那么数百年甚至数千年前的人们对世界的看法和我们得相差多远呢？

这绝不是一个容易回答的问题。尽管如此，我还是开始四处寻找线索。我开始大量阅读图书和学术文章，探询博物馆、画廊和古迹，并向相关专家请教。尽管我无法用古人的眼睛看世界，但在这个过程中，我还是发现了许多令我惊讶和好奇的事情。随着了解的逐步深入，我的兴趣也愈发浓厚。

我发现，眼睛是我们身体中最原始的部位。在进化过程中，人类的头部和身体都发生了巨大的变化，眼睛的结构却几乎一直保持不变。我们与我们的祖先——最古老的脊椎动物，5 亿多年前生活在海洋中的鳗鱼状生物——有着几乎一模一样的眼睛。

但关于眼睛的历史还要再往前追溯 1 亿年，那时地球上的生命都还是微生物，直到某种未知因素诱发了生命大爆发，自此最初的动物王国出现了。究竟是什么引发了生命大爆发，目前还不得而知，但“眼睛”很可能就是答案之一。早在“颠覆性技术”说法出现的几百万年前，眼睛可能早已率先实现了这种“颠覆”。

当人类的直系祖先原始人出现时，他们对于自己的先天视力——先不谈敬畏与否——其实并不太满意。他们学会了使用火，那是人类的首项“颠覆性技术”。火光照亮了几十万年里的每一个黑夜，并永远改写了人类在生态系统中的地位。

后来，他们的后代开始描绘起周围的世界，于是便有了图画。从此，艺术诞生了。直至公元前6000年，他们学会了把玻璃打磨成镜子，从反射镜像中看到了自己。又过了3000年，有人发明了第一个文字系统，将口头语言转化成了书面语言。文字的发明标志着我们所谓“历史”的开端，也为世界上最早的文明发展提供了前提。

几个世纪以后，一位意大利工匠把两片玻璃磨成透镜，将它们镶嵌在一个框架中，制成了眼镜。此后二百年，一名德国金匠发明了印刷机，在世界各地普及识字与学习的概念，并造成了巨大的影响。一个半世纪以后，一位荷兰人尝试把两片透镜放在一根管子中，创造出了第一架望远镜，人类的“见识”也随之迈进了一大步。随着科学的不断进步，又过了几个世纪，光源不再局限于壁炉和灯芯，而是被重新导入管道，照亮了大街小巷、家家户户以及新兴的工厂，这又是一项前所未有的壮举。我们所熟知的现代世界正式到来了。

本着19世纪积极探索和进取的精神，两位业余科学家在短短几周内发明了多种不同版本的摄影技术。到了19世纪末，原先静止的图像被拍成了电影，最终以电视的形式走进了千家万户。

就在十多年前，一位智力非凡的美国加州企业家推出了第一款智能手机。从那以后，我们的眼睛就没离开过一块块发光的屏幕。

以上一切的一切——火光、图画、镜子、文字、眼镜、印刷机、望远镜、工业照明、摄影技术、电影和智能手机——无不改变着人们看待世界的方式。不仅如此，这些技术同样也改变了世界本身：有些一经问世就大张旗鼓地改变了世界；有些则是以更缓慢、更微妙的方式影响着世界。但在我看来，它们无一不意味着一种剧变。每诞生一种新的视觉技术，人们看待世界的方式都会发生变化；与此同时，我们所处的世界也随之变得不同。随着发明创造的不断更迭，我们的视觉逐渐盖过了其他感官，导致它们退居配角，只能在娱乐和闲暇之时再行工作。

我们踏入智能手机时代已有十几载，现在也是时候回顾一下过去那些划时代的视觉科技。我们应该扪心自问：我们真的已经将视觉开发到极限了吗?

二
完美而复杂：眼睛的进化史

“眼睛有调节焦距、容纳不同采光量、纠正像差及色差等一系列无与伦比的能力。我坦白地承认，那些认为这一切都是通过自然选择而形成的假说似乎是最荒谬可笑的……然而，如此完善而复杂的眼睛能够经由自然选择形成，虽然在我们看来难以置信，但并非不能实现。”

——查尔斯·达尔文（Charles Darwin），《物种起源》（*On the Origin of Species*），1859[1]

起初，光就在那里，只是不存在能够感知到它的眼睛。

巨大的尘埃和气体云形成了太阳系，在此后的几亿年中，地球一直处于流动的熔融状态。再后来，地表凝固成广阔的灰色陆地，浩瀚的海洋环绕其上，隆隆作响的火山遍布其中。白天太阳当空，夜晚月亮高照。

日往月来，光明和黑暗交替，闪电和雨水共生，岩石和水相辅相成，但这一切都是在不知不觉间进行的。

终于，38 亿年前的某一天，第一个生命出现了。没有人知道它从何而来。在这颗年轻的星球上，富含化学物质的暖流在海洋之中涌动，那些体型微小的单细胞生物就生活在水下，随着洋流四处漂泊。

之后的 30 多亿年中，生命以极其缓慢的速度演变着。渐渐地，单细胞生物进化成不同的物种：细菌、藻类、真菌、植物和动物，最终构成了最为庞大的生物王国。大约在 6.5 亿年前，一些生物进化成了双侧对称体型，有头尾，分左右。但它们的体型还是太小，肉眼无法识别，除去小小的嘴巴和肛门，看上去就是毫无特征的蠕虫状斑点。直到数百万年后，专家们借助高倍显微镜观测化石时，这些细微的变化才得以被察觉。之后约 5000 万年中，该类群继续演变，进一步分化出了原始的脊椎动物（哺乳动物、鸟类、鱼类以及爬行动物）和节肢动物（昆虫、蜘蛛、甲壳类动物），但其体型仍停留在微观大小。

直到 5.4 亿年前，变化悄然而至。历经 30 亿年的冰川变迁后，微观动物王国迎来了一场生命大爆发。它们进化、灭绝；生长、增殖、演变、灭绝；再变异、繁殖、增殖、灭绝；重新繁殖、变异、壮大、分化、繁殖、生长、灭绝；再变异、增殖……如此反复着，一代接一代。

在经历了 2000 万年的疯狂进化后，一切又突然放慢了脚步。“适者”生存下来，相对稳定的生态系统形成了。同时，水下世界也发生了翻天覆地的变化。一群群看不见的微观生命被更高级、体型更大的动植物所取代，它们种类多样、大小不一、形态各异。四肢、牙齿、触角、鳃、壳、刺和爪子都相继出现了。有的甚至具备了某些光学特征——长出了条纹，或呈现出多种色彩。

当时位于食物链顶端的是奇虾（Anomalorcaris），一种大型食肉动物，身体柔软、呈节肢状，形似刺魟鱼。它有鱼一样的尾巴，一对钩状的附肢从头部伸出来，夹在凸出的双眼之间。其身长可达 6 英尺。与它同期存在的还有三叶虫（Trilobite），它们种类繁多，体型巨大，形似潮虫，有着长长的触角，头顶长着一双复眼。欧巴宾海蝎（Opabina）看起来有点像虾，不过它长着五只眼睛，前端还有一个长长的喷嘴状附肢。内克虾（Nectocaris）则更像乌贼，眼睛长在短梗上。[2] 这些远古生物在海底捕食（或被捕食）、腐烂、繁殖、生活、死亡……如此度过了数千万年，而 4.88 亿年前的一场灾难却几乎使它们全员灭绝。[3]

古生物学家把 5.4 亿年前这一快速进化时期（一称适应辐射阶段），称为寒武纪生命大爆发（Cambrian Explosion）。这可能是地球生命史上最为重要的进化事件，同时也是最大的谜团之一。在寒武纪生命大爆发之前，生命多以不起眼的微生物形式存在。可在仅仅 2000 万年后，就陡然出现了一个肉眼可见且丰富多样的水下生态系统。没有人知道这期间到底发生了什么。

当代古生物学家对这一时期出现的动物进行了详细的记录，而这要归功于 5 亿多年前撼动海底世界的一系列灾难性事件。在极其巧合的情况下，一大块山体突然从陡峭的水下斜坡滑落到洋底，并吞没了所经途中的一切植物和动物。这场特殊的泥石流由极其细小的沉积物所形成，在海底生物毫无防备的情况下突然将其裹挟，不放过任何一个角落和缝隙。它的发生是如此突然，又如此猛烈，甚至将生态系统中无处不在的氧气和细菌都隔开，只留下可怜的微生物，被无情地真空打包在了那突如其来的泥浆中。

如今，那些被困住的生物成了内容详尽的化石——完整得好像灾难发生时的现场三维快照一样。与大多数化石不同，它们并不是随着淤泥在腐烂的生物体上堆积形成的，这些化石的形成几乎发生在一瞬间，甚至保留了软组织的微观细节，要知道这些软组织通常在石化之前很久就已经腐烂掉了。这一时期的化石记录了先前几乎从未被证实的物种和它们的身体部位，包括眼睛。

这些被泥石流捕获的水生群落就这样冻结了，就像是古老的庞贝古城，直到一个多世纪前才为人所知。1909 年夏天，自学成才的古生物学家和地质学家查尔斯·杜利特尔·沃尔科特（Charles Doolittle Walcott）举家前往加拿大落基山脉，开启了他们的化石寻找之旅。他们收集了大量的化石，其中包括以前从未见过的物种，还有“几块准备带回家拆解的岩板”。[4]

此行中，沃尔科特偶然发现了 Konservat-Lagerstätte（源自德语，意为“保存地”），这是一处赤道海洋景观，大约封存于 5.08 亿年前，也就是寒武纪生命大爆发后的几百万年。千万年来，地球从未停止运动，洋底从赤道一路辗转到了加拿大西部。沃尔科特发现的化石区现在被称为伯吉斯页岩（Burgess Shale），其中包含 150 多个新物种以及 20 多万份保存相当完好的标本。

自沃尔科特的发现至今，这一个世纪里，古生物学家们陆续在澳大利亚、中国、格陵兰岛和美国犹他州发现了其他属于寒武纪的化石遗址。这些发现证明，寒武纪动物大多数都有眼睛。它们或有两只眼睛，或有四只甚至更多。有的长在眼柄上，有的长在头部前端，有的则在后端或侧面，甚至还有动物的眼睛散布在全身各处。这些眼睛多种多样，并不罕见。在对保存完好的化石进行分析后发现，早在 5.2 亿年前，远古动物的复眼的视力就与现代昆虫的视力相当。中国澄江化石库的研究人员进一步证实，远古动物的视觉与其特定的生活方式密切相关。他们发现，标本中有大约三分之一的动物有眼睛，而在这三分之一中，约有 95% 属于掠食动物或食腐动物。[5]

“光开关”理论

考虑到眼睛的出现及其功能，以及它与掠食行为的联系，一种理论应运而生：原始视觉的发展可能引发了寒武纪的生命大爆发。牛津大学动物学家安德鲁·帕克（Andrew Parker）的“光开关”理论认为，随着微生物的逐渐进化，一些微生物开始有了某种形式的视觉。[6] 这种视觉形式始于身体某个部位的一个感光点，经过数代进化，最终形成了原始的眼睛。

不难想象，即便只是拥有最基本的视觉能力，对于远古动物而言也是一种绝对的生存优势。这意味着它们能够规避危险。拥有视力的动物可以主动寻找食物，而不是被动地四处游荡，或守株待兔。

一旦有生物开始积极觅食，它们自然而然就成了捕食者，其余的则难免沦为猎物。这便是动物王国弱肉强食的故事的开篇。但仅具备视觉是远远不够的，别忘了，一开始的生物形态都十分微小，难以辨认。因此，要想主动寻找食物，掠食者还需要一定的机动性和进攻武器。猎物则需要防御和逃脱的办法。不出所料，在进化过程中，生物的随机性突变与繁殖逐渐满足了它们的生存需求。掠食者进化出了利爪、牙齿以及加快游动速度的附肢。猎物们则长出了坚硬的壳和刺，掌握了在沙子里挖洞的技能，甚至能够靠颜色进行伪装。

为了战胜其他物种，动物们迅速进化出新的特征，而对手们也会相应做出更高级的适应变化。这是属于掠食者和猎物之间的进化战争，物竞天择，适者生存。

最终，新物种诞生了，它们身体特征各异，有着不同的水下移动方式，以及不同的捕食策略。这一切都不是刻意的选择，而是反复试错的结果：数以百万计的生物不断地繁殖，变异，灭绝，再变异，经历了无数代际更迭，最终得以蓬勃发展。这一切当然不是一夜之间发生的，但从进化的角度来看，其过程之快毋庸置疑。面对瞬息万变的环境，随机突变的优劣很快就会显现出来：要么生存下来，要么很快走向灭绝。当我们以百万年作为时间单位衡量时，微弱的进化也可以在这相对较短的时间内带来剧变。

以眼睛的进化为例，2004 年，一位丹麦动物学家建立了一个理论模型，用以估算动物皮肤上的光敏斑点需要多久才能进化成人眼一般聚焦敏锐的眼睛。该模型假定每一代都会有一次小小的进化。结果显示，从光敏斑点进化到眼睛的全过程可以在 50 万代内实现。[7] 对于人类来说，这可能需要 1500 万年，但对于只有几个月甚至几天寿命的生物来说，50 万代的更迭根本不值一提。

如果真如光开关理论所说，是视觉触发了寒武纪生命大爆发，那么前提是，它必须在大爆发开始之前就存在了。但目前发现的所有关于眼睛的化石证据均来自大爆发之后。

想要探索更为遥远的过去，还有另外一种方法。其实，每一种生物身上都完整地记录着自己的进化史，它就锁定在无数细胞的基因之中。在过去的几十年里，随着遗传学的进步，人们已经成功解开了这条锁链。动物学家们得以穿越时空，找到了肉眼观测可能忽略的物种联系。每个物种都携带着数千种不同的基因，每个基因又由复杂的 DNA 序列组成。因此，如果不同的物种拥有一致的 DNA 序列，那么几乎可以肯定它们有共同的祖先。考虑到基因的复杂性，不同物种各自进化出相同序列的可能性微乎其微，基本为零。

瑞士生物学家沃尔特・格林（Walter Gehring）认为，一种存在于所有现代动物中的基因——配对盒基因 6（paired box gene 6，以下简称 Pax 6）——可以促进眼睛的生长。为了求证这一假设，他在 1994 年进行了一项实验。实验中，他把取自老鼠的 Pax 6 植入果蝇胚胎中，且在植入时避开了果蝇本身眼睛生长的位置。[8] 等到胚胎孵化后，植入 Pax 6 基因的地方果然长出了眼睛。触角上被植入 Pax 6 基因的果蝇就在触角处长出了眼睛。另一只果蝇的眼睛长在了腿上，还有一只则是长在了翅膀上——长出眼睛的位置均与基因插入的地方一致。[9] 更重要的是，尽管植入的 Pax 6 基因来自老鼠，但长出的眼睛与老鼠完全不同。它们是完全成型的果蝇复眼，具有感光功能。格林由此得出结论，Pax 6 基因的确能够促进眼睛的生长，但无法决定眼睛的类型。那么，一定是在两个物种分化之后，才出现了决定眼睛类型的基因。

该结果显示，老鼠和苍蝇的共同祖先携有 Pax 6 基因，也就是说，一定存在某种原始形态的眼睛。6 亿年前，老鼠和苍蝇有着共同的祖先，一种带有原始眼睛的微生物——今天它们存在的每一只眼睛都是从这些眼睛进化而来的。该实验证实，在寒武纪生命大爆发 6000 万年前，眼睛（或者说视觉）就已经存在了。[10]

达尔文认为眼睛是通过自然选择进化而来的想法似乎是“荒谬的”，而如果“光开关”理论是正确的（目前已经取得了化石和基因两大证据的支持），眼睛将远不止是进化的产物，而是推动地球生命进化的那片燎原星火。[11]

若事实果真如此，那么在这场有史以来规模最大的生命大爆发中，视觉将不再是它的产物，而是成了它的诱因。视觉的出现颠覆了 30 亿年来固定的生命形式，造成了持续 2000 万年的进化狂潮。早在人类技术出现的数亿年前，视觉就是最初的“超级颠覆者”。

永恒的眼睛

那么我们自己的眼睛呢？自出现以来的亿万年间，它经历了什么？又发生了怎样的变化？为什么人类的眼睛会如此特别？答案是：它并没有太大变化，也没什么特别的。

人眼结构简单，类似单镜头的相机。中国古生物学家发现了距今 5.2 亿年的单眼化石遗骸，但由于保存不够完整，无法确定它们是否与人眼构造相同，也无法判断其视力程度。也就是说，要想知道人眼进化的确切时间与方式，仅靠化石记录是远远不够的。

遗传学家选择从基因一致性入手，而动物学家是通过物种间的相同性状来追踪某些复杂性征的进化，哪怕这种生物早已灭绝。如果两个物种共有某种复杂的性状，且祖先相同，这就意味着它们的祖先很可能也具有这一性状。相同的基因表明有共同的祖先，同理，相同的复杂性状一般也不会由变异后的两个物种独立发展而成。

澳大利亚神经科学家特雷弗・兰姆（Trevor Lamb）利用这一原理，结合来自化石、现存物种以及基因的信息，沿着进化树一路向前，追溯到了人眼更深层的历史。[12]

人眼的来源其实不难探究，顺着人类族谱往上查就可以了。因为这种类似相机构造的眼睛是所有哺乳动物所共有的。鸟类、鱼类、爬行动物和两栖动物都是如此。我们共同的祖先，颌类脊椎动物生活在距今约 4.2 亿年前，这也意味着如此构造的眼睛最晚在那时就已经存在了。

继续向前追溯，可以找到一种类似鳗鱼的生物——七鳃鳗（Lamprey）。七鳃鳗是一种古老而原始的动物，其现存化石距今约 3.6 亿年。[13] 人们普遍认为，该物种的性状在过去 5 亿年中都基本保持稳定。[14] 因为长有原始的软骨骨骼，七鳃鳗被归为脊椎动物，这也极大地吸引了研究脊椎动物早期进化的生物学家们。七鳃鳗与其他脊椎动物的区别在于：它没有下颌。它环状的嘴巴永远张开着，里面长满了尖刺一般的牙齿。在进食时，它会把牙齿紧紧扣在猎物身上，吸取对方的血液。中世纪时，七鳃鳗被做成了一道佳肴。1135 年，英国国王亨利一世就是因食用了“过量的七鳃鳗”而去世。

七鳃鳗的长相不算好看，甚至有恐怖电影将其丑化成了“杀手七鳃鳗”，[15]但就研究目的而言，它的眼睛非常值得我们关注。七鳃鳗的眼睛结构基本上与人眼一样，有角膜、晶状体、虹膜和眼肌，还有着与我们相似的三层视网膜以及接受光信号的视杆细胞，唯独缺少了视锥细胞。这一发现表明，早在5亿年前，脊椎动物还没有分化成无颌类和有颌类时，我们的祖先就已经长出了这种照相机式的眼睛。[16]

目前，可追溯的历史也就到此为止了。再继续往前推1亿年，也就是寒武纪生命大爆发之前，我们的祖先还只是微生物。研究人员在研究七鳃鳗的后代时，只发现了一个简单的眼点，这就表明我们的祖先充其量只有一只未发育的眼睛。这也使得七鳃鳗的眼睛成了人眼最早的“近亲”，这一结论将相机型眼睛存在的时间具体到了距今至少5亿年前。

5亿年来，这类眼睛几乎没有发生什么变化。从本质来说，鱼类、恐龙、鸟类、哺乳动物、爬行动物、人类甚至七鳃鳗，都保留了同一祖先留下的同样的眼睛。

然而，这些眼睛的主体发生了很大变化，它们虽然结构相似，却功能各异。霸王龙（Tyrannosaurus rex）等食肉恐龙率先在头部长出了朝前的眼睛。这赋予了它们双目立体的视觉，极大提高了搜寻和追捕猎物的效率。

至于贴地行走、通过伏击捕食的掠食者，譬如鳄鱼、蛇以及一些小型猫科动物，它们的瞳孔有垂直的狭缝，能够精准地判断距离，帮助它们决定何时出击。

与此同时，作为被捕食者的物种也进化出了相应的视觉特征，用以逃避追捕。它们往往需要尽可能地扩大视野，从而察觉到潜在的敌人。许多食草动物在头部两侧进化出凸起的双眼，例如兔子，它们的视力范围几乎覆盖到了 360 度。包括绵羊、山羊和羚羊在内的一些食草动物，则是长出了水平的邮筒状瞳孔，进一步扩大了视野；它们弯腰吃草时，眼睛会旋转，使瞳孔呈水平状态，保持瞭望姿态。[17] 一些夜行动物，如眼镜猴（一种体形小巧、眼睛大大的灵长类动物），有着非常大的眼睛，夜视能力极强。有的眼镜猴的眼睛甚至比脑仁还要大。但不幸的是，它们各种天敌的夜视能力也随之进化了，譬如我们最熟悉的猫头鹰。

人类的眼睛

5.5 亿年前，我们的祖先（灵长类动物）出现了。当时它们主要在夜间活动，属于杂食动物，以昆虫和小型脊椎动物为食。作为掠食者，它们的眼睛朝前，身体占比较大，拥有较好的夜视能力，甚至已经可以感知到紫外线了。[18] 之后，人猿（我们的祖先）与其他灵长类动物逐渐区别开来，他们开始在白天捕猎，眼睛中央凹处也发育出更多的光感器，强化了日间的视力，对颜色的感知范围也更广。[19]

当人类祖先与其他猿类分化开时，他们眼睛的外观也发生了变化。猿类的眼窝呈圆形，颜色偏暗，且与脸周色彩相近，它们的“眼白”也相对较深。相比之下，人类的眼睛在脸上则显得格外突出，虹膜和瞳孔被白色的巩膜包围，还有杏仁状的眼眶衬托着。

这种改变注定令我们很容易追随别人的目光。人类婴儿在进食时，往往会专注地盯着喂食人的眼睛（这种眼神既令人激动又令人不安），甚至在对方的头保持不动的情况下，也会持续跟随他的目光。只有看护人闭上眼睛，目光的追随才会停止，这说明眼睛是引起婴儿关注的关键特征。然而，猿类的反应恰恰相反。无论对方的目光是否移动，它们都会盯向头部转动的方向，而头部保持不动时，目光的追随就会停止。[20]

人们目之所及的地方，往往会透露出某些重要信息，可能是他们下一步准备去往的方向、一些吸引注意的东西，或是正在靠近的敌人。在相互信赖的社会里，通过眼球的运动进行交流是非常行之有效的。

然而，在不同的情况下，过于直接的凝视可能变成一种负担。在某些竞争激烈的社会环境中，比如黑猩猩群体，个体的眼球运动可能导致重要信息的泄露，比如哪里可以找到最好的食物。于是，明显的眼球运动就成了一种缺点。

动物学家迈克尔·托马塞洛（Michael Tomasello）曾进行过一项凝视实验，结果显示，可视化的眼球运动是人类一种显著的特征。托马塞洛认为，在过去的200万年里，随着类人猿（人类的前身）与其他猿类逐渐分化，它们的生活方式开始变得不同，它们的眼睛也因协作的需求而发生了适应性的进化。他认为，人眼的眼白就是人类群体长期协作的证据，其历史可能需要追溯到语言诞生之前。[21]

我们的眼睛不仅是心灵的窗户，还是历史的窗户。它们的位置、大小、形状、功能和内部结构，无一不在叙述着我们的祖先是谁，他们又是如何生活的。

达尔文将眼睛描述为一种“复杂而完美”的器官。但事实上，它并不完美；一路磕磕绊绊的进化过程给它留下了各种伤疤。不过，既然能够留存至今，就意味着它们一定有独到之处。否则人眼——甚至人类本身——在无情的自然选择之下，早在某个时刻就已经被更先进的“版本”取代了。

第二章

转变：

书写历史的视觉技术

三
从众神手中偷来的：火光

我就是那个用一根茴香枝盗取火种的人，于众生而言，火是创造一切艺术的前提。

——普罗米修斯（Prometheus），出自埃斯库罗斯（Aeschylus）（古希腊悲剧诗人，前525—前456）《被缚的普罗米修斯》（*Prometheus Bound*），T.A. 巴克利（T.A.Buckley）译，1897

在卡拉哈里布须曼人[①]（Kalahari Bushmen）的传说中，起初人类、动物、众神和造物主卡昂（Kaang）一起生活在地下。人与动物可以相互沟通，互相理解，和平共处。虽然住在地下，但那里光线充足，温度适宜，万物皆可各取所需。这天，卡昂突然决定要在地上建立一个新世界。他先是造出了一棵枝繁叶茂的参天大树。接着创造了大地上的一切：山脉、山谷、森林、溪流和湖泊。最后，他在树根处挖了一个深洞，一直连通到人和动物

① 生活于南非的原住民族。

居住的地方。一对男女受邀来到地面上，见证卡昂创造的世界。来到地面上，全新的世界在二人眼前展开，太阳和天空映入眼帘，二人都高兴极了。其他人和动物也纷纷顺洞口而上，踏入了新的世界。

卡昂说："这是我为你们所有人创造的世界，所有人都可以生活在这里。但有一条规矩：不要生火，因为火会释放出一股邪恶的力量。"说罢他便转身离开，退到暗处默默地观察着世间万物。

白天很快过去，太阳落山了。天色渐晚，气温也降了下来。大家都很害怕，尤其是人类。因为在此之前，他们从未置身于黑暗之中。与动物不同，人类既没有良好的夜间视力，也没有用于保暖的皮毛。于是，人们开始害怕动物，甚至不再信任它们。他们生起火，把卡昂的嘱咐抛之脑后。在火光的映照下，人类彼此的脸庞变得清晰起来。安全感回来了，他们的体温也在慢慢回升。

但他们转过身来才发现，动物们早已四散而逃。它们被火吓坏了，纷纷躲进了洞穴和深山里。人们后悔万分，试着呼唤动物，却没有任何应答。这时，卡昂现身了，嗔责道："你们违抗了我的指示，偷偷生火。但现在后悔已无济于事，邪恶的力量已经被释放。"

自那天起，动物与人类变得相互戒备了起来——没有了言语上的交流，再也无法和平共处。[1]

人们对黑暗的恐惧其实并不单单存在于这一传说中。尽管昼夜交替只是常态，但人类一直惧怕着黑夜。在人类的语言中，无不充斥着对黑暗的恐惧：暗中谋害、面色暗沉、暗无天日、阴郁晦涩、阴暗不明、黯然神伤等。[2]"黑暗"一词还被用于形容无知、愤怒、悲伤和死亡；“黑暗势力”指的是罪恶、邪恶的力量。

夜晚是一切黑暗的始作俑者，因此人们将其描述为“恶魔的栖息地”。在希腊神话中，黑暗之神厄瑞玻斯（Erebus）和黑夜女神倪克斯（Nyx）是一对夫妻，他们给半神族带去了疾病、冲突和死亡。[3]而在世界的另一边，毛利人的暗夜女神（Hine-hui-te-po）同样代表着黑夜和死亡，统治着冥界。在日耳曼文化中，夜晚是黑魔法力量最强大的时候，吸血鬼、鬼魂、狼人和恶魔等怪物都会在夜间出没。

在古代文明中，无论是美索不达米亚、埃及、中国还是欧洲，黑暗总是与死亡如影随形。几乎所有的文化中都有类似“阴间”的概念，那里象征着死亡，暗无天日，是恶灵的老巢。

另外，光明与善几乎总是联系在一起，而且往往有着神圣的含义。有了光，会想到光华夺目；有了光，心灵也会受到启迪。《创世纪》第一章写道：“上帝说，要有光，于是就有了光。神看光是好的，就把光暗分开了。”在其他许多文化中，世界的起源也都与光有关。

此外，世界上大多数宗教信仰也和光有着这样或那样的联系。耶稣说：“我就是光。”先知穆罕默德又称*Noor*（阿拉伯语意为光明），是真主之光的化身；佛陀是开悟者；印度教则用光代指全能者。宗教仪式和节日也常常围绕着光明这一主题——佛教节日总是安排在满月之时；排灯节（印度教节日）是属于光明的节日；光明节（犹太教节日）要求每天点燃一支蜡烛；基督徒会将还愿蜡烛用作祈祷时的信物。

相反，恶魔撒旦则是黑暗之子。

人们对黑暗的恐惧并非毫无根据。人类习惯在白天活动，因此在黑暗中，即使我们的眼睛可以捕捉到非常微小的光线，但视觉敏锐度、清晰度都极为低下。直到今天，人们依旧惧怕黑暗，原因只有简单的三个字——看不清。

这种恐惧是与生俱来的，它刻在我们的基因中已有数百万年之久。许多大型食肉动物都是夜间捕猎者，天黑后，一旦在地面上被野兽抓住，难免会沦为它们的盘中餐。因此，在数百万年里，为了保证安全，南方巨猿（人科动物）和其他人族后代不得不在掠食者的头顶上筑巢，在树上睡了几百万年。直到今天，大多数猿类仍有这一习性。

然而，有一天，他们中的一部分突然跳出了“舒适圈”。在人类进化之路的某个分岔口上，我们的祖先开始尝试挑战黑夜。因为一旦成功，他们便可以不再住在树上，哪怕在地面上与猛兽为伴，也能够相安无事。他们并不知道这将是涉及其前途命运的一次尝试，更不知道自己将改写地球上一切物种的命运。火的发现，一开始也许只是将它作为一种心理安慰，以免受黑暗的侵扰，后来却发展成人类历史上最为强大的一项技术。

第一把火

在先前布须曼人的传说中，火将人类和其他动物分割开来。在诸多民间神话中，常常会谈到火的来源。1930 年，人类学家詹姆斯・乔治・弗雷泽爵士（Sir James George Frazer）就这一主题，对世界各地的传统民族神话进行了研究。[4] 他发现，其中一些说法呈现出惊人的一致性，即便在偏远地区也不例外。例如，在许多故事中都会出现一个小偷，通常被描述为一只鸟，它越过森严的戒备，从自私的神（或怪物）手中盗取了火种。另一个常见的说法是，一位仁慈的神将火赐予人类，以回馈他们的虔诚。希腊神话则巧妙地结合了这两个故事：普罗米修斯是古希腊神话中的神明之一，他看到人类一丝不挂、体型弱小，便心生怜悯，从宙斯（Zeus）那里盗取了火种，并把它送给了他们。

查尔斯·达尔文曾说，火是继语言之后人类最伟大的发现，[5]可事实上，火并不是人类的发明。它是一种自然现象，是氧气和燃料被点燃时所发生的化学反应。尽管古希腊人坚信火是四元素之一，但把它和空气、土壤、水归为基本元素一并而谈的观点是错误的。空气、地球和水都是物质。它们早在地球上出现生命之前就存在了。而火直到数百万年后才出现。

起初，地球布满了活火山，还时不时被闪电击中，但仍然没有出现火。别看火山上常年喷涌不停，但其实火山里并没有火。喷发时，山口涌出的“火”有着自己的名字。看似火焰一般的发光喷泉，其实都是岩浆。而环绕的烟雾，实际上是一种富含硫的混合气体，来自地表之下，名为烟尘。溅出的火花和火山碴均属于火山喷射物。火山灰也根本不是灰，而是细微的火山碎屑。由此可见，火山喷发的产物并不包括火。

闪电会产生电火花，其温度甚至可以超过太阳，但它依然不是火，只是大气中的一种放电现象。虽然火和闪电都能产生光与热，但它们是两种完全不同的现象。两者其实都能点火，但这需要一定的前提。

火的产生需要三样东西：氧气、燃料和火源，三项缺一不可。4.4 亿年前，部分植物迁离海洋，在陆地上定居下来。[6]当它们死亡后，其残骸便成了燃料，这是地球上第一种可燃物质。动植物残骸出现之前，陆地上一直没有可燃物，因而也就没有火。

由此推断，火的诞生远远晚于眼睛的存在。正如上一章所提到的，早在 5 亿年前，一些远古鱼类的头部就已经长出了和人眼相似的眼睛。而在几千万年后，一道闪电（也可能是一滴炽热的岩浆）点燃了某些植物的残骸，这才引发了地球上的第一团火。

“征服”火焰

人类与火的关系由来已久，且极为深厚。但究竟有多久、多深，在当今的学术界仍是众说纷纭。人们普遍认为，早在距今 20 万年前，也就是智人出现以前，我们的祖先就已经学会了使用火；另一种说法是，人类与火的渊源要比这早几百万年。最近有研究表明，火对于人类而言不仅仅是一种工具，还是赖以为生的伙伴。[7] 此外，除了充当原始人的得力助手，火在人类进化的过程中起了关键作用。[8]

换句话说，并非人类创造了火，反而可能是火创造了人类。

东非有世界上最多的早期古人类化石，它记载着人类历史的开始。在那里，东非大裂谷的分支由红海向非洲大陆的东侧延伸，一直到南非的北部高原。距今 500 万～ 700 万年前，裂谷附近曾发生过强烈的地质活动。[9] 火山运动将大片土地挤压成山脉，其他地区则下沉为深谷。百万年来一直是平原的地区，如今变成了由山脉、高原、湖泊和峡谷组成的复杂地形。由于温暖潮湿的西部季风气流被不断上升的山脉所阻挡，当地的气候和植被发生了巨大的变化。与此同时，在裂谷以东，热带森林消失了，取而代之的是更为凉爽、也更加干旱的森林和草原。

随着周围环境发生的剧变，每个物种都面临着适应或死亡的选择。这一现象即为适应性辐射，同寒武纪生命大爆发如出一辙。在自然选择面前，新的物种和性状不断出现或消失，整个地区成了进化的温床。我们的祖先逐渐具备了直立行走的能力，这使之永远地与其他灵长类近亲区分开来。虽然有几十种理论足以解释为什么人类可以直立行走，但最直接的理论是：用两条腿走路比用四肢行走消耗的能量更少，因而能够保存更多体力。丛林夷为平原后，食物的来源变得更加分散，觅食之旅变得更加漫长，这时直立行走的优势便显现了出来。第一批直立行走的人族体型较小，大约和现代黑猩猩一般大，大脑容量也与猩猩差不多。他们有着显著的面部特征——巨大的下巴和牙齿。虽然可以在地面上直立行走，但它们的肩胛骨仍然很好地适应了攀爬，也会花很长时间待在树上，尤其是在大型食肉动物经常出没的夜晚。他们的模样类似 20 世纪 70 年代著名的“露西少女”，这是一具保存异常完整的南方古猿化石，距今 320 万年，被发现于东非裂谷北端。

直立行走也给了我们祖先第一次与火正面交锋的机会。南方古猿时代存在火种已经是不争的事实，那时不仅有许多活火山，雷击也很频繁——直到今天，非洲中部被雷击的次数也居于世界之首。[10] 裂谷东部的雨林逐渐消亡，形成新的平原，干燥稀疏的植被提供了充足的燃料，仿佛一个随时等待被点燃的火药桶。火灾同样是造成该地区环境变化的主要因素之一。

我们的祖先躺在树上，经常能在夜间看到跳动的火焰。有时为了躲避火灾，他们不得不离开居所，借着火光寻找安全的逃生路线。其他动物，包括那些大型食肉动物，都在努力地躲避烟雾和火焰，为了不受流火侵扰，他们甚至时不时地与野兽一起流窜。一切掠食者与燎原的火焰相比，都可谓相形见绌。

为适应环境，部分南方古猿进一步进化，成为能人（*Habilis*）。虽然他们看起来仍像猿类，但它们的大脑容量已有现代猿类的两倍大。他们可能与南方古猿（*Australopecines*）生活在同一时期，学会把石片做成刀，从骨头上割下肉，把动物尸体上的软组织剔除。[11] 这一技能让这一族人存活了数十万年，直到某天，一项发现彻底改变了他们的未来。

在能人生活的时代，火仍然是裂谷生态中常见的现象，他们在觅食时或多或少都会受到火灾的影响。他们偶然发现，火场中可能或多或少地蕴藏着丰富的食物来源（现代的黑猩猩也明白这一点）。大火烘开了各种种子和坚果荚；烧焦的木头把昆虫和小动物都逼了出来，十分便于能人捕获；枯死的木材引来了甲虫和蟑螂，到新的火场中产卵。这些木材还为木虫和白蚁幼虫提供了食物和住所。[12] 那些足够勇敢、行事小心的能人，可以做到不被火焰灼伤，且轻易地在火灾现场找到食物。

凑巧的是，被火烤过的食物都颇具营养。小型脊椎动物和昆虫均为高热量的肉类，其中一些脂肪和蛋白质含量甚至可与我们今天所食用的牛肉媲美。比起他们经常接触的生食，这些食物更易咀嚼和消化，因此食用起来耗时更短、耗能更少。如此双重的营养奖励，赋予了这些了解火的个体极大的生存优势。

于是从某一时刻起，他们开始主动踏入冒烟的火场，从中寻觅食物。在这一过程中，他们掌握了一些基本常识，比如，如何判断冒烟的木头的哪些部分是可以触摸的。伺机而动、火中取食渐渐成了一些能人生活的一部分。

某天，一个年轻能人捡起一根冒烟的棍子，高兴得挥舞着示威。虽然现代黑猩猩也知道捡起燃烧的树枝再把它扔掉，但能人的大脑可比黑猩猩的大得多，因此在拿起木棍那一刻，他极有可能预料到了这一行为的后果：灼热的木棍有警示甚至伤害他人的力量，并且他牢牢地记住了这一点。其他人目睹这一切后，也记在了脑子里。再次步入火场时，几名勇者捡起燃烧着的树枝互相打闹。再后来，他们把火把带出火场，向别人炫耀，之后又把它带去了更远的地方。一天，他们举着火把四处走动时，迎面遇上了一只猛兽，它虎视眈眈地盯着这群能人。人们挥舞着手中的火把，猛兽节节后退，灰溜溜地逃走了。

他们意识到，火可以作为武器，于是对它越发追崇。渐渐地，能人找到了保存火种的方法——在火源处添加树叶和木棍。最后，他们想出了一个办法——派一个人负责看守，其他人则去收集燃料，轮流保护火种。手持火把可以扩大觅食的范围，因为他们知道，即使在天黑后，也不会有野兽贸然袭击持有火把的队伍。

后来又有人发现，火把不仅仅可以作为防御，还可用于主动攻击。舞动的火把会把捕食者吓退，这样能人就可以大胆地享用野兽的猎物，包括一些格外美味的部位。以往，这些部位早就进了野兽的肚子，[13] 而现在只需一个火把，就把他们暂时送上了食物链的顶端。

自从能人掌握了保存火种的方法，便没有必要在夜幕降临后躲到树上。他们聚集在火光旁边，其他食肉动物都不敢轻举妄动。在火光的照耀和保护下，他们白天寻找食物和燃料，晚上可以自由地进行其他活动，比如修理工具或联络感情。

肉类也正式进入了他们的日常食谱，其中多数是死在长矛之下的猎物，或从其他食肉动物那里偷来的。搜寻火场带来的经验之一便是：熟肉比生肉更美味，于是一些人开始尝试用不同的办法把肉烤熟。虽然方法很原始，但这标志着烹饪这一概念的诞生。烹饪是人类进化过程中的重要一环。[14] 灵长类动物多以生树叶、水果和块茎为食，这些食物大多坚硬难咬。现代野生猿类每天几乎有一半的时间都在咀嚼食物。[15] 而烹饪后的食物会变得柔软，易于咀嚼，因此掌握了烹饪技术也就意味着进食时间的大大缩短。咀嚼的时间变少，花在其他事情上的时间自然就多了起来，比如收集食物、制作工具、与团队建立联系等。烹饪还会导致食物化学成分的改变，使其变得更容易消化；相较生食，熟食还提供了更多可被人体吸收的卡路里，这意味着我们的祖先可以获得更多的能量，用以支持代谢以及进行高能耗的脑力活动。

这一系列惊人的机能变化都归功于人类对火的运用。此后，他们逐渐依赖上容易消化的熟食，肠胃随之开始退化。不仅如此，随着咀嚼需求的降低，能人的下巴和牙齿也发生了变化。幸运的是，随着饮食结构优化、肠道变小，加之不断复杂化的狩猎和觅食行为，他们的大脑开始进化。[16] 双腿和肩膀也变得更加适应陆地生活，不再需要在树上爬上爬下、荡来荡去。最终，他们进化成了全新的面貌。一个全新的物种、全新的种属诞生了：直立人（*Homo erectus*），第一批最像现代人的猿人。直立人比能人高很多，他们腿长，胳膊短，不再长于攀爬，而是为了走路和跑步而生。他们胸廓紧凑，腰部纤细，位于腹腔内的肠道明显变小了许多。这些人面部扁平，牙齿和下巴结构减小，但眉骨仍然很突出，额头呈后倾状。直立人的大脑体积约为能人的 1.5 倍，足有南方古猿的两倍大。[17]

直到几千年后，点火技术才被发现。对于他们而言，当务之急是守住火种。这就要求彼此合作：有人负责燃料收集，有人负责照看火堆。不仅如此，制作食物也需要一定的自律。找到食物后，他们不能立即食用，而是要忍饥挨饿，把战利品带回住所，与看守火堆的人共享。不配合的成员会被驱逐，因为火种和食物是他们最宝贵的东西，不合群的人是容不得的。

保存火光是人类最早掌握的技术之一。借着火光，直立人可以在黑暗中看清事物，他们的一天不再被迫止于日落之时。他们意识到，把难得的日间时光用在烹饪上有些浪费，便将这一活动推迟到了晚上。日落时，他们也不再感到困倦，因为火光会抑制褪黑素的产生，这使睡意的到来晚了几小时。[18] 当夜幕降临时，大家会聚集在篝火旁，等待食物制作完成，享受着光亮与温暖，内心充满安全感。觅食与燃料收集的工作在白天告一段落，晚上便是他们重要的交流时间。[19] 这对群体生活是至关重要的，集体活动有助于建立彼此的信任与责任，是维持共同生活的必要条件。[20]

猿类会通过互相梳理毛发来建立联系，与早期人类采取的方法有所不同。他们已经具备相对成熟的大脑，可以编出来一些简单而且大家都能听懂的笑话。

每到夜晚，他们会围坐在火堆旁，互相打趣说笑。与猩猩梳理毛发相同，交谈和笑声会刺激大脑释放内啡肽。但其效果远比前者显著：说笑可以让整个群体获得快乐，而梳理毛发时只有一方在享受。[21] 天黑后的几小时，大家围着火堆安心入睡，不再担心会受到袭击。夜里不时会有人起来照看火源。他们再也不需要爬树了。

合作也从保护火种逐渐延伸到其他活动中。男人们开始协作狩猎，在集体的力量下，他们得以猎杀比自己体型大得多、速度也更快的动物。他们用火烧木矛的尖端，还会用斧头对其进行切割和挖掘。女人则负责采集野果和浆果，照顾孩子、营地以及珍贵的火种，家的雏形便由此而来。每当进行集体活动时，他们都会小心翼翼地带上火种。

夜生活也是围绕着篝火展开的。一般来说，他们会用岩石围住火堆，或是直接在深坑里点燃火种。现代考古学家把这些地方称为火塘（源自古德语，意为“家”）。[22] 自那时起，直立人便有了固定的生活模式：白天从事生产活动，夜晚则用来进行创造性的活动、联络感情等。在新的照明方式出现以前，这种模式一直持续了几十万年。[23]

虽然算不上是一种语言，但直立人之间的交流的确是口头化的，其中还夹杂着阵阵欢笑。他们甚至还能识别某些重复的声音模式，类似于我们所说的诗歌或歌曲，并做出相对的回应。这些活动将大家联结在一起，有助于建立群体认同。[24] 这种原始的交流方式，为他们带去了愉悦的听觉体验。

直立人存在了近 150 万年，其活动范围很广。较大的脑容量，加之对火的运用，使他们能够适应许多不同的环境。其中有人离开了非洲大陆，来到亚洲，足迹遍布中国和印度尼西亚。还有一些向西绕过地中海，到达格鲁吉亚，甚至是欧洲最西端的西班牙。

在直立人的迁徙途中，火难免会熄灭。而其他地方又不比非洲，闪电和火山爆发的频率要低得多，发生火灾的概率很小，因此很难找到新的火源。随着时间的推移，他们保存火种的技能会退化。然而，即使失去了火种，狩猎也不能停止，于是他们的体格变得更加强壮，脑容量也明显增大，但其移动范围被迫缩小了，使用的工具也更为简单。没有了定期举办的“篝火晚会”，维系集体开始变得困难。即便不时发生的雷击会带来火种，但用火的频率已然大大降低。最终，一部分群体走向了灭亡，而留下来的则进化成了尼安德特人（*Homo neanderthalensis*）。[25] 尼安德特人在欧洲生活了 40 万年，并成功驾驭了火，但他们在非洲智人出现后的没几年就全部灭绝了。

20 万年前，最后一批原始人诞生于东非大裂谷地区，那里正是人类族谱的发源地。智人（*Homo sapiens*）作为一个全新的物种，拥有颇为发达的大脑。从生理结构上看，加大的脑容量导致智人前额的形状由后倾趋于垂直。就神经学而言，智人大脑中负责判断、计划、交流、记忆、解决问题和性行为的部分均有所进化。人们具备了性别意识，地球的历史即将被改写。

火光在一定程度上促进了人类的繁衍，千年来一直如此。

火塘与家

上文中关于人类进化的论述结合了考古学家、灵长类动物学家、进化心理学家、古人类学家、神经人类学家以及地质学家的多项研究，其中重点参考了罗宾·邓巴（Robin Dunbar，进化心理学家）和理查德·兰格汉姆（Richard Wrangham，人类学家）的研究成果。有很多学者都试图理清人类深厚的历史，[26]在不同的层面上，他们的观点可谓大相径庭，因此，有时我不得不在不同的观点中做出选择。总的来说，书里的故事与目前对人类进化的研究基本相符。

其中争议最多的点在于：人类是何时开始用火的。许多人认为，人类与火的渊源并没有我之前讲得那么深远。的确，原始人驭火的观点至今并无客观考古发现的支撑，也不曾有人找到比火塘更早的相关证据。

根据目前可考的记录，火塘分别出现在 40 万年前的欧洲[27]、70 万年前的以色列，以及 150 万年前的非洲[28]。然而，直立人在 180 万年前就已经存在了，这意味着首先学会使用火的是直立人，而非能人。不过，随着相关技术的不断进步，以上记录可能会更新，火塘出现的实际时间很可能比我们想象中的要更早。但考虑到火灾地点的随机性，人们可能永远都找不到它们存在的确凿证据。

以哈佛大学的理查德·兰格汉姆为首的一批学者认为，人类与火的渊源远不止如此，即便没有考古证据，生物学也早已给出了答案。他们坚称，能人进化为直立人所经历的改变——肠道变小、下巴和牙齿退化、脑容量增加、双腿变长以及肩膀的变化等——无一不是令人信服的证据。[29]换句话说，从攀爬到行走、从生食到熟食，这一系列生活习惯的转变均为长期用火的结果。

为证实火光与社交之间的联系，在牛津大学教授罗宾·邓巴的组织下，一群优秀的人类学家展开了一项巧妙的实验。针对各种原始人类，该团队就个体全天的各项活动所占用的时间进行了计算，同时考虑了生理机能（尤其是脑容量和消化功能）和栖息地（生态系统与群体规模）的不同带来的影响。按照常理，人在一天之中一定会有走动、觅食、咀嚼、消化、小憩、社交以及睡觉等活动。利用这种“时间预算法”，研究人员推断出，直立人每天的基础活动需要耗费 16 小时。由于他们的栖息地位于赤道附近，日照时长只有 12 小时，那剩余的 4 小时就只能放在晚上。而要想实现这一点，唯一的办法就是借助火光。[30] 实际的生产活动可以在白天进行，对光照要求不高的社交活动则可以安排在夜晚的篝火旁。

无论人类是何时学会用火的，有一点毋庸置疑，那就是火给我们带来了光亮、庇护、温暖与美食。此外，它可能还赋予了我们发达的大脑、合作的力量、语言以及那些欢声笑语的晚上。正是火焰把人类逐渐送上了食物链的顶端。

随着时光飞逝，智人发现火的用途远不止于此：它还可以把黏土烤制成锅，用来储存和烹饪食物；种植庄稼前，可以快速烧光杂草；可以用来烧制砖瓦以建造房屋、庙宇和城市；还能把金属熔炼成刀、剑甚至是货币；可以制造蒸汽以启动活塞和发动机；甚至还能驱动发电机发电。20 世纪以前，历史上的许多重大技术突破都归功于对火的使用。在这段时间里，夜间闪耀着的仍是火光，我们试图用这种方法与自然抗争，执着地想要看穿黑夜。

直到今天，人类与火之间还是存在着深深的羁绊。许多技术都需要用火来提供动力，其中包括取代火光、跃居主要光源的“继任者”——电力。虽然在日常应用中，火只存在于发动机和偏远的工厂里，但每当看到火焰，我们还是会将之与美好的事物联系在一起。烛光和明火让人不由得联想到浪漫、友谊、舒适与亲昵；篝火作为一种喜闻乐见的习俗被保留了下来，被人们视为自由、童年冒险和故事的象征；此外，烤肉依旧很受欢迎，无论是在烧烤派对还是在汉堡连锁店里，经常可以见到它们的身影。

虽然夜幕降临时，已经很少有人会围坐在焰火旁，但我们仍然喜欢聚集在闪烁的灯光下，一起分享那些或勇敢、或悲伤、或喜悦、或浪漫的故事。在某种程度上，发光的荧幕（影院幕布、电视以及各种新型电子设备）就是现代版的篝火。就像我们的祖先一样，在灯光下共同度过的那些时光——无论是一起听歌、看电影还是打游戏，也无论真实还是虚幻，把我们和他人紧密地联系在一起，以实现身份认同。

火的诞生始于地球上的生命，因而也与万物生长与消亡的循环密不可分。植物生长需要吸收太阳的光和热。而火负责把光和热从它们的残骸中再度释放出来。我们如今使用的燃料多为原始森林化石，在恐龙出现之前，它们曾遍布全球。这些化石内的光与热在地下储存了数亿年，最终以石油、天然气和煤炭的形式出现，并被一个新崛起的物种所利用。在火的帮助下，这一物种长出了高级的大脑，最终进化为全能的“怪物”，其能力远远超过往届的地球霸主。

作为人类掌握的第一项技术，火光照亮了黑暗，为我们打开了全新的世界。通过对火的逐步驾驭，我们的祖先学会了改变环境，而不是一味去适应环境。在这一过程中，他们和其他动物彻底地划开了距离，成了真正的人。

四
从眼睛到笔尖：艺术

“啊！多希望我们能直接用眼睛来作画！从眼睛到胳膊，再落到笔尖，这漫长的过程损耗了太多太多！”

——戈特霍尔德·埃弗拉伊姆·莱辛（Gotthold Ephraim Lessing, 1729—1781），德国哲学家，引自《四万句语录：散文与诗歌》（*Forty Thousand Quotations: Prose and Poetical*），C.N. 道格拉斯（C.N. Douglas），1917

1994 年，法国南部

一有空闲，让 - 马里·肖维（Jean-Marie Chauvet）、埃利特·布吕内尔（Elliette Brunel）和克里斯蒂安·伊莱尔（Christian Hillaire）三人便会穿梭在法国阿尔代什地区的峡谷中，四处探寻新的洞穴。[1] 这些人被称为探洞爱好者，他们痴迷于从一个个缝隙挤进另一端的未知空间。三人在该地区发现过多个重要的洞穴，并且都积极参与保护当地的洞穴系统。1994 年的春天，在和另外三名爱好者一起探索埃斯特（Estre）峡谷时，他们收获了一个足以令所有探洞人都心跳加速的发现。

埃斯特峡谷位于法国中南部，是阿尔达什河（Ardeche River）的一支枯竭的曲流，与著名的“蓬达尔克桥”（Pont d’Arc）毗邻。蓬达尔克桥是一座十层楼高的天然石桥，深受皮划艇玩家、峡谷探险家和其他户外爱好者的喜爱。峡谷内星罗棋布的小洞穴、裂隙、岩荫和壁架，对探险爱好者来说，这无疑充满了诱惑。他们坚信这里藏着某个隐蔽的入口，或是通往某个未知领域的秘密通道，况且在此之前，几人已经到该处探索过多次了。

而这一次，三人本来只是打算带朋友去参观先前在峡谷中发现的一些史前岩画。回去的路上，他们在一个小岩洞内停了下来，许多当地探险家都曾在此留下过足迹。几人开始像往常一样检查洞穴里的各个角落和缝隙，不放过任何一个通风处，因为那意味着背后可能藏有一个隐蔽的洞口。

不出所料，洞内果然有一处风口。虽然那只是岩石表面吹来的一股微风，却足以让一行人兴奋起来。他们在周围挖着，不停地翻动石头和土块，试图找到气流的来源，但一直没能如愿。几小时后，他们不得不承认：这样找下去也是徒劳，只不过是围着岩块原地打转罢了。一行人只好垂头丧气地离开，开启了下一场探险，试图找到更有希望的入口。

虽然，当天肖维也选择了和朋友们一起离开，但不知为何，那股微风——那股在其他人眼里微不足道的小气流，一直令他魂牵梦绕。在接下来的几个月里，他多次尝试说服另外两名同伴和他一起回到洞里。过了几个月，终于，在 12 月的一个大晴天里，肖维“威胁”道：如果无人同行，他就自己回去！当时距离圣诞夜只有一周了，同伴们只好妥协，三人再次踏上了探险之路。他们身穿臃肿的工作服，踩着沉重的靴子，头上戴着照明头盔，背包里还塞满了登山镐、铲子、绳索、电钻、木槌和手锤。与其说是去探洞，不如说像是去挖矿。

接着他们从废弃的蓬达尔克停车场出发，沿着古老的骡道行进，从崖面上斜穿而过。走了一段时间后，几人离开了主路，沿着熟悉的路标朝目的地走去。不出所料，石洞和半年前一样死气沉沉，但蜿蜒的烟雾表明，那股气流依旧存在。

三人正式开始了挖掘。他们轮番上阵，花了好几小时才在岩石中打开了一条通道。但由于这条通道过于窄小，一次仅能容下一人，这使得操作变得十分困难。负责挖掘的人只能脸朝下，双臂前伸，才能勉强挤进狭小的空间，用木槌和手锤一点一点地凿开前方的夯土。精疲力竭后，还要设法圈起手臂，把辛苦凿下的碎石和泥土抱在怀里，由另外两人抓住双脚拉他出来，接着换下一个人挤进去，继续重复之前的工作。他们足足挖了 20 英尺（约 6 米），才把起初的小洞变成一条狭小而曲折的隧道。终于，空间打开了，体形最小的布吕内尔穿过隧道，挤进了一个更为开阔的通道，那儿的高度足够让她站直身子。没走几步，她就来到了一个陡峭的斜坡上。但仅凭头灯的亮度，前方能看到的只有一片漆黑。

但这正是三人所希望的。

经过新一轮敲击、挤压、推拉后，另外二人顺利进入了布吕内尔所在的通道。他们凝视着眼前的深渊，几米外，灯光便完全被吞噬在黑暗中。要想继续前进，必须有梯子和更先进的照明设备。于是他们再次钻进隧道，离开了岩洞。三人回到车上，带好了需要的装备，然后返回，拖着装备再一次进入了那个未知的洞穴。他们一个接一个地顺着梯子爬下斜坡，紧挨着站在沙地上，眼前出现了一个巨大的空间。

脚下的地面很平坦，三人都闻到了一股熟悉而又原始的味道——来自潮湿岩石的气味。但洞内幽深、黑暗的寂静气氛很快便将他们吞没。在手电的光亮下，一个宏伟的洞穴出现了：那里足有 50 英尺（约 15 米）高，像极了一座笼罩着白色圣光的大教堂。石灰岩堆成的悬崖上，闪闪发光的结晶随处可见。洞穴顶部垂挂着大量钟乳石，有的细如一缕缕意大利面，有的则尖如一把把匕首。地面上，石笋厚厚地层叠在一起，好似烧了一半的教堂蜡烛，或是复刻版的比萨斜塔。其中，有些钟乳石和石笋在半空中相连，连成了一个个石柱，将洞内的空间分割成教堂一般的小隔间。另一边，波浪状的石幔优雅地高悬空中。其中有三颗大钟乳石挨在一起，让人不由得联想到三个无头摩城歌手，身上穿着亮片裙。手电筒的光在一旁的洞内来回晃动，钟乳石如一条条白色睡裙飘荡在空中。看到前方还有延伸的空间，他们决定一探究竟，几人脱下靴子，以确保岩层不受破坏。

穿过洞穴后，四处散落的动物骨架和牙齿残骸顿时映入眼帘。这时他们意识到，沙子里的浅坑原本是穴居熊的巢穴，而穴居熊数千年前就已经灭绝了。突然，布吕内尔打破了洞内的沉静，她带着哭腔喊道：“有人来过这里！”

两名伙伴应声转身，手里的灯光解答了布吕内尔发出那声惊呼的原因——墙上赫然出现的两道红色标记，无疑是人为的。三人心里顿时如浪潮般翻腾。他们举起灯光环视了一周，刚刚经过的一块摇晃的岩石上也映出了一抹红。仔细一看，是一小幅猛犸象轮廓的草图，上面画着一只象鼻和独特的圆形头骨。突然，他们又看到了另一幅画——一只穴居熊的轮廓图，只见它体型庞大，耳朵、鼻子、下巴以及弯曲的颈部都被红线完整地勾勒出来。一旁还有类似犀牛、狮子的画像……这些动物如今早已灭绝，但在当时真真切切地存在过。他们看到了沾满颜料的手印，以及手掌压出的痕迹。这些图案在其他地方的洞穴壁画中很是常见，但在法国当地是头一次出现。此外，他们还发现了用红点绘制而成的鬣狗、黑豹和野牛。

从一幅幅画前走过，三人意识到此次发现非同小可。这些画无论是在内容、数量和完整度方面都绝非寻常，而且距今已有一万多年的历史了。事后三人曾表示，感觉自己像是冒失者，打搅了壁画中的艺术之魂。[2]

随着电量消耗殆尽，灯光开始变得暗淡，一行人决定出去稍作休息，顺便升级装备。可他们哪里坐得住，没过多久，他们便在当晚重新回到了洞内。这一次，他们又发现了许多雕刻画：一些用手指或工具刻出的动物形象，透过黄色的墙壁可以看到下层的白色岩石。画的内容是马群、猫头鹰和一头猛犸象。这些图像看似简单，却总有点睛之笔的细节，颇具毕加索（Picasso）和马蒂斯（Matisse）的绘画风格。

他们还发现了一块巨大的岩板，上面的图案是用黑色木炭勾绘出来的，充分利用了岩石板面的每一条曲线和裂隙。涂鸦的内容有马、犀牛、原牛（已灭绝的古代野牛）、驯鹿和一头长有八条腿的、正在疾驰的野牛。其中大部分都只画出了侧影，面朝同一个方向，还有许多重叠之处，充斥着紧迫感和动感，极有可能是动物奔逃的场景。在整幅画正中有两只鬃毛飘飘的雄狮，交叉着矗立在一起，眉头紧锁，双耳平直。或许它们就是引起动物恐慌的元凶。

另一组木炭画的主角是十六只狮子，其中大部分只画出了头和前肢，看上去像是在追逐着什么。同样地，这也是一幅侧身像。只见狮群面朝同一个方向，头部前倾，全神贯注地盯着前方——它们面前是一群野牛、猛犸象和犀牛。其中一头犀牛的角呈现出多种形态，这表明它的头在剧烈运动，可能是身后还藏着没有画出的动物。

如今看来，这些绘画的风格并不让人觉得陌生。每个物种都有专属的特点，而个体之间的特征、姿势和表情各不相同。例如，犀牛的耳朵呈现卡通化的“M”形，犹如简笔画中的飞鸟。熊的耳朵则卷曲朝前，近似一个整圆。狮子脸上有着标志性的弯曲颧骨，眼睛周围还绘有白色色块。不仅如此，这些动物的拟人化面部表情和童话书里如出一辙。其中一只熊酷似小熊维尼；那块充满动感的版画则与迪士尼动画《狮子王》（*Lion King*）中的场景惊人地相似。

当然也有一些颇具古典风格的作品。其中有一个炭绘的马头轮廓，雕刻过的边缘显得清晰。几只动物被加深了色彩，以强调其体型之大。还有一些在轮廓处添加了阴影，大师般的笔触瞬间让墙上的动物鲜活起来。

欧洲的第一幅洞穴壁画发现于西班牙阿尔塔米拉（Altimira）的一处农场。一个世纪以后，旧石器时代典型的洞穴壁画之一已经现世，而发现人正是让 - 马里 · 肖维和他的两名同伴，他们本人对此深信不疑。在整个圣诞节期间，他们不约而同地选择暂时保守这个秘密，稍后才报告给法国当局。世界顶尖的洞穴艺术专家让·克洛特博士（Dr Jean Clottes）闻讯立即前往，一举证实了该洞穴无上的考古价值与艺术价值。紧接着，该地立即宣布对游客关闭，并派专人看守至今。后来，人们以一位探洞者的名字命名了该洞穴——肖维。正是他的不懈坚持才使这里得以发现。2014 年春天，肖维岩洞被列为世界文化遗产。一年后，一处仿照洞穴在原址附近正式对外开放。

事实上，与拉斯科（Lascaux）和阿尔塔米拉洞窟壁画相比，该壁画的历史几乎是它们的两倍之久。但在当时，三位探洞者并不知道这一点，直到几年后，放射性碳年代测定才探测出它的确切年龄。壁画的作者生活在 3 万多年前，是第一批抵达欧洲的人类。这些美丽的图画正是已知的人类早期的艺术作品。

旧石器时代

早在发现肖维岩洞的 200 万年之前，古人类就已经学会利用树枝、骨头、岩石等材料制作简单的工具。到 20 万年前，智人出现时，人们使用的工具变得复杂了许多。比如带有矛头和锋利石刃的长矛，其制作过程就需要多重工艺。此外，工具具备了耐用、易于保管和维修、方便长距离携带等新特征，与早期随用随丢的做法形成了鲜明对比。

事实上，人类并不是唯一会使用工具的动物。一些猿类会用石头做锤，还会把剥掉皮的树枝伸进蚁窝蘸取食物。大象则会利用树枝挠痒，特别是那些象鼻够不到的位置。不仅如此，它们还会把树皮嚼碎，用来填平水坑。

然而区别在于，人类会使用工具来制造其他工具。目前，只有人类能想象出根本不存在的事物，且会产生“如果这样改动一下，它会变得更有用”的想法。这说明人们不仅会用眼睛看事物，还会用心去“看”。

与驾驭火光一样，制造工具象征着人类对世界认知的又一次巨大飞跃。使用工具来制造工具不仅证实了人类的抽象思维，还意味着人们早已不再止步于盲目地适应环境，而是尝试改变环境以满足自己的需求。

制造工具的能力非但对人类的发展至关重要，在视觉史中也有着举足轻重的地位。但从根本上说，它仍然是视觉的功能性延伸，因其出发点是满足人们的基本生存需求。而三名探险家在肖维岩洞中的发现，显然不是生活所需，却又完全来源于生活。这些图像是人类想象力的产物，象征着第一场由视觉主导的文化浪潮。

在前一章中我们了解到，最初的人类与远古时期的人族是两种不同的概念，其中最大的区别就在于他们头部和大脑的形状。新皮质在人脑中占据了很大一部分，它负责制定计划、做出决定以及进行各类复杂的社交活动。[3]

此外，智人的大脑有另一个独特之处，人类绘画的天赋很可能就归功于此。他们的大脑一经诞生便会进入快速发育期，也就是发育高峰，这是人脑独有的特征。研究古人类的神经学家认为，该特征可能与大脑中负责视知觉整合（连接视觉、运动与记忆）的区域有关。换句话说，这一区域控制着人类手眼协调、创造以及想象的能力。[4]

随着现代人类的出现，他们开始用彩色黏土装饰自己的身体，将贝壳、牙齿和骨头制成装饰品，并在石头和贝壳上刻下标记。[5]没有人知道这一切的缘由，或许这只是原始人类的一种实践活动。但不知从哪天起，这些“创造性”活动突然被赋予了某种意义，代表着集体内部或群体之间的身份认同，又或是充当仪式的一部分，比如入会或结婚。有些甚至还象征着地位、成就以及所有权。在狩猎与采集相结合的现代群体中，人们身上的装饰和图腾就是很好的例子。但重点并不是这些行为具体代表了什么，而是人类的活动第一次被真正赋予了意义。自地球诞生以来，第一次有生命学会了创造和使用抽象的视觉符号。无论是对主体还是客体而言，视觉都不再只是一种实用工具。

肖维岩洞中的发现，是对真实物体的描绘，这象征着精神和技术上的双重进步，其意义远超这些艺术作品本身。想想看，哪怕是一幅最简单、最平平无奇的画，其背后都付出了大量的努力。首先，无论是凭想象还是记忆作画，作者都需要在脑海中勾勒出物体的形状。之后还得有创作动机：是简单地记录某个物体、还原它的样子，还是想要通过作品传达复杂的信息？画为谁而作？全部准备完毕后，工具当然也必不可少：画具、“画纸”，有时可能还需要某些颜料。有了这些，还需要一双灵巧的手来驾驭它们。最后，长期练习养成的基本功是完美重现自己所见所想的关键。

现在让我们回到探究肖维岩洞壁画的例子。这些图像是在粗糙的岩面上用完全原始的材料制成，借助的光源很可能是昏暗、摇曳的火把或油灯。这些远古的艺术家可能从未完整地看清过自己的杰作。他们只能凭借记忆作画，但笔下的各类动物形色各异，栩栩如生。

壁画作者生活的时代久远，远到令我们难以想象。我们口中的“历史”往往始于文字诞生以后，也就是 5 000 年以前。肖维岩洞内的壁画却已经存在了 3 万年之久。不可否认的是，这里一定诞生过十分杰出的天才画家，但要说洞内的画作全部出自一人之手，难免有些牵强。能够完成如此杰作，说明当时已经形成了某种艺术传统：涂鸦和绘画成为固定的艺术形式，被不断地练习、发展和传承。可惜，无论在洞内还是洞外，都没有其他能够证明人类练习绘画的证据。

单就作品而言，无论作者是谁，他们都很清楚自己在做什么。为了达到壁画所呈现的水平，艺术家们需要花上几小时甚至几年的时间去观察动物，尝试不同的绘画材料，掌握不同形状和阴影的画法。艺术也是一门手艺，对于现代艺术家而言，若是没有多年的历练，根本就无法掌握。尽管计算机在现代设计工作中扮演着极为重要的角色，然而迪士尼公司在招聘动画学徒或实习生之前，仍要求面试者提交个人绘画作品集。《小熊维尼》（*Winnie the Pooh*）的作者谢泼德（E.H. Shepherd），1899 年就荣获了英国皇家艺术学院的奖学金。毕加索更是从 7 岁就开始接受系统的艺术训练。而早在 500 年前，14 岁的列奥纳多·达·芬奇（Leonardo da Vinci）就已经师从著名的画家和学者韦罗基奥（Andrea Verrocchio）。

那么，壁画艺术家们会不会也存在师徒关系？如果有，学徒的挑选标准是他们的艺术天赋吗？艺术家们在当时是受人尊崇，还是被视为祭司？这些我们无从知晓，因为壁画早已完完整整地刻在了洞穴深处，它是唯一能够证明我们把这种艺术付诸实践的证据。

然而，这又引出了另一个问题。虽说多亏了洞穴的天然庇护，画作才得以保持原状数千年甚至上万年之久。但在当时，人们为什么会出现在那里？为何一定要选在洞穴的深处？关于这一点，肖维岩洞其实并非特例，许多欧洲洞穴内的壁画都出现在阳光照射不到的地方。壁画往往位于洞穴深处，暗无光亮，无论是创作还是选址的过程都必须借助火光。即使是在现代设备的帮助下，涉足如此深度依旧是勇者的游戏。而在那个年代，除了面临迷路、意外坠落、岩崩和火把熄灭等危险，他们还需要随时警惕穴居熊，这些猛兽大量栖息于各个洞穴之中，同肖维一行人所见遗迹如出一辙。

涂鸦和绘画无处不在吗？壁画之所以留存下来，是因为得天独厚的选址，还是有人在刻意保护这些洞穴？难道是黑暗、寂静、与世隔绝的洞穴唤起了画家们的灵感？他们在洞穴里看到了什么？

人们对旧石器时代的洞穴壁画进行了长达一个世纪的研究，但关于其存在意义一直众说纷纭。其中有观点认为，这些图画只是一种娱乐形式，单纯地为艺术而作。肖维岩洞中的壁画可能存在娱乐成分，但考虑到其恶劣的选址，这种解释实在令人难以信服。此外，洞穴本身带来的挑战性可能也是原因之一：一位学者认为，这些壁画可能出自青春期的男孩，他们冒险进入洞内，以展示自己的勇猛，顺便炫耀一下画技。[6] 虽说有一定的道理，但对于肖维岩洞壁画这种成熟的作品而言，这种推断难免有些牵强。还有学者认为，这些画是为了召唤某种“狩猎巫术”。人们认为，只要把心中的愿望画出来，比如祈祷狩猎成功，这种巫术就会将之变成现实。然而，这在某些情况下或许成立，但肖维岩洞的壁画中并没有狩猎的场景，甚至都没有出现人类（除了一些三角标记，被认为是女性生殖器官的象征）。如今，虽然这一理论已被推翻，但人们不得不承认洞穴壁画的确存在某些超自然的目的。

让·克洛特博士提出的理论是最符合的，他是第一位进入岩洞验证该壁画的专家，在此后多年的研究中一直充当着领军人物。克洛特认为，史前洞穴壁画来源于一种萨满信仰，其中岩壁被视作连接现实与灵界的桥梁。古人相信巫师会将自己的灵魂带到另一个世界，并代表人类与神灵交流。时至今日，少数萨满仍会使用药物、诵经、禁食或剥夺睡眠等方式使自己进入所谓“虚无”的状态。克洛特等人认为，这些壁画极有可能是在这一状态下创造出来的，可能正是火的存在让意识模糊的巫师“看到”动物们跨越结界，穿墙而过[7]，这也就解释了这些画为什么会出现在又黑又深的山洞内。

当然，这些画家有可能本身就相信动物亦有灵，不需要巫师帮助就能看到天神。还有一种理论认为，这些画是在向被屠杀的动物致歉，祈祷它们的灵魂能够远离人类，早日安息。

然而，无论这些画对于作者来说意味着什么，对于我们而言，它们就是早期的绘画艺术作品，仅这一点就已经意义非凡了。

相似的壁画

肖维岩洞内的壁画不仅技艺高超，还与欧洲、非洲、亚洲和澳大利亚等地的多处洞穴壁画有许多明显的相似之处。其中最古老的一处位于印度尼西亚的苏拉威西岛（Sulawesi），至今已有4万余年的历史。这些画作中的动物尽管种类各异，选用的材料和画法也有所不同，但整体看来相似。它们通常为侧身像，强调轮廓，尤其注重对脊柱的刻画。动物头部的形态清晰，腿和脚则是一笔带过。由于这些作品均采用了相似的绘画方式，艺术史学家或许会将其归为某种特定的“流派”。然而，考虑到时间和空间的限制，这种假设实际上是很难成立的。那么究竟是什么造成了这一现象呢？

最近有研究发现，这种相似性很可能归结于大脑解码视觉信息的方式，简单来说，也就是我们“看”的方式。[8]

在史前时期，人类既是捕食者，又是一些猛兽的猎物，因此迅速辨别来者身份成了一项关键的生存技能。猎人、观察员和动物学家都知道，侧面是辨别物种的最佳角度，可识别基本的轮廓特征：脊柱、头部、眼睛和颈部。也就是说，人们对于事物的识别往往始于边缘视觉，是下意识的行为。零散的视觉信号经过处理，将目光引向物体，最终形成一个完整、主观的认知。研究人员认为，原始人类在描绘动物时，会充分还原自己对每个物种的印象，也就是它们的侧面轮廓。因此就出现了跨越时间、空间和文化的相似画风。至于填色和底纹等辨识度不高的细节，被视为不同文化的衍生物，因而无法实现一致。[9]

绘画的出现，使视觉得以跨越时空的界限。它使事物的形象跳脱出事物本身，使“看见”不再局限于“亲眼所见”。通过画面，人们可以看到远处或是很久以前的东西。有的可能从未出现在我们的生活中，有些甚至根本不曾存在。绘画激发了视觉的无限可能。随着想象元素的加入，画中的世界不再局限于人们周边的自然环境。它在现实与想象之间搭起了一座桥梁。

原作者通过绘画的方式，将私人的记忆与幻想记录并保存下来。这些内容跨越时空，在观赏者的脑海中得以重生。与语言、音乐等声音信号不同，图像可以独立于作者而存在。肖维岩画就是很好的例子，它踏着冰河时代而来，一路留存至今。而直到1877年托马斯·爱迪生（Thomas Edison）发明了留声机，声音才有了保存之法。

口头的歌曲和故事，需要代代相传才能保存下来。图画则不需要依赖任何载体，它们俨然是古老的时光机器。

欧洲，末次冰期

早在肖维壁画出现之前，智人就已经在地球上生活了数万年。随着人口的壮大，他们开始从非洲向北部和东部迁移，并在距今几千年前到达了欧洲。那时气候十分寒冷：随着最后一次冰河时期的到来，厚厚的冰层覆盖了大部分陆地。为了保暖，人们穿上厚重的衣服和兽皮制成的靴子，躲在浅洞中取暖，有的还会把兽皮披在树枝或猛犸象骨上，搭成棚屋。每当天黑后，或是需要进入洞穴深处时，智人会使用火把、石灯或黏土制成的灯具照明。人们在肖维岩洞内的沙地上发现了火塘曾经存在的痕迹，岩壁上同样留下了火把划过的黑色印记。

当时的人类普遍以狩猎和采集为生，而冰雪的反射会使得光照更加充足，因此他们大部分时间都处于户外。特殊的生存环境下，他们不得不充分调动一切感官。由于大量的水被困在冰川之下，降雨变得极为稀少，但除此之外，他们早已对各类天气变化了如指掌。人们会通过判断大气或云层的不同状态，预测即将到来的天气变化——要知道，这是现代科学历经数千年才真正掌握的技术。

在冰河时代，大型食草动物成群结队地在欧洲各地游荡，有马、驯鹿、原牛、羚羊、野牛，偶尔还有猛犸象，它们都是猎人的主要目标。狩猎是一项危险的工作，当时的人们需要使用象牙、燧石、长矛等，再辅之以一些投掷工具，才能勉强不受动物的攻击。要想精准地掷出长矛，人们需要在捕猎过程中判断出猎物的移动速度、距离和运动轨迹。不仅如此，一些大型动物就算被击中，也可以继续带伤前行，猎人们也不得不随之越追越远。当他们终于杀死猎物后，新的问题又出现了：该如何将猎物带回家，又不被半路截和呢？要知道，窃取其他动物的劳动成果，是包括人类在内的所有食肉动物的生存策略。因此，带着刚刚捕杀的大型猎物经过洞穴狮子、穴居熊、鬣狗和豹子的居所，显然不是什么好主意。有一种说法是，他们会派一部分人看守猎物，其他人则负责把大家召集过来，当场享用美食。

但还有另外一种可能性：他们找到了帮手。

根据宾夕法尼亚州立大学人类学家帕特·希普曼（Pat Shipman）的说法，早期欧洲人可能有狩猎伙伴。[10] 尽管驯化后的犬类直到一万年前才出现，但早在 3.6 万年前，冰河时期的遗址显示，人类和狼很可能曾一起狩猎并分享战利品。希普曼的假设是，经过一定训练的狼狗凭借其得天独厚的嗅觉和奔跑能力，追踪并围堵被矛刺伤的动物，将它们困在原地，等待人类赶来给出致命一击。这是一种行之有效的伙伴关系：使狼狗免受猎物的獠牙和犄角的伤害，人类也不再需要为了追赶一只受伤的野兽而在森林中到处奔走。在狼狗的看守下，其他动物往往很难偷走猎物。希普曼认为，这种完美的搭配几乎战无不胜，在捕猎场中战胜了所有其他物种，这也直接导致了尼安德特人和其他大型食肉动物的减少甚至灭绝，也包括肖维壁画中的穴居熊、洞穴狮子和洞鬣狗。

在这一优胜劣汰的过程中，视觉始终起着至关重要的作用。希普曼表示，冰河时代的人类和狼之所以能够合作，是因为两个物种的眼睛存在一定的共性。

我们知道，人眼的构造决定了我们可以通过凝视进行交流，这点与其他灵长类动物很是不同。注视作为人类的本能，在交流中占据着重要的地位。而狼的眼睛和面部结构，同样有助于注视交流。

此外，和人类一样，狼也是群居动物，有着复杂的社会结构。它们同样将无声的凝视作为一种交流方式。希普曼猜测，就在智人定居欧洲后不久，两个物种便结成了沉默却所向披靡的搭档，仅仅依靠眼神交流，就能互通意图、共担风险，并分享最终成果。

或许这也解释了为什么狼与人类都没有出现在肖维岩洞的壁画之中。说不定狼群在当时已经成了人类的一分子，不再被视作动物。

然而，人类与狼狗合作狩猎的理论至今尚未得到证实。即便假设属实，该模式在肖维岩洞附近的适用情况也不得而知。不过，人们还是在洞穴中发现了两对并排的脚印，分别来自一个小孩和一头狼。有人猜测是狼在跟踪孩子，但山洞里并未发现人的尸骨。当然，这两对脚印也可能出现在不同的时间。

但我更希望当时的场面是：一个出身大家族的小孩，毫无戒心地与自己的动物盟友并排站着；那头狼既不是他的宠物，又不是他的奴隶，而是一个身份平等的伙伴，它也在为两个族群的生存贡献着自己的力量。至于这一人一狼为何会出现在洞穴里，仍然是未解之谜。但我仿佛看到了其站在那里，借着闪烁的火光，坚定地把目光投向身边忠诚的朋友。

正是肖维岩洞及其壁画，让我们得以透过旧石器时代艺术家的目光，瞥见了他们世界的一部分，看到了那些曾经与人类共存的动物。的确，创作者的真实意图已经不得而知，但我们可以猜测，这些壁画的用途并不只是简单的记录。对于艺术家本身和观众而言，视觉往往是对世界的诠释，不仅仅是指眼前所见，还包括想象中的世界。当画家们离开洞穴时，墙上的动物会在黑暗中继续上演它们的戏码，这一切既看不见又不可见，好似真的遁入了精神世界一般。毫无疑问，这些绘画帮助我们理解、沟通甚至影响那个看不到的世界：它所象征的是一种动物崇拜，或者说是对宇宙中某种无形力量的追求。

其实，肖维壁画中含有一丝辛辣的讽刺意味。正是画作中对于野兽的崇拜，以及那种对于美、力量和能力的渴望，为后来人类捕杀动物种下了邪恶的种子。抽象思维、记忆力、创造力、独创性和敏捷性，这一系列人类独有的优势，都在画作中得到了完美的展现。洞穴狮子和穴居熊在狩猎场上被人类击溃，从此走向灭绝。原牛、野牛和马虽然生存下来，但代价是被逐渐驯化，沦为人类的食物与代步工具。至于狼，它们或许在壁画中曾与人类平起平坐，但最终还是被驯化成了犬，曾经的友谊也变成了依赖与服从。

肖维岩洞中的发现证明，自文字记载历史以来，在一千多年的岁月更替中，人类的视力就远不止是一种生存工具了。想象、超自然的信仰、对意义的追求和对潜意识的探索逐渐涌现。随着“心灵之眼”的开启，视觉带来的优势正式显现。

五
从“看见”到自我认知：镜子

既然无法看到别人眼中的自己，我们该如何认识自己？

——埃德蒙·斯诺·卡彭特（Edmund Snow Carpenter，1922—2011），人类学家，《视觉人类学原理》（*Principles of Visual Anthropology*），1975[1]

在著名的纳西索斯（Narcissus）传说中，一位俊美而自负的男孩对自己水中的倒影爱慕不已。由于不忍离开“眼前人”，他最终在水边死去，死后化为一朵水仙花。[2]几个世纪以来，艺术家们一直将其视为灵感源泉，就连“纳西索斯”这个名字也演化成了一个代名词，形容那些过度虚荣或自恋的人，有时也指代一种严重的精神障碍——自恋型人格。这个故事折射出人类难以拒绝的两种诱惑：对镜像的迷恋，以及对“看到”自己的渴望。几千年来，人们只能透过各种镜像来观察自己。因此，镜子在人类心智的成长过程中发挥着深远的作用。这股神秘的力量同样渗透到了科学、艺术、魔法甚至一些超自然领域。

而在当代，镜子早已无处不在，鲜有人会注意。让我们回顾一下。

土耳其，1961 年

科尼亚平原位于土耳其中部，海拔 1000 米，上面是纵横交错的小麦和大麦田。死火山哈桑·达格（Hasan Dag）位于科尼亚平原上，双锥形的山峰让平原显得错落有致，但相比它们，旁边一处较小双丘却更让詹姆斯·梅拉尔特（James Jimmy Mellaart）着迷，而且这一迷就是近十年光景。梅拉尔特是来自英国考古研究所安卡拉分所的一名学者，1952 年，他在对安纳托利亚半岛进行勘察时，发现了远处的这个大土丘。当地人称这座土丘为“恰塔勒胡由克”（Çatalhöyük），意思是“分叉的土丘”。可在当时，由于交通不便，加之痢疾肆虐，梅拉尔特最终没能到达目的地。直到 1958 年，他终于回到该地，最终的发掘现场让他大吃一惊：“泥砖建筑的痕迹清晰可见，它们被火烧成了红色，与之形成鲜明对比的还有一块块的灰屑，破碎的骨骼，陶器碎片和黑曜石制成的各类工具和武器……”最引人注目的是：“这些发现并不仅限于土丘的底部，而是一直延伸到丘顶。”[3]

梅拉尔特的发现其实是一处庞大的新石器时代定居点，也是人类历史上已知的较早的城镇之一。为此，他组建了一个团队，并于 1961 年开始动工挖掘。经过一年的不懈努力，他们挖出了共计约 200 座房屋和数千件文物。

梅拉尔特团队的考古结果表明，在公元前 7100 年至前 5600

年的时间里，有 8000 多人在该地生活过。这些泥砖房子之间的距离很近，人们会在屋顶上往来行走，进屋时再从梯子上爬下来。房屋内墙被统一漆成了白色，大多饰有狩猎图或悬挂着战利品，其中公牛和豹子是较为常见的。人们用编织的篮子来储存食物，用陶器烹饪，还会把黏土和石头制成人型或动物形态的雕像。他们懂得保持室内清洁，会经常粉刷地板和墙壁。虽然当时人们把死者埋在房子下方，但有时会将骸骨刨出，转移到别处。每隔一段时间，他们会小心地把老屋拆除，并在原址上重新建造一座新房子：梅拉尔特发现了层层叠叠至少 14 个建筑层，并在后来的挖掘中又找到了 4 层。

恰塔勒胡由克的存在，揭开了首个人类群居点的神秘面纱，至于他们的生活，时至今日仍然是一个谜。在梅拉尔特发现的一众文物之中，有几面高度抛光的黑曜石镜子值得玩味，它们诞生于公元前 6000 年前后，也就是该聚居地存在的末期。它们对阳光有很强的反射作用，和现代智能手机黑屏时所呈现的效果差不多。它们正是人类历史上已知的最早的镜子。

后来，梅拉尔特因涉嫌盗窃文物的丑闻被土耳其当局驱逐出境，该遗址从此无人问津。直到约 30 年后，20 世纪 90 年代初，梅拉尔特的学生伊安·霍德（Ian Hodder）获批在该地展开一个新项目的研究。他带领团队于 1993 年到达该地，挖掘过程耗时整整 6 年。

霍德对遗址细致的研究，为我们对原始城市生活的认知提供了新的视角。尽管已经不再居无定所，这里的居民依然生活在一个相互依存和“极端平等”的大集体里。[4] 房子的大小和形式都差不多，没有公共设施或寺庙，也没有发现统治阶层存在的迹象。食物和资源是共享的——男人和女人吃同样的东西，做相似的任务，[5] 也不存在财产所有权或等级差异。这种绝对的平等持续了大约一千年。

后来，集体生活开始发生变化。小家庭变得独立，开始自给自足；他们会专门从事某些活动，拥有自己的羊和牛，并以家庭为单位进行贸易往来。霍德把这种行为称为"更强的个体自我意识"。[6]

这些细微却又极具颠覆性的社会变化，基本与黑曜石镜子出现的时间吻合。

巴布亚新几内亚，1969 年

巴布亚新几内亚大岛位于澳大利亚约克角和赤道之间，是出了名的航行"噩梦"。巨大的火山山脉从西向东延伸，山脉的北部和南部是广阔的低地，上面覆盖着茂密的热带雨林和大片红树沼泽。直到 20 世纪 60 年代后期，一些偏远的山区和山谷里仍居住着与世隔绝的原始部落，他们的生活方式也停留在几千年前。许多居民甚至从未接触过外人。

1969 年，美国人类学家埃德蒙·卡彭特曾在莫尔兹比港（巴布亚新几内亚首都）的巴布亚新几内亚大学（University of Papua New Guinea）担任客座教授。卡彭特作为马歇尔·麦克卢汉（Marshall McLuhan）的助手，撰写过大量有关现代媒体和视觉文化的文章。澳大利亚政府曾邀请他，就如何利用媒体与土著居民（包括一些大陆上与世隔绝的部落）沟通提供建议。过去，政府一直在积极地向各大土著社区进行新闻和信息广播，宣传清洁和敬虔的重要性，但这些行为似乎产生了负面效果，近期甚至引发了抗议和骚乱。对此，政府方面想要了解问题所在，并试图进行补救。

在卡彭特看来，这项任务更像是一次难得的研究机会。他想知道人们第一次看到自己样貌时的反应。卡彭特认为，一些更偏远部落的居民可能完全接触不到相机或镜子，加之特殊的地理条件，他们甚至都不曾看到过自己在水中的倒影。

卡彭特带着一个小团队，其中的一名队员既能摄像又能摄影（后来成了他的妻子）和一名专业摄像师，一同前往巴布亚高原。那里住着一个名为比亚米（Biami）的原始部落，相传他们以食人为生。这些人看起来很像“原始人”——他们戴着巨大的羽毛耳饰，木质的鼻钉，结实的大臂上还套着木质的臂环。靠近脸边的头发被刻意地剪短，其余的则被高高绑在头顶上。他们腰间缠绕织带，身着草裙，有搭扣将其固定在腹股沟处。

卡彭特的团队和比亚米族的成员试探着彼此接近，开始用手势、声音和面部表情尝试交流。不久，卡彭特拿出一面大镜子，把它举到一名族人面前。那人瞬间目瞪口呆。只见他用手捂住嘴巴，把头别到一边，脸上写满了尴尬。他躲开镜子，退到一个安全的距离端详着。接着他走回镜子前，凝视着镜中的自己。据卡彭特描述，那位原住民僵在原地一动不动，满脸困惑，紧张感使他的腹部肌肉不断地抽搐。[7]

当卡彭特把镜子挪到另一名比亚米人面前时，对方的反应和先前那位如出一辙。同样的过程重复了一遍。一些当地妇女参与其中，得到的反馈大致相同。

卡彭特将他们的反应描述为“既兴奋又羞愧，处于强烈的自我认知困境中”。

一旦他们意识到自己可以“看到”自己的灵魂、自己的形象，甚至超脱自我以外的身份，自然会感到震惊。在镜子前，他们会下意识地捂嘴，有的则是跺脚，接着背过身去。过后，他们会再次回到镜子前，然后再躲起来，循环往复。[8]

卡彭特将这一系列过激反应描述为“集体性自我意识恐惧”。[9]

镜子与自我意识

长期以来，学者和艺术家一直沉迷于镜子和自我意识之间的关系，无论这种关系是表面的还是深层的。西格蒙德·弗洛伊德（Sigmund Freud）就常常以镜子作为隐喻，此外他个人还收藏了一批来自伊特鲁里亚（现意大利）和古埃及的镜子。[10] 20 世纪 30 年代，法国精神分析学家雅克·拉康（Jacques Lacan）提出了“镜像阶段”理论，这与卡彭特观察亚米人看到镜子后的反应不谋而合。拉康通俗地解释了这一现象：当 1 岁多的幼儿第一次认出镜中的自己时，他们的心理将随之发生巨大的变化。孩子们会意识到自己是一个区别于周围世界的个体，从而在脑海中形成有关“我”的印象，并开始产生“自我”的概念。然而，这种认知同时伴随着焦虑，因为孩子们会因此意识到自己总有一天会与母亲分离，但自己又离不开她。“镜像阶段”理论还认为，这种焦虑将会持续一生，因为理想状态中的“自己”和镜中呈现的“自己”之间总是会有出入。

在现代的日常生活中，镜像随处可见，无论美丑。你可以用很低的价格随手买到一面镜子，即便镜中自己的形象并不如愿，我们也不再感到稀奇。每个人都对自己的镜像再熟悉不过了。然而，在端详镜中的自己时，我们仍会感觉不自在。比亚米人的反应证实，第一次与自己“面对面”是种令人不适的体验。那么，人们究竟为何如此抗拒镜中的自己?

试想一下，如果我们生活在一个没有镜子的世界里，你的行动与认知将完全依赖外界的反应，有关“自我”的认知也都来自他人。别人眼中的你组成了真实的“你”，你所在的集体或部落便是你唯一的“镜子”。不难想象，在这样的世界里，对于集体的认同将高于个人，因此很容易形成某种规范。至于那些违反规范的人，被剔除出集体的概率会很大。

当然，不照镜子并不代表人们就不会关注外在形象：包括比亚米人在内的许多传统部落都会在梳妆打扮上花费大量的时间和精力。独特的发型、面部纹饰、服装甚至珠宝都是他们身份的重要标识。需要注意的是，这里所谓的“身份标识”指向的是群体认同，而非个人身份。然而没有镜子，人们看不到自己，自然无从打扮。这就需要大家互帮互助。这种亲属之间互相打扮的行为，表达了一方对另一方的绝对信任，而非仅仅是个人身份和虚荣的体现。

现在，你的世界里多了一面镜子。当第一次看到镜中的自己时，我们其实用不了多久就能认出眼前人是谁。但在那一刻，我们远不止是“认出”了自己。你会突然意识到别人眼中的自己是何种模样。要知道，以前你可能从没思考过这个问题。而现在你看到了第三视角的自己，也第一次有了“自我”意识。你意识到自己是一个独立存在的个体。其他人也一样。

那么接下来会发生什么？你开始思考自己外在的形象，也就是别人眼中的“你”。有了这种意识，你为人处世的方式很可能会随之改变，甚至开始拿自己和别人比较，也会思考自己在集体中的定位。换句话说，你开始用更多的时间反思自我。就这样，你变得越来越“自我”，因为你知道，除了身为集体的一员，你还是一个独立的个体。

正当你经历这种心态的剧变时，你身边的人是否也会有同样的体验？当每个人都意识到自己是一个独立的个体，而对方是“别人”时，人与人之间的关系自然也会发生变化。

那么，经过这次镜像试验，比亚米人会有这样的转变吗？由于卡彭特在实验过后再也没有回到该地，我们无法确定他们经历了何种变化。我们只知道，在后续几年里，西方文化强行侵入了巴布亚新几内亚所有的偏远村落，带去了一场快速而扭曲的“进化”。如今，比亚米人穿西方服饰，讲英语，致力于争取土地权、伐木权、道路施工以及获得教育和医疗服务的权利。[11] 镜子的出现和他们之后接受西式文化，与“自我”意识之间有因果关系吗？

20 世纪 70 年代，卡彭特还接触过另一个名为西奥（Sio）的部落，该部落不像比亚米族那么闭塞。卡彭特用拍立得（Polaroids）给该部落居民拍下照片，并录了音，然后把照片和音频展示给他们。就像比亚米人第一次见到镜子一样，这些人起初感到震惊，但很快就习惯了。短短几个月后，当卡彭特再次回到该部落时，令他沮丧的是，这里的一切都已变得面目全非。男人们穿上了西式服装，行为举止（包括走路的样子）都变了，有些人甚至已经离开了村子。卡彭特认为是自己的到来造成了这一切：在这场残酷的巨变中，原住民们被强行从传统的部落生活中剥离出来，变成了独立的个体，他们孤独、沮丧，甚至丧失了归属感。[12]

他当即终止了巴布亚新几内亚政府委派的任务，且余生都笼罩在愧疚之中。

近东地区，公元前 3000 年

几千年前，恰塔勒胡由克人是否经历了像比亚米人一样的“镜像反应”？是某个工匠偶然造出了第一面镜子，自此改变了人们看待世界的方式，还是自我意识的变革已经兴起，而镜子的发明只是变革的一种具体体现？该地出土的镜子与当时社会的个人主义转变之间是否存在联系？这种推断似乎很有道理。

我们所知道的是，在之后的两千年里，世界上已知的最早的文明出现在美索不达米亚平原和古埃及，两者均位于恰塔勒胡由克的贸易距离之内。随着私有财产观念的确立，贫富差距也逐渐拉开。财富的不平等导致了地位的不平等。最终，不同的阶层出现了统治者、贵族、牧师、抄书吏、工匠、奴隶，每个人的社会地位和角色是由个人家庭背景和能力所决定的。在这样的社会里，绝对平等已然消失。

有证据显示，当时的人们已经学会使用镜子。这些镜子多由纯铜制成，后来是青铜，有时也会使用金或银。金属面镜的出现则可追溯到公元前 4000 年的美索不达米亚和公元前 3000 年的古埃及。自那时起，两地绘画和雕塑的内容多为贵族形象，通常是女性，手持镜子，身旁有仆人侍候。

女性形象的显著变化是和金属镜子的出现相吻合的。新石器时代的女性形象通常被描绘为高大而圆润的，有着丰满的胸部和臀部以及凸出的阴部。面部特征有的模糊不清，有的完全没有。这类形象的小雕像，通常被称为“母神”，用来表达对女性的生育能力的崇拜。在欧洲的恰塔勒胡由克遗址、新石器时代的美索不达米亚以及古埃及前王朝时期也发现了类似的图像。①

随着聚居地文明化的不断提升，女性形象也有所变化。艺术作品中的女性开始趋于年轻化、身形也更苗条。她们的面部特征更加鲜明，符合现代大众理想化的审美标准：五官匀称、大眼睛以及特意勾勒出的饱满嘴唇。追求年轻美丽的现代化女性审美由此兴起。

这一切都归功于镜子的出现，但究其具体原因，答案肯定不止一个。我们可以假设一个场景，原始的聚居社会奉行典型的“极端平等主义”（一些原始部落如今依旧），提倡男女平等。对于他们而言，生存是首要任务。而女性的生育能力正是这一任务的保障，因此当时大受崇尚的女性形象注重这一点。

随着农业文明的发展，不同性别的角色开始分化。男性体魄强壮，一般负责农作以及保护居所不受侵袭，在社会中逐渐占据主导地位。人们越来越重视私有财产和社会地位，富有的人不再满足于基本需求，开始追求一切有关“美”的东西。对于大多数占主导地位的男性来说，女性便沦为一种资产。富有的男人

---

① 以上为埃及古墓中有关镜子的三幅图绘，分别来自公元前 2050 年、公元前 2450 年至前 2300 年以及公元前 2300 年至前 2250 年。[13]

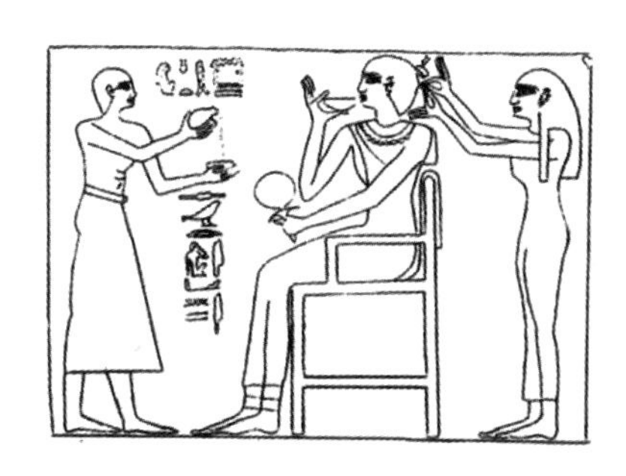

图 1　来自公元前 2050 年，第十一王朝，第三代国王之墓。

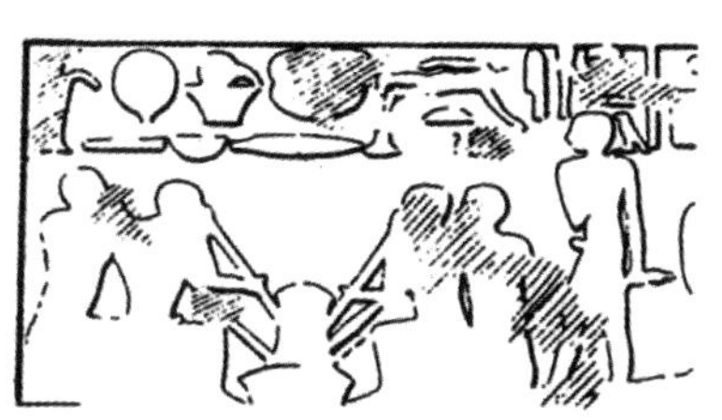

图 2　来自公元前 2450—前 2300 年，第五王朝，谢赫・赛义德（Sheik Said）之墓（24 号）上部结构。

图 3　来自公元前 2300—前 2250 年，第六王朝塞加拉，贵族麦若鲁卡（Mereruka）之墓。

会拥有一个甚至多个美丽的妻子，以满足自己的视觉享受和私欲，并为他们传宗接代。此外，妻子的美貌同样是一种财富和地位的象征。“彩礼”的概念（新郎给新娘家人的礼金）正是在这一时期应运而生。换句话说，美貌成了一个女人和她家人的宝贵财富。

在这种大环境下，一个女人“最有价值”的时刻不再是她生孩子的瞬间，而是出嫁的那一刻。因此，年龄适婚、拥有美丽面孔和处女之身的女性成为当时“最理想”的女性形象。

作为一名女性，要想使自身的价值最大化，最直接的方式就是变美。具体该如何操作呢？当然是依靠镜子和各种化妆品。自此，女性便和镜子紧紧联系在一起。而如今，镜子的概念更偏向为一种利己主义和自我认知的工具。

伊娜娜（Inanna），又称伊什塔尔（Ishatar），是美索不达米亚文明中最受尊崇的女神。她掌管着生育、爱情和战争，形象青春靓丽而又性感迷人。将女人描绘为性对象的历史由来已久。

著名的古埃及王后，纳芙蒂蒂（Nefertiti）的形象常被视作理想女性形象的终极典范。她是法老图坦卡蒙（Tutankhamun）的母亲，个子高挑，身形苗条，脖颈纤长而优雅，有着完美的外表，神秘感十足。放到今天，纳芙蒂蒂完全可以登上 *Vogue* 杂志的封面，或是出现在米兰时装周的 T 台上，因为她完全符合现代审美的标准。多年来，考古学家一直在苦寻她的葬身之地，每次都徒劳而归。我相信，如果哪天真的发现了她的完好墓穴，里面一定有许多面镜子。

希腊，公元前 500 年

镜子与身份、自我和美之间的联系一直延续到古典时期（公元前 5—前 4 世纪中叶）。大约到公元前 500 年前后，人们的自我意识已经清晰，“关注自身”的观念备受推崇。特尔斐神庙是古希腊神圣的建筑之一，里面就刻着“认识你自己”的箴言。人们相信自我认知是哲学探究的最高目标，且善于利用镜子来进行自我反思。哲学家苏格拉底生活在公元前400年，他认为镜子是进行“道德”教育的重要工具，并鼓励年轻人经常审视镜中的自己，“要使行为配得上自己美丽的外表，并通过教育努力弥补自己的缺陷。”[14]

几百年后，古罗马哲学家塞内加（Seneca）同样撰写了大量关于镜子的文章。对镜子的使用，他既有批评，也有赞赏。与苏格拉底一样，塞内加宣称，发明镜子是为了让人类“认识自己”，并由此获得智慧。他认为，一个人的行为应当与自己的外貌、年龄相符。例如，老人应当意识到自己年事已高，并克制自己不去做与自己年龄不相称的事。[15]

但与此同时，塞内加表示，镜子也可能将人引上虚荣甚至邪恶的道路。他以颓废的罗马贵族豪富贺斯丢斯·夸德拉（Hostius Quadra）为例，细致地讲述了贺斯丢斯是如何沉迷肉欲，又是如何利用镜子，甚至利用放大镜，来观察自己和伴侣们淫乱的生活。据塞内加所说，贺斯丢斯十分享受镜子给他带来的快感。[16]在这一故事中，镜子的负面作用被体现得淋漓尽致。

然而这就是问题所在。在自我认知的过程中，人们必然认识到自己的欲望。一旦燃起了某种欲望，我们下意识的反应就是满足它，否则便会心痒难耐。正是为了避免强烈的个人主义一发不可收拾，法律诞生了。传统社会中，人们靠着不成文的道德规范约束自己；可随着个人主义的兴起，法律和各类惩罚机制逐渐成为必然。法律的出现正是为了抑制人性中经常被忽略的阴暗的一面。

当今社会

贺斯丢斯的窥视癖绝非个别现象——许多脏乱差的小旅馆，都会正对着床在天花板上安一面镜子。但心理学家发现，看到镜中自己的形象，或许会对行为产生正向的引导作用。在 20 世纪 70 年代的一项研究中，受试的大学生需要完成一系列虚构的小测试。其中一半人被安排坐在镜子前，并在“考试”期间不断播放他们自己的录音，以期唤起他们高度的自我意识，而另一半人没有受到如此要求。结果显示，前者在测试中作弊的概率仅为后者的十分之一。[17] 在另一项实验中，主人在万圣节这天邀请了数百名孩子进行“不给糖就捣蛋”的游戏，告知他们每人只能拿一块糖，说完便离开房间。其中一半的孩子在拿糖时，桌子上放了一面镜子，让他们可以看到自己。结果显示，在没有镜子的情况下，多拿糖的孩子数量是有镜子时的一倍。[18]

上述实验证实了 20 世纪早期由社会学家查尔斯·库利（Charles Cooley）提出的“镜中我”（looking glass self）理论。库利认为，所谓“自我”其实是受他人态度影响而产生的“我”。该理论称，人有了自我意识——通俗来讲，也就是第一次看到镜中的自己时，就会有意识地联想到带有社会期望的人，并努力向这一目标靠近。正如库利所说：“我是谁，不取决于你的看法，也不取决于我的看法，而是取决于我眼中的你的看法。”[19]

换言之，镜子可以在很多方面对人类的心理产生影响。根据库利的理论，镜子扮演着“虚拟社会”的角色，将规范强加于人。在卡彭特看来，镜子促进了利己主义和个人主义。而在塞内加的世界里，镜子则会放大人性中狂野而堕落的一面。我承认，这三者之间存在着矛盾，但人性从来都是复杂的。

时至今日，镜子仍被用作心理研究的工具之一：心理学家对人与镜像之间的互动，以及人类的自我意识依旧怀有极大的兴趣。幼童在 6 个月大时就会明显表现出对自己镜像的兴趣，比如对着镜子挥手、微笑、触摸以及和镜中人互动等。待到 15 个月至 2 岁时，他们开始能认出镜子里的自己，当他们从镜中看到自己身体某处有异常时，他们会伸手触摸镜像中相应的位置。这一实验被称为“镜像标记测试”，这样积极的反应被视为儿童成长发展中的重要里程碑。该实验进一步完善了拉康的理论，与儿童发展与自我意识相关的特征相一致，比如同情心，以及认识到自己与抚养者是相互独立的个体。[20]

镜像标记测试还被应用于其他动物，以研究它们是否具有自我意识。结果显示，有部分黑猩猩和红毛猩猩，以及大象，都具有自我意识。其中两只雄性海豚潘（Pan）和特尔斐（Delphi）的表现，想必会引起塞内加的注意：在接受测试时，它们似乎陷入了某种狂热状态。[21] 在半小时的时间里，潘共计出现交配姿势 24 次，特尔斐则是 19 次。然而，一旦两只海豚离开镜像范围，这种行为会立即停止，直到重新调整至最佳位置。就连贺斯丢斯见了都自愧不如。

威尼斯，1300 年

罗马人发明出了玻璃镜子，但由于其材质易碎且价格昂贵，一直难以普及。因此几个世纪以来，金属镜子被广泛应用于日常生活。直到大约 1300 年，威尼斯的玻璃制造技术大幅改进，这才造出了第一面透明的玻璃镜。但这种镜子的价格依旧高昂，远远超出了普通人的消费能力，只有贵族和新兴的商人阶层能够负担得起。然而，在接下来的两个世纪里，透明玻璃镜风靡了整个欧洲。

想不到吧？玻璃镜子的普及与 15 世纪前后个人主义的兴盛几乎同时发生。一时之间，肖像画变得火爆。[22] 人们纷纷请画家为自己画像，有的挂在家中，有的则是为教堂绘制艺术品。当时流行的“捐赠者画像”会把大额捐款的信徒画在宗教场景中，与圣人、使徒和众神画在一起。艺术家们开始探索自己的形象，一种新的绘画类型——自画像诞生了。史上最早的自画像是 1433 年出自扬·凡·艾克（Jan Van Eyck）笔下的一幅头戴红色头巾的男子画像。自那以后，自画像一直是艺术家们表达自我的一个隽永的主题。众所周知，艺术源于生活，所以在许多肖像画中都能找到镜子的身影，其中最著名的要数 1434 年扬·凡·艾克所作的《阿诺菲尼的婚礼》（*Arnolfini Portrait*）。这幅画的特别之处在于场景后方绘有一面凸面镜，镜中非但有两个主角的背影，还出现了画家本人的小小身影。这幅画精致的细节与凸面镜所产生的神奇的微缩效果相得益彰。一些学者进一步推断，凡·艾克（以及后来的艺术家）在绘画时会使用凹面镜作为辅助（这一点在后续章节中会展开说明）。[23]

反射光学

当然，镜子并不仅限于反射人像，它们还会以各种方式反射光线。热爱科学的希腊人是最早研究镜子反射特性的人，反射光学“catoptrics”一词便来源于希腊语中的“镜子”。大约在公元前 300 年，欧几里得（Euclid）描述了平面和凸面镜的几何形状；25 年后，据说希腊著名的数学家和发明家阿基米德用一排镜子将太阳光聚集到逼近的罗马舰队方向，创造出一种“死亡光线”，将敌舰烧成了灰烬。美国热门电视节目《流言终结者》（*Mythbusters*）曾两次尝试重现这一场景，可惜都没能成功[24]，所以，节目组认为阿基米德聚光烧敌舰的故事只是个传说。然而，007 系列电影《择日而亡》（*Die Another Day*）还是参照这一故事创造出了“伊卡洛斯”（Icarus）——一种装有整排镜子的卫星，可以聚集太阳光形成杀伤力极强的光束。电影中的反派利用这一装置追杀主角詹姆斯・邦德（James Bond），在穿过一片冰原时，光线所经之处，冰面消融，就连冰崖都被光束切割开来。英国莱斯特大学（Leicester University）的三位物理学家估计，现实生活中建造伊卡洛斯所需的能量将超过世界总能量的 500 倍，要想达到电影中的效果，则需要国际空间站现有镜子 250 万倍大的镜面。[25]

古典时期之后的几个世纪里，关于反射的科学再次被束之高阁，直到中世纪晚期，来自阿拉伯世界的科学文献席卷了欧洲。大约在1425年，佛罗伦萨著名的金匠、工程师、建筑师、画家和雕塑家——全能天才菲利普·布鲁内莱斯基（Filippo Brunelleschi）在一次实验中使用了一块新型的平面玻璃镜，这场实验彻底颠覆了艺术界，甚至推动了科学的进步。当时布鲁内莱斯基站在教堂门口，在一块油画板上作画，画面内容正是面前的佛罗伦萨施洗堂。根据透视理论，他在画板上钻了一个洞，让一名观众站在画板的一侧，透过小孔观察教堂。接着他举起一面平面镜，恰好让镜子反射绘画的一面。那名观众惊讶地发现，镜中呈现的图像与现实中的施洗堂一模一样。

继罗马时代之后，布鲁内莱斯基终于重拾了被世人遗忘已久的几何线性透视技术。这一方法很快引来欧洲各大画家的效仿，并由此产生了一种新型的现实主义画派，取代了中世纪扁平、抽象的绘画方式。1435年，莱昂·巴蒂斯塔·阿尔伯蒂（Leon Battista Alberti）在他的著作《论绘画》（*On Painting*）中详细阐述了线性透视原理，并对布鲁内莱斯基的“发现”大加赞誉。如今，透视法被广泛应用于建筑和工程设计。利用透视法画出技术图纸，就能进一步发明、完善和修理复杂的建筑以及精密的机器，再也无须花费大量时间和金钱建造三维模型试错。[26]

平面镜的发明实现了线性透视的再利用，成为后续文艺复兴的决定性因素之一。重拾对镜子和反射科学的研究，意味着人类看世界的方式再一次发生了转变：人们不再用神秘学或其他超自然的学说理解自然世界的运作方式。

反射的基本原理很大程度上促进了科学的发展。继布鲁内莱斯基的镜子实验后，1643年，牛顿发明了第一台反射望远镜。时至今日，人们仍然使用镜面来探索宇宙，例如著名的哈勃太空望远镜。此外，镜子对于显微镜、照相机、激光和现代高清电视的发明也至关重要，在视觉史上留下了属于它的浓墨重彩的一笔。

魔镜……

人们总是习惯将镜子和魔法联系在一起，无论是魔术还是更深奥的神秘学活动。镜子所反射的世界与现实世界只有一镜之隔，而其抛光的表面更是在真实与虚幻之间披上了一层神秘的面纱。这两个世界真的完全相同吗？照镜子时，我看到有东西在我身后移动。我转过身去，却什么都没发现。镜子会欺骗我们的感官——即使我们知道镜子只是平面，但还是能从中看到一个空间。镜子背后究竟还藏着什么？我们知道，镜子并非一开始就是平整清晰的。即便是新世纪坚定的怀疑论者，在照向古老的镜子时，也极有可能感知到魔法，甚至某种神秘力量的存在。

我们可以尝试看向息屏后的手机屏幕。如果光线充足，你会清晰地看到自己的脸。但如果把手机倾斜，照向身后，你绝对会大吃一惊。此时，我猜你眼前的画面可能有些诡异。如果这时房间内恰好有闪烁的烛火或油灯，和古时候一样，那么屏幕中的画面很容易让人联想到某些超自然的力量。

为了照全整个面部，金属镜面经常被打磨成微凸状，因而扭曲的镜像难免让人感到不安。这就和平底锅盖照出的画面一样，虽然能基本显示出你的模样，但周围的样子就会变得扭曲。

魔术师、巫师、江湖术士、戏剧策划和特效师一早就会利用镜子来娱乐和捉弄观众，令人啧啧称奇。如今，在看到哈哈镜时，我们依旧会捧腹大笑；镜子迷宫仍会把我们迷得团团转；在鬼屋的布景中也仍然会被突然出现的“鬼”吓到。19 世纪盛行的幻影秀把当时的观众们吓得够呛。到了 21 世纪，迈克尔·杰克逊（Michael Jackson）去世五年后，现代技术竟将他以立体投影的形式投上了美国公告牌颁奖典礼的舞台，人们惊叹不已。硬币悬空，人体漂浮，身体错位——这一切都是镜子营造出的幻象。

反射现象和镜子本身已经成为民间传说、童话和迷信故事中永恒的元素，且通常具有宗教意义。人们普遍认为镜子能够捕捉灵魂。在一些文化中，当有人去世时，人们会把家中的镜子全部遮盖起来，以防止死者的灵魂在投胎的路上迷失方向，被“困”在房子里。中世纪的朝圣者会常常带着镜子参加朝拜，他们相信镜子可以捕捉并储存来自圣物的力量。吸血鬼和女巫没有灵魂，就不会出现在镜子里。

镜中有灵的想法同样也是迷信的起源，有些人认为一旦打破镜子，接下来七年便会诸事不顺，这是因为他们惊扰了镜子中的灵魂，需要七年来弥补。虽然这听起来很恐怖，但与苏格兰人的传统相比，这算是小巫见大巫了：相传，打碎镜子就会面临死亡。①

大英博物馆藏有一面来自伊特鲁里亚的青铜手镜，可以追溯到公元前 200—前 300 年。镜面上粗略地刻着“SUTHINA”一词，字体看起来就像劣质电影中酒店镜子上潦草的口红涂鸦，与镜子反面精细的插图形成鲜明对比。这面镜子如同某个老房

① 至于 7 这个数字，还有一个更令人信服的解释：如果有仆人不幸打碎了一面镜子，需要花费其 7 年的工钱才足以偿还。

间的遗物，令人感到莫名不安。Suthina 的意思是“坟墓”。当然，这并不是对镜子主人的诅咒；刻字只是为了破坏镜面，以防被盗墓者偷走。在许多文化中，镜子都作为“陪葬品”，与它的主人葬在一起。至于这种风气从何而来，有很多种解释：有的说为了让逝者在来世保持良好的仪容，或是逝者生前很珍惜这把镜子；还有的说，用镜子陪葬是为了让灵魂安息，不让它在人间游荡。[27]

游乐场里凝视着水晶球的巫师，白雪公主故事里不断考问魔镜的邪恶皇后，他们都是“先知”，都在练习着占卜的艺术。利用镜子预知未来、洞悉真相的做法已经持续了几千年。古埃及人的占卜工具是黑色墨水碗，美索不达米亚人则使用石油。中世纪的波斯巫师们利用“贾姆希德的酒杯”看到宇宙共有七层。著名的法国先知诺查丹玛斯（Nostradamus，1503—1566）更是透过一碗水，看到了自己的未来。伊丽莎白一世的顾问约翰·迪伊（John Dee，1527—1608）投入大量精力来研究有关水晶球占卜的神秘学，在其他占星者的帮助下，他试图与天使进行沟通，以探求自然界运行的规律。[28]

这些人在当时并没有被另眼相待，也不曾偏离当时的主流宗教。诺查丹玛斯和迪伊二人都是虔诚的天主教徒。然而，在现代，占卜往往被解读为邪术，占星人更是被视作“疯子”。阿莱斯特·克劳利（Aleister Crowley）是 20 世纪早期一位著名的秘术家，他曾利用金黄宝石的反光寻找进入“冥界”的大门。当有人称他为“世界上最邪恶的人”时，克劳利提出了诽谤控告，结果被法官驳回，理由是无法证明该言论不属实。

神奇的镜子

尽管镜子在今天很常见，但人们还是很容易被镜像所迷惑。它是一个切实存在的“变身大师”——既是美丽的幻觉，又是真理的源泉。前一秒它是忠诚的朋友，下一秒却成了专横的暴君。它既能带来喜讯，又会传递厄运，它同时包含着真相与谎言，既是腐败者又是监管者。它是人类与神明连接的桥梁，能够赋予人们神一般的力量。镜中的世界既可以扭曲，又可以无比写实，它带领我们回到遥远的过去，又有着昭示未来的能力。它既不受控，又有章法可寻，如悖论一般存在。几千年前，作为一种稀有的珍宝，镜子闯入了人类历史。如今，它变得不再昂贵，甚至唾手可得，人们早已习惯了它的存在。但事实上，镜子的魔力从未消失。

它的名字早已暗示了这一点。英语中的镜子“mirror”一词来源于古法语“*mirer*”，而“*mirer*”来自拉丁语中的“*mirari*”，意为“诧异或敬畏地看着”或“感到惊讶”。[29]这个名字再适合不过了，毕竟镜子已经被人类研究了上千年，但仍有一些谜团尚未揭开。镜子将三维世界中的一切色彩、形状和空间都变成了平面。它能照出我们平时看不到的东西。但对人们而言（对于其他物种也是一样），镜子最吸引人的地方在于，它向我们揭示了大自然和万物进化的秘密，这一切却与我们看世界的方式以及人类本身有着不可分割的联系。

当白雪公主的继母问出“谁是世界上最美丽的女人”时，答案早已呈现在魔镜之中，此刻，一切语言都会显得多余和苍白。

多年来，她一直认为自己是世界上最美丽的女人——魔镜就是这么告诉她的。然而，当王后容颜老去，正是魔镜让她意识到自己已经被白雪公主比了下去。

至于我，我在照镜子时，偶尔会在恍惚中瞥见自己已故的母亲；有时则会看到女儿三十年后的模样。在某种程度上，镜子的确让我看到了过去和未来。将两面镜子相对放置，你会看到无数个自己；而只需轻微调整角度，就能让自己完全消失在镜像中。如果在黑暗中长时间盯着镜子看，你可能会发现自己思绪飘忽，进入了一种未知的境界。其实，镜子的神秘力量只是光反射这一自然现象与人类想象力的完美结合。

这虽然不是魔法，却有着神奇的力量。

六
心灵的几何学：文字

文字是心灵的几何学。

——柏拉图（Plato，前 429—前 347）

波斯，贝希斯敦，1836 年夏

一位“异乡人”（*Biganeh*，波斯语）紧挨着陡峭的岩壁，感受岩石中积攒了上亿年的热量。他牙关紧闭，全神贯注，脸颊微微涨红，双腿岔开，手臂举过头顶。卡其色的衬衫袖子高高卷起，露出结实的小臂，皮肤被炽烈的阳光晒成了棕红色。他有着一双光滑且灵巧的大手，只有零星几个骑马磨出的老茧。他用左手把一本打开的皮面笔记本抵在岩壁上，食指点向某处，右手则握着一支铅笔。男人头上戴着“查费耶”（*Chafiye*），一种当地特有的白色裹布；他时不时往头顶某处望去，随后在笔记本上仔细地画着什么。

那是一些细小的楔形符号——他正一丝不苟地慢慢临摹着眼前复杂的铭文。这些符号有些是倾斜的，有些是水平的，有的则呈现V形，还有一些是类似于F或H的组合记号。在男人眼中，这些所谓的楔形文字无异于一堆乱码，抄写起来困难。面对完全陌生的符文，他必须做到每一笔都精确无误。尽管天气炎热，这位年轻人还是吃力地进行着这项枯燥的工作，整整坚持了一个多小时。

终于，他放松下来，抖了抖腿，活动了一下手臂和肩膀，小心翼翼地走开一段距离，在一块离地90多米、只有一足宽的岩架上坐了下来。他赤着脚，双腿悬空，掏出牛皮水壶喝了一口水，接着在查菲耶上套了一顶太阳帽，然后把手伸进短裤的口袋里，拿出一把小刀削起了铅笔，笔尖很快在他手中变得锋利。

他所坐的岩架位于一块陡峭的石灰岩下方，向上足有四百多米高。在他身后的岩壁上，立着五块巨大的石板，每块高约4.6米，宽1.8米，均刻有大量楔形文字。在这些石板的正上方是一尊巨大的浮雕，大概有3米高、5.5米宽。浮雕内容是一名国王和两位侍从正在向几名囚犯训话，俘囚们颈系绳索，立成一排，其中一人还站在国王身旁，似乎在乞求饶恕。此外，还有一名长有翅膀的使者守护在一旁，想必是某位尊神的形象。画面的两侧均刻有铭文，分别为两段内容不同的楔形文字，需要仔细观察才能发觉。从他所在的位置看去，右手边还有另外三处铭文，皆为不同形式的楔形文字。

以上的几处，合在一起便是著名的贝希斯敦铭文（Behistun Inscription）。受刻石碑为贝希斯敦山的一处石壁，高约7.6米，宽约21.3米，位于如今的伊朗扎格罗斯山脉。亿万年前，波斯板块和阿拉伯板块相撞形成了扎格罗斯山脉，它由大量的石灰岩和白云石构成，几千年来一直充当着帝国之间的自然边界。时间来到1836年，那时山脉以东为波斯帝国，以西是奥斯曼帝国。

这位年轻人坐在岩架上，俯瞰着广阔的平原。山脚下，当地的侍从、向导和牵着马匹的马夫正耐心等着他归来。一行人守在阴凉处，旁边是一泉“圣水”，水从悬崖底部涌出，最后汇入街心水池。男人用波斯语向他们喊话，山下的人朝他挥挥手，嘴里不知念叨着什么，接着便大笑起来。他们多半在议论这个“疯狂”的英国人，因为当地人从来都不会靠近那处悬崖。

就在这时，一个黑衣女子从不远处的村庄走来，头上顶着一只硕大的陶罐。灌满泉水后，她重新顶起罐子，转身走回了村庄。此情此景，令男人恍惚间想起了与自己短暂邂逅的一名当地女孩；穿过眼前那条尘土飞扬的小路，在距离泉眼30公里以外的克尔曼沙赫省（Kermanshah），正是他们曾一起居住的地方。这条看似不起眼的土路名为波斯御道（Royal Road），曾是连接古代美索不达米亚首都巴比伦和美狄亚的必经之路，也是中欧丝绸之路的路线之一。直到1836年，它仍然是一条连接波斯首都德黑兰（Tehran）和奥斯曼帝国军事大省巴格达（Baghdad）的重要贸易路线。

从男人的视角看去，向右约800米，有一所大旅舍（Caravanserai）：那是一处低矮而庞大的矩形建筑，包括一座拱顶的主楼、马厩以及简陋的客房，均围绕中央庭院而建。在旅社歇脚的有来自波斯、阿拉伯甚至更远地方的商贩和旅客，在他们往来的数百年间，总是被骆驼、驴和马匹层层包围着，根本看不清到底住了多少人。

走过圣泉、御道和旅馆后，就到了克尔曼沙赫地区的农田，地里除了零星的夏季作物，还开满了五颜六色的野花。一条狭窄的小溪从泉水池中蜿蜒而出，流过平坦的平原，向前绵延数千米，又在远处一座光秃秃的石山前戛然而止。

短暂的休息后，男人起身走回岩壁前，继续埋头誊写天书一般的碑文。贝希斯敦纪念碑上共计刻有1119行楔形文字，单靠这名年仅26岁的英国男人、英国东印度公司（British East India Company）陆军中尉亨利·克莱斯维克·罗林森（Henry Creswicke Rawlinson）的力量，最多也只能复刻其中的几行。在接下来的11年里，随着每一次军事行动，他都会一而再、再而三地回到该地，冒着生命危险攀上悬崖，只为记录下更多的原始文本。他不甘于平庸，他坚信这些楔形文字会给自己带来荣华富贵。

成为首个破译世界上最古老的文字系统的人，这是亨利·罗林森毕生的追求。

最古老的文字

自贝希斯敦往西南约700公里处，坐落着乌鲁克古城（Uruk）的遗址，它位于巴格达和巴士拉（Basra）两城之间，现处伊拉克境内。该遗址距今约5000年，是世界上第一个真正意义上的城市。乌鲁克意为“位于两河之间的土地”，古城位于苏美尔地区（Sumer）的幼发拉底河河岸，美索不达米亚平原以南。那是一片植被茂盛的冲积平原，位于底格里斯河和幼发拉底河之间，自波斯湾发源处向西北延伸，直至地中海东部。这里被称为人类文明的摇篮。

距今约 1 万年前，人类开始在安纳托利亚地区（Anatolia）种植谷物、饲养动物，并建立定居社区，恰塔勒胡由克正是位于此地。慢慢地，农业从地中海周围开始向东和向南普及，并由北至南席卷了整个美索不达米亚平原。农民们开始记录种子的使用量和产量，据推测，早在 8000 年前，人们就开始使用陶筹（一种小型的黏土代币）进行计数。这些陶筹形状各异，代表着不同的物品，比如一筐粮食、一只羊或一罐油。随着时间推移，陶筹上有了各种各样的标记，代表的商品种类变得广泛。

然而，陶筹只是直接代表所指物品，抽象的数字概念还未经使用。在美索不达米亚各地，这种黏土质的陶筹一直被使用了上千年，直到公元前 1000 年前后才被取代。考古学家在巴勒斯坦、叙利亚、安纳托利亚（今土耳其）和伊朗发现了成千上万的陶筹。[1]

经过几个世纪的发展，农业和社会生活进一步分化，变得复杂起来，随之也衍生出了不同的文明。在美索不达米亚的人口聚居点，每个村落往往会供奉某一个特定的神，并由专门的祭司负责管理神庙。村民们会把自己多余的粮食、牲畜和农副产品（如油和酒）带到寺庙，储存起来，以祭祀神明或应对饥荒等灾祸。[2]祭司们会用陶筹来记录进出神庙的货物。

随后又分化出了乡村和城镇，不同地区的人们开始从事专门的活动。工匠负责制作陶器和金属工具，农民们开始专攻特定的农业类型，如畜牧、谷物种植或渔业。由于生产专业化的形成，商品、服务的交换与贸易迫在眉睫。随着分工的复杂化，牧师和商人迫切需要一种方法来记录交易条件、交换方式以及收入情况。公元前3500年前后，乌鲁克人发明了一种体系，他们将一串代表特定交易内容的陶筹裹在一个网球大小的黏土球中，给它取名“布拉”（Bulla）。布拉的出现，的确提高了交易的安全性，但它有一个致命的缺点：要想看到陶筹，就必须打碎黏土球。一开始，人们给出的解决办法是，趁黏土球还软的时候，将陶筹的刻印压在球体外面，这样就能提前看到球里面的东西了。

然而某天，有人意识到，这种记录方式烦琐：他们明明可以直接把陶筹印在一块黏土板上。在实现了这一概念飞跃之后，又有人想到，其实不需要把陶筹一个个印在黏土板上，只需规定某种特定的符号即可。换句话说，也就是割裂了陶筹与所代表物品之间的直接联系。在这一阶段，人们开始用削过的芦苇在黏土板上刻下符号。

很快，这一计数方式发展成了原始的楔形文字系统，成为世界上最早的文字和数字形式。

起初，楔形文字被刻在银行卡大小的小泥板上，上面用线条划分成一个个矩形框。在每个框内，会由不同的抄写员印上代表不同商品、数量、名称、地点和日期的小记号。

以下内容出自发掘于乌鲁克古城的一块黏土板：[3]

正面：

公山羊1只，25日

绵羊和山羊共146只

26日

交付

乌尔库努那

反面：

已接收

“重大节日”月

“阿马尔－苏恩（Amar-Sueen）击败乌尔比隆（Urbilum）”之年

从陶筹到黏土板的进步历经了4000多年，但到了约公元前3500年，原始楔形文字出现后，这种记录方式蓬勃发展起来。这些新符号大多是象形文字，由所代表物体的图像演变而来，如牛头代表一头公牛；还有一些采取了特定的标志，比如女神埃阿那（Eanna）就被描绘成一扇门和一根柱子。[4]

自原始楔形文字出现早期，到3000年后美索不达米亚王朝的末期，美索不达米亚人一直采用圆柱形的雕刻印章，通过在软黏土上滚动留下印记，以示“签署”文件。这种印章体积很小，往往比瓶塞还要小得多，通常由石头或更为珍贵的耐久性材料制成。它们一般会被做成中空状，以便人们挂在脖子上。印章上雕刻着复杂的人物和符号，内容涵盖众神、神兽、英雄事迹甚至日常生活场景等一切题材。它们本身就是一种艺术品，同时，是美索不达米亚文化和身份的象征。上至帝王，下到最低等的奴隶，每个人都有属于自己的印章，用来“签订”契约，确立所有权。此外，在没有宗教、魔法和“现实”概念的社会里，印章还被认为有驱魔的功效。

美索不达米亚平原，公元前 3500 年

原始楔形文字一经问世，便迅速传播到周边地区，引发了巨大的社会变革。有了在黏土板上记录信息的方法，美索不达米亚的祭司们就拥有了独立于人类记忆且容量庞大的信息存储和检索系统。行政系统的建立，更是大大促进了城镇的发展，使之最终演变为城邦。

随着城市的发展，阶级分化变得越来越明显。牧师和祭司们掌握了更多的权力，并最终效力于当地的领导人或“强者”，也就是那些保家卫国、使其免受邻国侵袭的人。这类铁腕人物成了第一代国王。他们征募军队、发动战争，为自己建造宏伟的宫殿和神庙，留存至今的金字塔就是典型的例子。

这一切都是通过一个个小黏土板记录下来的。然而，它们的功能只是记录，一旦交易完成就失去了价值。20 世纪，考古学家挖掘乌鲁克遗址时，在垃圾堆里发现了成千上万块被丢弃的泥板。在那时人们的眼中，这些东西就像从包里翻出的旧收据一样一文不值。

原始的楔形文字非常复杂，大约有 1200 种不同的符号。因此，阅读和写作成了一种高度专业化的技能。唯一能熟练运用该文字的只有当时的抄写员，他们在抄写学校接受了多年的训练，在黏土板上不断练习，一遍又一遍地熟悉各类符号和标记，反复记忆词汇的拼写方式。

原始楔形文字系统使用的阅读和书写方式与今天完全不同。[5] 这些组合包含了详细的列表，却没有句法或语法可寻，和口语表

达没有太大联系。这一特点极大地限制了楔形文字的表达力，但使其容易从乌鲁克传播到周边地区。

通过创造一组共享的视觉符号来表示物体、时间和地点，抄写员进行的其实是一种“记忆外包”服务。黏土板保存的细节之多，是人类记忆远远无法达到的。它的出现还给其他两种感官带来了沉重一击：触觉的三维符号首次被视觉符号代替；口头交流第一次被书面记录所取代。以视觉信号为主的交流正逐渐占据上风。

“看见”语言

就目前的考古证据显示，原始楔形文字仅被应用于行政管理。至于美索不达米亚文化中其他方面（各类传说、信仰、咒语、食谱、歌曲等等）都还停留在口头上。

然而，大约在公元前 3000 年，戏剧性的转折点出现了。有人（大概率是一名抄写员）开始使用图片和符号来记录口语。人们开始使用听起来与单词相应部分相似的符号来构造词汇，就像玩字谜游戏一样，玩家通过模仿每个音节的发音来呈现某个单词。学者们把这种文字形式称为音节表。

作为语音造字法的开端，音节表的出现象征着一次巨大的创造性飞跃。在这种系统中，写下的符号所代表的并非某个特定对象，而是描述这一对象的词汇，换句话说，就是将描述的客体抽象化。已知首个通过语音产生的书面文字是一位早期国王的名字，被发现于公元前 2700 年的一只金碗上。他的名字有四个音节——MES-KA-LAM-DUG——也就是由四个字组成；每个字的含义与相应音节的发音一致。

在这种新的文字系统——拉丁语所称的楔形文字（Cuneiform，拉丁语，意为“楔形的”）中，使用的字符数量减少至600个左右，形式也愈发抽象；抄写员为了书写起来更容易、速度更快，会采用一些约定俗成的抄写方式。当地有几种不同的语言均采用了楔形文字，但根据不同需求进行了部分修改。

一旦这种文字不再仅仅代表具体事件和数字，它的适用范围会随之扩大。文学、宗教、法律、医学，以及人与人之间的日常交流，都可以视觉的形式被永久地记录下来。

2500年来，在无数默默无闻的抄写员的记录下，美索不达米亚人所用的楔形文字的更迭变换过程被详细地保留下来。那些古老的帝国——阿卡德（Akkadian）、亚述（Assyrian）、巴比伦（Babylonian）、新巴比伦（Neo-Babylonian）、波斯（Persian）——均采用楔形文字。世界上第一部伟大的文学作品——《吉尔伽美什史诗》（*The Epic of Gilgamesh*）也是用楔形文字记录下来的。世界上现存的第一部比较完备的成文法典，成文于公元前1750年的《汉谟拉比法典》（*Code of Hammurabi*），同样也是一部典型的楔形文字法典。此外，各代国王的伟大事迹、神话传说、社会架构以及国家的法律和大事记均由楔形文字记录。

自苏美尔时期起，人们掌握了文字的力量，并用它来记录、巩固甚至创造历史。苏美尔王表（Sumerian King Lists）上不仅刻着历代国王（其中只有一位女王）和王朝的名字、统治时期以及所在位置，还有邻近王朝的相关信息，一直追溯到人们记忆的极限。一些早期国王的在位时间甚至被记录成上万年之久。这份王表以“大洪水”（Great Flood）为界将历代统治者划分开来，这在维多利亚时代引起了极大的轰动。事实证明，正如现代学者后来发现的那样，“大洪水”的概念不仅出现在《圣经》中诺亚方舟的故事里，还存在于世界各地传统文化口口相传的历史之中。[6]

亚述帝国，公元前 640 年

亚述巴尼拔国王（King Ashurbanipal），亚述帝国之王，是世界历史上位高权重的人之一。他以残酷而高效的方式统治着自己的帝国，不仅消灭了敌人，还将其祖先、后代和共谋者一并铲除。在当代一幅浮雕中，亚述巴尼拔在花园里小憩，身旁的树上挂着敌人被砍下的头颅。[7]他还是当时唯一能书会写的国王。在楔形文字的漫长历史中，阅读和写作几乎一直是抄写员的专属技能，但亚述巴尼拔的学术能力颇具盛名，他曾要求宫廷画匠将手写笔（Stylus，当时的书写工具）和剑作为他的标志。

亚述巴尼拔曾派抄写员和侦察兵游历世界、收集知识，途中的经历都用楔形文字一一记录下来，刻在成千上万块黏土板上，并收藏在尼尼微城（Nineveh，即今伊拉克北部摩苏尔附近）的大图书馆里。这些记事板被仔细地分成历史、政治、宗教、天文学、魔法等几大类。馆内还有一片封锁区域，用来存放国家机密文件。

公元前 627 年，亚述巴尼拔去世后，该图书馆很快便毁于战火。没过多久，亚述帝国也灭亡了。自此，泥板上的知识随图书馆一起尘封地下长达 2000 年之久，直到 19 世纪 50 年代，奥斯丁·亨利·莱亚德（Austen Henry Layard）——考古学家罗林森爵士（Henry Rawlinson）的朋友，才在机缘巧合之下重新发现此地。并且，即便到了那时，学者们也是耗费了几十年的心血才得以破译馆内藏书，开启这一非凡的知识宝库。

波斯帝国，公元前 521 年

在杀死了篡位者祭司高墨达（Gaumata，冒充前统治者的兄弟以登上王位）之后，大流士一世（Darius I）正式成为波斯帝国之王。在统治的最初几年，国内各个省份发生了一系列叛乱和起义，结果无一例外都被大流士所镇压。在统治地位趋于稳固后，他开始大肆宣扬自己的功勋、皇室血统以及与神明比肩的地位。为了衬托自己的高贵，大流士在位时确立了一种新的楔形文字，并派出大量抄写员、工匠和石匠在全国各地为其建造纪念碑。他命令每座纪念碑都必须配有一座雕像，内容是善神马兹达（Mazda）见证他战胜了高墨达和十二个叛军首领，以及一篇有关大流士血统和他继位故事的铭文。铭文用三种文字书写，分别为新文字（现代学者称为古波斯文）、传统的巴比伦文以及埃兰文（Elamite）。其中最大的纪念碑坐落在扎格罗斯山脉，位于贝希斯敦铭文对面的皇家大道上，所有经过这里的人都将铭记大流士的丰功伟绩。

人们花费了好几个年头，先是打磨和预处理悬崖表面，然后一点一点地将雕塑及铭文刻到石头上。一旦出现错误，他们会立刻用铅涂掉，以确保每个字符都是完美的。某天，他们发现其中一篇铭文刻不下了，便另寻他处重新开始。

当整项工程终于完成之后，他们将下方的部分山体砍掉，以防止敌人或之后的统治者接近、破坏铭文。最终的成果无疑是宏伟的，人们在几公里外就能看到这座纪念碑，然而没有人能读懂这些铭文，且由于距离地面太远，即便近距离观察石碑，也难以辨认。不过没关系，毕竟当时识字的人本来就很少。不仅如此，哪怕是在远处的公路上，这座纪念碑也十分显眼——早在 1598 年，就有欧洲的旅客注意到了它。事实证明，石匠们的防御工事非常有效，在 2000 多年的时间里，没有人能够登上悬崖。直到 1836 年，一位自命不凡的英国士兵为了出名，决定攀上悬崖亲自复刻这段文字。

继大流士的统治之后，波斯帝国存在了 150 年。直到公元前 336 年，来自希腊的亚历山大大帝一举终结了长达 3000 年的美索不达米亚帝国。从此，楔形文字不再为官方所用，甚至被干脆废止了。在接下来的几个世纪里，楔形文字，连同世界上最古老文明的记载，也就是所谓“历史”的开端，被彻彻底底地遗忘了。这一忘就是将近 2000 年。

古代世界文字的传播

楔形文字在美索不达米亚蓬勃发展的同时，古埃及人开始使用以声音为基础的视觉语言表征，创造了属于他们自己的文字，并将其命名为象形文字（Hieroglyphics，该词来自希腊语，意思是“神圣的雕刻”）。[8]和早期的楔形文字一样，象形文字是一种由语音符号、代表单词词义的符号以及语境符号的综合体，字符的数量在 600 个左右。然而，文字在古埃及人的生活中却扮演着与在美索不达米亚截然不同的角色。

与东方的邻国不同，古埃及人并没有将象形文字用作贸易符号，而是用它来颂扬和祈求法老的永生。因此，人们的手稿便被赋予了神秘的力量。古埃及人认为，保留某人的亲笔签名就能保存其灵魂。为此，当时的贵族们纷纷建造“石碑”（Stela）——通常由一根巨大的石柱构成，上面刻着他们的名字和生平事迹。古埃及的文献也与当地艺术传统密切相关，大多专注于宗教和轮回转世，绘画和雕塑旁也常常伴随着象形文字。

楔形文字之所以呈楔状，与其书写的媒介——大量来自新月沃土（Fertile Crescent）的黏土直接相关。就古埃及而言，尼罗河谷盛产纸莎草，那是一种呈狭长条状的沼泽植物。古埃及人将纸莎草的内茎剥成条状，并排放置，然后再垂直地摞上第二层，最后将它们搅拌成浆，这样就做成了坚固、光滑而柔韧的莎草纸。纸张之间可以相互连接，形成卷轴。这种新型纸张大获成功，在羊皮纸和中国造纸术发明之前，它曾作为书写媒介被人们使用了上千年。

在当时的埃及，识字成了祭司和贵族统治阶级的特权，而不再仅限于抄写员。因此，相较美索不达米亚时期，文字的普及率更高，但仍然远非普通人所能企及。学会使用文字，就意味着控制了信息的流动，因此它与神权和政治权力紧密相连，被当时的人们视若珍宝。

埃及、法国、英国，19 世纪早期

早在亨利・罗林森抄写贝希斯敦铭文的 12 年前，人们在破译埃及象形文字方面就已取得了巨大突破。伴随着帝国之间的兵戈相向，一块被偶然发现的石头将一种早已失传的文字系统再次推向世人的视野。1799 年，正当拿破仑战争处于白热化之时，驻扎在埃及港口城市罗塞塔（Rosetta）的法国士兵在一堵墙上发现了一块不同寻常的石头。他们认为这次发现非同寻常，于是便把它和其他埃及文物一并转移，仔细收藏起来。两年后，法国在埃及战败，英军要求法方交出收缴的文物作为战利品。负责谈判的法国将军拒绝交出这块石头，并把它藏了起来，声称这是他们的私人财产。然而阴差阳错之下，英国人又设法“找到”了这块石头，并将它直接运回伦敦，作为战利品公开展示（在殖民时期，埃及当局没有任何发言权）。直到今天，它仍是大英博物馆中人气较高的文物之一，尽管埃及古迹最高委员会主席已多次敦促英方归还文物。[9]

罗塞塔石碑之所以如此珍贵，是因为上面刻有三种文字，分别是古希腊文、埃及象形文字和另一种未知的文字，据说是科普特语（Coptic language）。学者们很快破译了其中的希腊文本，文中表示这三版铭文的内容是相同的。这也意味着破译另外两种文字指日可待。当然，最吸引人的还是古埃及的象形文字。

几个世纪以来，人们一直认为“象形文字”样式的图案标记是某种象形图。换句话说，就是将抽象的寓意与所描绘的具体对象联系起来。例如，人们认为鹰象征着速度，鳄鱼代表着邪恶，猎鹰则代表胜利和神圣。该设定出自5世纪一位名为赫拉波罗（Horapollo）的希腊学者。他曾写过一篇名为《象形文字》（*Hieroglyphia*）的著作，声称破译了这种神秘的文字，原件于15世纪被人们发现，并在欧洲广泛传播。可惜，他的想法后来被证明是完全错误的，但早在发现罗塞塔石碑之前，这些观点就已经被欧洲学者们普遍接受。

考虑到古埃及文化所包含的异域风情，象征性语言的概念也显得颇具诱惑力。然而，一段未知的象征文字存在着无数种可能的解释。罗塞塔石碑的发现，为象形文字的翻译提供了直接参考，对于探索这一神秘的文字系统，甚至是深奥的埃及文化，意义重大。

1815年，拿破仑在滑铁卢战役中战败，威灵顿公爵（1st Duke of Wellington）大获全胜，自此，一场关于破译象形文字的竞赛也拉开了帷幕。英法之间的武装冲突最早可以追溯到18世纪50年代，数十年来，英吉利海峡两岸的民族主义情绪持续高涨。当时英国有一位名叫托马斯·杨（Thomas Young）的医生，此人堪称全才，曾被誉为“世界上最后一个什么都知道的人”。[10]1815年，42岁的他就各领域发表了多种观点（之后全部被证实正确），如公开质疑牛顿的光的波动理论，率先提出视网膜有三种颜色感受器的假设等。他精通多种语言，是一名尽职尽责的绘图员。他偶然得知通俗体文字（Demotic script，又称埃及草书）和一种拼音文字系统（希腊文字）存在对照时，便对罗塞塔石碑产生了浓厚的兴趣。在这种未知的文字系统中，字符代表的是发音而非传统的音节。[11]

为此，托马斯·杨一丝不苟地复刻了罗塞塔碑文。他注意到一些希腊文字看起来和某些象形文字有共通之处，并认为这些通俗体文字可能是官方象形文字的前身，类似于现代手写体和印刷体的区别。他还提出通俗体文字并非字母形式，而是字母和象形符号的组合。这些在当时都是颠覆性的观点。

杨把注意力集中在其中六个椭圆形字符（Cartouche）上。它们的内容都是皇室成员的名字，被分别框在几个椭圆装饰内。他猜测当时的人名是按发音来拼写的，并在此基础上确定了 13 个表音的象形“字母”，后来有 6 个被证明是正确的。托马斯·杨在 1819 年将这一发现公之于众。[12]

与此同时，在英吉利海峡的另一边，有一个人也在试图破译这些象形文字。让·雅克·商博良（Jean-Jacques Champollion）是一位痴迷于科普特语的年轻学者，他决心成为解开象形文字谜题的第一人。法国当局为备不时之需，早在罗塞塔石碑被转移之前，就已经保留了铭文的纸质副本，此外在埃及期间还收集了许多其他象形文字的副本。所以，即便商博良没有亲眼见过石碑，手中也掌握着大量的相关材料。

和杨一样，商博良同样把重点放在几个椭圆形字符上。他从有关古埃及国王托勒密（Ptolemy）和克莉奥帕特拉（Cleopatra）两名希腊人的信息入手，成功地证明了 p、l、o、e、t 五个字母对应着五个完全相同的象形文字。在研究碑文中提到的其他人名时，商博良采用了同样的方法，最终确定了约 40 个象形文字的声音符号。随后，他证实了这一方法同样适用于埃及人名，进而推断表音的象形文字并不局限于外来词。综合上述发现，商博良证明了象形文字系统是以发音为基础的，并没有实质上的象征意义，这打破了人们几个世纪以来的刻板印象。

商博良的研究成果公布于 1822 年 9 月，在此期间，他从未参考过托马斯·杨的任何理论。关于二人研究成果的价值和重要性比较，在学术界掀起了轩然大波，战线基本以英法两国为界。在某些学术领域，该争论一直持续到今天，但在学术圈之外，人们普遍认为商博良才是第一个破译象形文字的人。罗林森也希望得到这般殊荣，在完成第一批贝希斯敦铭文复刻品的几个月后，他在给妹妹的一封信中写道："我立志要像商博良破译象形文字那样，成为第一个揭秘楔形文字的人。"[13]

地中海东部，公元前 1000 年至前 500 年之间

在地中海东岸，东起美索不达米亚、南至埃及之间的区域，正孕育着一种伟大的航海文明。当地多为语言共通的独立城邦，而非统一的国家。它们起源于如今黎巴嫩的比布鲁斯城（Byblos），并向西延伸至地中海沿岸，在那里建立了贸易站和殖民地，最远到达今突尼斯境内的迦太基城（Carthage）和西班牙的加的斯城（Cádiz）。至于他们对自己的称呼，学者们众说纷纭[14]，但希腊人称其为腓尼基人（Phoenicians）。这一名字来源于希腊语中的"暗红色"[15]一词，很可能指的是双方交易的某种名贵的紫色染料，也可能是指当地人红润的肤色。腓尼基人的语言属于塞姆语族（Semitic lang），这种语言在古时的近东地区被广泛使用。对于这些天生的商人来说，文字成了一种重要的管理工具，为求实用，他们大幅简化了古埃及时期的文字系统。公元前 1050 年前后，他们剔除了象形文字中所有代表整

个单词的符号，只留下22个常用字符，其中每一个都代表一个相应的音节或辅音。也就是说，他们的语言体系中没有表示元音的字母或符号。这22个字符组成了世界上第一张字母表，由于元音的缺失，学者们将这种独特的语言形式称为“腓尼基字母”（adjab）。[16]后来的研究发现，所有西方国家的字母均可追溯到腓尼基字母，包括希腊字母、罗马字母、希伯来字母、阿拉伯字母、阿拉米字母（Aramaic）、日耳曼字母、西里尔字母（Cyrillic）和科普特字母等。

到公元前900年，近东地区已发展成一个交互贯通的文明网络。贸易路线将两河流域沿岸的城市与安纳托利亚（今土耳其）以及地中海地区连接起来，这些航运线路使货物和旅客得以前往埃及、塞浦路斯、希腊和西班牙。在迈锡尼统治时期，古希腊曾采用一种名为“线性文字B”（Linear B）的文字形式，做行政管理之用。大约在公元前1200年，迈锡尼帝国灭亡之后，这种文字表达方式随之废弃，古希腊从此进入长达400多年的黑暗时代。

希腊文化之所以在黑暗时代依旧得以传承，多是归功于诗歌的口头传播。古希腊诗歌有着独具一格的形式和节奏，以重复的短句居多。格律通常为一个长元音加两个短元音。大多由吟游诗人即兴创作而成，且往往伴有音乐。其中，最负盛名的古希腊诗人非荷马（Homer）莫属，据说他是一名盲人，生于伊奥尼亚地区（Ionia），但关于他的身世至今仍没有统一的说法。

对此，有著名的思想流派曾提出过一个争议极大的设想，认为正是为了把荷马的诗歌传给后代，才产生了希腊字母，而后进一步衍生出了如今的罗马字母。[17]美国学者巴里·鲍威尔（Barry

Powell）则认为，大约在公元前 800 年，有这么一位既了解荷马本人又精通腓尼基语及其 22 个字母的人，是他对该文字系统进行了改造，以求精准地记录语言的声音。他将每个腓尼基字母所表示的音从一个音节缩小到辅音单位，然后又增添了几个新的字符来表示元音。这是第一个真正意义上的语音文字系统，而不是对腓尼基文字系统的简单运用。在这一系统中，字母与其发音直接联系在一起，不再需要深入了解其潜在的含义。依托这一新系统，发明者可以精准地把荷马的诗歌以视觉的形式永久保存下去。

第一张真正的字母表就这样诞生了，语音表达从此变得规范起来。鲍威尔认为，口述史诗的工作，是由发明者与荷马本人共同完成的。鲍威尔指出，仅《伊利亚特》（*Iliad*）一部史诗就需要花费 27 小时才能读完。由于口述的节奏相对缓慢，荷马有充分的时间进一步完善和润色自己的作品。

一旦转录完成，便可以制作副本进行流通，很可能还会附上字母的发音指南。这一全新的字母表很快为人们所接受，并在地中海东部地区流传开来。

为证实这一推测，鲍威尔引用已知最早的希腊文字为证，这些文字大多被刻在陶器碎片或碎石上；具有讽刺意味的是，可考性更强的文本大多出现在莎草纸或羊皮纸上，然而由于材料特性，它们保存的时间往往不会太长，只留下了“现实映出的残缺倒影”。[18] 事实上，现存的片段几乎都是严格按照希腊文学的韵律风格写作而成的，除了诗歌就是娱乐性的乱涂乱画——显然，笑话和俗语还是以口头流传居多。至于早期希腊文字的行政管理功能，更是无证可考，与时间更早的线性文字恰恰相反。

许多学者相信，正是字母表的普及，促使古希腊的政治和文明在接下来的几百年里飞速发展。看似简单的26个希腊字母孕育出了诗歌、哲学、艺术、雕塑、建筑、数学，甚至科学。简单易懂的特点让它贴近群众，从而影响到雅典等新兴城邦的民主制度发展。

就在字母表发明之后的几年里，希腊文明逐渐崛起，为如今西方文化的发展奠定了基础。利用这一工具，人们可以自由地表达、记录和传播思想，再加之当时国家间的密切往来，希腊人的观念一时间被奉为神谕。在希腊字母表诞生的最初几个世纪里，曾出现过许多伟大的思想家，例如：毕达哥拉斯（Pythagoras，前568）、索福克勒斯（Sophocles，前490）、希罗多德（Herodotus，前484）、欧里庇得斯（Euripides，前480）、苏格拉底（Socrates，前470）、希波克拉底（Hippocrates，前460）、阿里斯托芬（Aristophanes，前446）、德谟克利特（Democritus，前460）、柏拉图（Plato，前427）、亚里士多德（Aristotle，前322）、欧几里得（Euclid，前300）、阿基米德（Archimedes，前287）等等。他们为人类文明开创了无数先河，如哲学、医学、几何、历史、科学、文学和政治等。

贝希斯敦，1836年

正当亨利·罗林森在狭窄的岩壁上埋头苦干，抄写着繁复的碑文，梦想着一举成名时，远在欧洲的学者同样在为这一目标而奋斗。德国、丹麦和法国的学者从早期近东旅行者留下的碑文副本着手，在破译楔形文字方面取得了缓慢但势大力沉的进展。

罗林森和他的同伴所面临的挑战，远比 20 年前研究象形文字时要大得多。罗塞塔石碑上尚且有可以作为参考的希腊文字，而贝希斯敦铭文，以及在波斯多地发现的三处楔形文字内容完全相同，且均未被破译。这些文字已经被尘封了将近两千年。

要想揭开楔形文字的神秘面纱，至少需要两个步骤：第一步，需要将其转换成人们熟悉的字母表，这个过程被称为音译；第二步，则是将音译词翻译成英语。要想从零开始完成这两步，几乎是不可能的。好在，在 1836 年之前的几十年里，欧洲学者已经取得了一些进展。

他们已经认定这些铭文代表了三种不同的语言，其中最简单的文本——罗林森在贝希斯敦抄下的古波斯语——仅由不到 40 个字符组成，有望被率先破译。不仅如此，贝希斯敦铭文和拜火教（Zoroastrianism，又译琐罗亚斯德教）的古老语言之间也存在着某种联系，而该宗教的部分语言早在 1771 年就已被译成了法语。

1802 年，一位名为格罗特冯德（Grotefend）的德国学者指出，古波斯语文本是语音文本——通过查找国王的名字和后来希腊铭文中的常见短语，如“万王之王”，他发现了几个一致的字母。到了 1836 年年初，两位法国学者在同一个月内相继声称，自己在格罗特冯德的理论基础上有了突破性发现。可怜的罗林森并不知道，自己还在苦苦抄写手稿的时候，这些破译出的新字母已经准备要发表了。

1836 年夏末，罗林森一直都在埋头分析自己抄下的副本。他自创了一个古波斯语字母表，将音值分配给 18 个字符。他坚信自己的破译办法比格罗特冯德更加高明。在此期间，他全然不知法语版的译码早已被公之于世。即便在欧洲，罗林森的研究（甚至他本人）都不为同伴和竞争对手们所知。

1837年年初，他多次返回贝希斯敦，想要尽可能多地抄写碑文。后来由于军事任务再次回到该地时，他已完整地记录下了200多行古波斯语——虽然这在当时并不稀奇。[19]

同年晚些时候，罗林森完成了碑文前几段的翻译。1838年伊始，他将前两段的抄本和翻译寄给了皇家亚洲学会（Royal Asiatic Society）。这是他回到欧洲后第一次接触东方主义学术团体。

罗林森寄去的翻译内容如下：

> 1. "我是大流士，伟大的国王，万王之王，波斯之王，万国之王，希斯塔斯普（Hystaspes）之子，阿萨姆（Arsames）与阿契美尼德（Achaemenian）之孙。"
>
> 2. "大流士：'我的父亲是希斯塔斯普，祖父阿萨姆，曾祖父阿里阿拉姆涅斯（Ariaramnes），高祖泰伊斯佩斯（Teispes），始祖阿契美尼斯（Achaemenes）。'"

与译文一并寄出的还有一封长信，信中罗林森讲述了铭文中记录的传奇故事——国王大流士大帝的故事。罗林森提供的一系列信息很快在欧洲引起了轰动。这位名不见经传的年轻人，在破译楔形文字方面取得了重大突破，他笔下大流士王的故事细节与古希腊历史学家希罗多德（Herodotus，前484）的著作出奇地一致。

当时，关于古代近东的文献记录只有《旧约》（*Old Testament*）

和希罗多德的《历史》(*The Histories*)。因此对于个中内容，历史学家们只能半信半疑。但有了罗林森的翻译，以及他对这一故事的再述，可以证明希罗多德的文字的确有很高的参考价值。贝希斯敦所记录的内容，很可能就是2500年前真实的情况。

欧洲学者们给予了罗林森很高的评价，但由于军事任务缠身，常年与学术界脱节，他离真正的声名大噪还差得很远。直到1838年6月，他拿到了全新的法语译本，这才意识到自己被他人抢先了一步。

尽管如此，他还是决定继续研究，并花费数月整理出了《波斯贝希斯敦楔形铭文回忆录》(*Memoir on the Persian Cuneiform Inscription at Behistun*)。罗林森在文中称自己是第一个完全破译古波斯语的人，但就在他准备把稿件寄往伦敦时，收到了一封来自挪威学者克里斯蒂安·拉尔森（Christian Larssen）的信，信中表明自己早已译出了整个古波斯语字母表。罗林森又一次被他人捷足先登。

然而他依旧没有放弃，决计整理出完整的贝希斯敦铭文译文，还附有大量注解和注释。然而没过多久，第一次英阿战争爆发了，身为军人的他被派往了阿富汗。这一走就是六年。

文字的力量

字母表可以把语言中有关听觉的、不可见的元素转换成具象的可视符号。[20] 但文字远不止是语言的视觉形式，它为人类思想表达提供了一种全新的模式，使抽象化和复杂的表达成为可能。

通过文字，人们可以充分组织语言，并将自己的想法传递给他人，这是口头交流无法达到的效果——除非事先排练过。从最基本的事实来讲，写作扩展了人类大脑的潜力。

对于大多数人来说，一个没有阅读和写作的世界简直令人难以想象。这两项技能一旦为人所掌握，就会迅速跃身为一种惯用的交流形式，熟悉得就像我们天生的本能。我们知道，人类的大脑中有一个专门识别文本的区域。我 5 岁的侄子曾告诉我，自从他识字起，他走到哪里都忍不住要读书。这一点同样适用于大部分人。一旦去到语言完全不通的地方，人们很可能有一种错位的眩晕感，就好像某个感官的通道被关闭了。

不同的是，阅读和写作并非自然发生的，它们是人类的伟大发明。虽然大多数孩子都能自主地学会说话，但阅读和写作两种技能必须经过正式的教学。我们天生就有口头交流的能力，但交流的视觉形式需要后天习得。

但这是多么了不起的发明啊！它使我们不再局限于大脑的本能。在美索不达米亚，文字最初只是用来储存和检索信息，例如统计敬神祭品的数量、祭拜频率以及后来的税收记录。如果仅靠人脑，远远无法实现如此庞大的记录量，早期的城市也就不可能发展繁荣；建不成规模宏伟的纪念碑；集结军队、统一邻国、远征欧亚大陆，以至建立帝国的目标都将难以实现。这只是从文字为大脑“扩容”的方面来讲，虽然乍一听没有什么了不起，但对于真正掌握这项技能的人来说是一次极大的进步。

一旦文字具备了表达功能，它的潜力便是无穷的。通过文字的形式，任何想法、观点、表述、情感、宣言或是一个小小的玩笑，都可以传递给无限的读者，当然也可以只留给作者个人。这些表达经过精心组织、修改、锤炼、润色……能够无限贴近作者想要传递的思想。不仅如此，每一位读者还可以主观地对这些内容进行分析、批评与再分享。

有人认为，由希腊字母演化而来的罗马字母，其元音的出现很可能得益于诗歌的传播——多么浪漫的设想啊！关于写作的乐趣，我能写出一整本书来。但在这一话题下已经有成千上万本优秀的作品了，不过我还是想说，文学毫无疑问是人类伟大的成就之一。

然而，在文字的发展史中，存在着极具讽刺性的一点：为了将荷马的口语诗保留下来，人们发明了字母表，然而这项发明扼杀了许多口头传统，其中就包括世界上大多数地方的口语诗。

除了帮助大脑存储信息之外，写作还极大地提高了人脑处理信息的能力。事实证明，大多数人只能处理简单的计算，而无法解决复杂的数学问题——于是人们发明了方程式、乘除法……从数学家的黑板到生活日常，处处可见其影子。人类思想的视觉表现，从一开始的假设，到后续的逻辑，以及追溯和推理的能力，是所有学科都会涉及的核心内容。

尽管许多人为手写信件的衰落感到惋惜，但事实上，当今世界比以往任何时候都更需要文字的力量。即便规范有所变化，但不得不承认，推特、短信、电子邮件、聊天软件和其他大多当代通信媒介都是以写作为基础的。

西方历史学家将文本的出现视作历史的开端。一些现代学者和评论家对这种观点嗤之以鼻，认为书写的历史不过是对王朝迭代和战争的记录而已。然而很多人都忽略了一个事实：正是先有了文字，才催生出国王、战争和帝国等一系列概念。

文字的出现，开启了人们探索复杂思想和理性思维的潜能；阅读和写作作为个人的独立性行为，彻底改变了学习和记忆的本质。柏拉图在2500年前就意识到了这种变化，他在《费德罗篇》（*Phaedrus*）中讲述了赛斯神（Theuth）的故事。传说赛斯发明了数字、算术、几何、天文以及文字。他特地拜访了当时的埃及国王萨姆斯（Thamus），向国王展示这些发明，希望能在埃及人民中普及。当提到写作时，赛斯说道："国王陛下，这项创举可以让埃及人更加聪明，拥有更好的记忆力；它对智力和记忆的提升有着奇效。"

萨姆斯则认为，赛斯作为发明者本人，对于自己成果的评判有失偏颇，他说："你的这项发明会使人染上健忘的毛病，他们的记忆力反而会退化——过于依赖文字记录，而不再相信自己。你所指的技能并非帮助人们记忆，而是帮助回忆；它所记录的也并非真理本身，而是它的表象；虽然增长了见识，却变得不求甚解；人们表面上无所不知，事实上却知之甚少；没有人会喜欢这样的伙伴——他们看起来见多识广，实际却一无所知。"[21]

柏拉图担心写作会取代积极的、面对面的辩论，从而导致真知灼见的丧失——他坚信真理只有在问话和互动中才能获得。

当然，写作的确给我们的日常生活和文化领域带来了一些变化。千百年来，神话传说一直都是口口相传，如今却以文字的形式被记录下来。不再一遍遍地被提起，却永远被人们铭记。一旦被写下来，它们往往就变成了信条，不易更改也不容挑战。口头传统的流动性逐渐僵化；传统变成了教条，习惯被规定和法律所取代，理性判断取代了主观臆断。口头文化中容易失传的部分被完整地记录下来，然而那些曾经被牢记的东西一旦交付于书面，就逐渐被人们所遗忘。

附言：第一代从男爵亨利·罗林森爵士（1810—1896）

亨利·克莱斯维克·罗林森出生时，欧洲正处于拿破仑统治下的鼎盛时期。他把自己最好的年华奉献给了大英帝国，又花了20年的时间试图揭开另一个帝国埋藏了4000多年的秘密。他集敏锐、智慧、行动力、勇敢与个人魅力于一身。纵贯其军旅生涯中的各项成就，以及波斯当地人（波斯国王、当地军队，甚至是臭名昭著的阿拉伯山区土著）对他的高度评价，不难看出罗林森拥有一流的外交能力。在家书中，他对自己以前酗酒、赌博和恶作剧的行为表达了后悔之意，这表明他为人风趣；至于他对楔形文字的不懈追求，则体现了他丰富的学识。作为军人，罗林森体格健壮、训练有素、勇猛果敢。在一次任务中，罗林森不间断地骑行了150小时，全程1200多公里，只为把一份紧急情报及时送达。他的生平简直与《夺宝奇兵》（*Indiana Jones*）主角的经历如出一辙。

罗林森出身于上流社会，但生活并不富裕。1810年，他出生在牛津郡（Oxfordshire）的一处庄园中，在科茨沃尔德（Cotswold）的石头屋里长大，四周到处都是草坪、牧场和田野。他的父亲整天与当地贵族一起骑马、打猎、射击。罗林森继承了父亲对于英国绅士格调的追求，在各个方面显现出惊人的天赋。他还是个少年时，就已经是当地知名的神枪手和骑士。然而，作为次子，当家境变得拮据时，他的教育费用成了第一笔被缩减的支出。16 岁离开校园时，罗林森已经长成一米八几的青年。他应征加入英国东印度公司——伊丽莎白女王一世（Queen Elizabeth I）为垄断东印度群岛贸易而设立的庞大机构。1826 年，东印度公司，又称“约翰”公司，负责经营从近东到中国的大英帝国属地。对于一个口袋空空但雄心勃勃的年轻人来说，这里为他提供了冒险、晋升甚至发财的机会。

1836 年，亨利・罗林森第一次爬到贝希斯敦铭文下方的岩架上，一心想要破译楔形文字时，他并不知道这种尝试会带来怎样的结果。当时，亚述巴尼拔图书馆连同其中的三万块黏土板仍被尘封在沙尘之下，直到二十年后才出现在公众的视野中。《汉谟拉比法典》（成文于几个世纪以前，与《圣经》中的法律和价值观体系极为相似）所在的花岗岩石碑是在罗林森逝世后才被人发掘。至于乌鲁克古城，以及象征着文字起源的上千块原始记事板，在一个世纪以后才为人所知。

尽管一开始，罗林森并没有被欧洲的东方主义团体所认可，但他坚持不懈，多次返回贝希斯敦，最终完整复制了碑文，滴水不漏地抄下了三种楔形文字。在罗林森和其他学者的共同努力下，古波斯文和巴比伦文最终被成功破译，为后续的学者探索古代美索不达米亚提供了保障。虽然不能将破译楔形文字的功劳归到罗林森一个人身上，但他在这一过程中无疑充当了关键角色。

1847 年，罗林森在参军 22 年后第一次回到了英国。令他高兴的是，自己在祖国享受到了高规格的接待。他被授予爵士爵位，与女王共进晚餐，还获得了来自世界各地社团和大学的荣誉和奖学金，据说还受邀成为伦敦学会（London society）的敬酒嘉宾。在阿尔伯特亲王（Albert the prince consort）主持的一场皇家亚洲学会会议上，罗林森受邀到场发表了演讲。1895年，在《神殿》（*The Athenaeum*）一篇关于罗林森的讣告中，称赞他“留下了宝贵的贝希斯敦副本以及大流士传说，是对破译波斯楔形文字贡献最大的人”[22]。

楔形文字系统的出现开启了文字的历史，同时象征着所谓“历史的开端”。文字记录的过程其实就是将三维的感官世界转化为二维的视觉形式，它为人们打开了窥探未来的洞口。

但它同时给部分口语文化带来了灭顶之灾。古希腊人创造了字母表，进而催生出哲学与民主，同时孕育出武士和暴君。公元前330年，身为马其顿和希腊国王的亚历山大大帝，举兵征服了波斯与埃及，并将希腊字母正式确立为官方文字。在接下来的几十年中，楔形文字和象形文字一直处于废弃状态，逐渐走向遗忘。“洞口”发出的微光再一次熄灭了。

两千年后，经过商博良、罗林森等一众学者的不懈努力，他们最终破译了象形文字和楔形文字，揭开了古老文明的神秘面纱。至此，未来之光终于又一次照向人类社会。这些跨越千年的文本带领着我们穿梭时空，重新审视自身所处的世界，并再一次对自己发问：我们究竟从何而来？

第三章

信仰：

当人们不再『看见』

七
与野蛮人为伍："看不见"的时代

"我，一个皈依者、流亡者，与野蛮人为伍。上帝将会为我正名。"

——圣帕特里克（St Patrick，385—431），《致科罗蒂克斯的一封信》（*Epistle to Coroticus*）

在大英图书馆一众珍贵的古英语手稿中，有一份编号为Harley MS 585的稿件，出于10世纪或11世纪的某位匿名抄写员之笔。[1]这就是著名的医书《拉康加》（*Lacnunga*），书中分别用古英语和拉丁语记录了各式各样的疗法，还包括大段的咒语和祈祷文。其中就有"九草咒"（Nine Herbs Charm），一种专治中毒和感染的魔咒。完成它需要用到九味药材：艾叶、牛蒡、西洋菜、甘菊、荨麻、海棠果、山萝卜、茴香，还有一种药材因翻译原因至今未能确定。

治疗者必须将前六种药草捣成粉末，并一一诵读对应的咒语三遍以上。完成该步骤后，患者眼前会出现一条蠕动的巨蟒。这便是造成感染的源头，要想痊愈，必须将之摧毁。此时，医师仿佛奥丁（Woden）附体，手中高举九根木棍，每根木棍上分别刻着草药名称的首字母。当蛇出现时，医师瞬间如获神力，用木棒重重砸向巨蟒，将它击成九段。这一步完成后，医师还需将捣碎的药草与香灰、水、打匀的鸡蛋和海棠汁混合，搅拌成糊状。接着再加上最后两种药草（山萝卜和茴香），制成药膏——书上说，这两种才是关键，它们是上帝在受刑时专门创造出来的。随后，医师还须对着病人的嘴巴、耳朵和伤口念出魔咒，最后再敷上药膏。施法完毕后，病人将不再为敌人、飞兽、魔法和各类毒药所伤，伤口和水疱将完全愈合。

根据书中的说法，是上帝帮人们战胜了各种疾病。[2]

九草咒由古英语写成，是典型的盎格鲁-撒克逊诗歌。它将实用的草药配方与魔法咒语结合在一起，既歌颂了耶稣基督，又提到了北欧神奥丁；文中“受刑的主”既可以指被钉在十字架上的耶稣，又可以理解为北欧传说中被吊在树上九天九夜的奥丁。文中的内容既有科学，又有魔法，还有一部分指示神迹。在这一时空中，现实元素和超自然元素之间没有区别，看得见的实体与看不见的世界完全平等。

手稿中还提到了一种“瞬间缝合咒”（Charm Against a Sudden Stitch），一种针对被精灵攻击的治疗方法。任何突然发生、无法解释的疼痛都被归结为被“精灵之箭”所伤——精灵向伤口处射出了一支肉眼看不到的箭。而这一魔咒可以帮助拔出箭头。中世纪早期，邪恶的精灵、巨蟒、恶龙、英灵（Valkyries）和妖精的形象一直活跃在人们的日常生活中，虽然从未有人真正见过它们。

九草咒大约成文于1000年以前，对于当时的人们而言，内心的信仰远胜于眼见之实。

西欧地区，公元300—500年

公元前8世纪，也就是在希腊某不知名抄写员发明字母表后的几十年，意大利半岛，一个伟大的城邦正逐渐崛起。罗慕路斯（Romulus）是古罗马的开国者，他和自己的孪生兄弟雷穆斯（Remus）在婴儿时期一起被遗弃，并被一只母狼养大。后来，罗马帝国发展成了世界上最伟大的帝国。在它1000多年的历史中，罗马文明始终蓬勃发展。在鼎盛时期，覆盖范围自大不列颠岛（旧称不列颠尼亚）向西延伸至北非，环绕地中海南北两岸，向东远至叙利亚。

到了3世纪，自然灾害、瘟疫与战争频发，罗马帝国内外交困。公元284年，罗马被分割为东西两大帝国，但这并没有给人们带来安宁。在接下来的两个世纪里，日耳曼部落分别从东、北两个方向向西罗马进逼：汪达尔人（Vandals）侵入北非，西哥特人（Visigoths）侵入西班牙，东哥特人（Ostrogoths）侵占了意大利，法兰克人（Franks）入侵高卢，匈人（Huns）入侵西德，盎格鲁人（Angles）和撒克逊人（Saxons）则攻进了不列颠尼亚。罗马人节节败退，一路向东。到了公元476年，罗慕路斯宣告战败，西罗马帝国自此不复存在。

罗马人撤退时，留守的土著们完全无法抵御日耳曼人的强攻，没过多久便沦为被殖民者。侵略者在该地采取的统治方式与罗马人截然不同。尽管一些日耳曼部落曾长期与罗马人生活在一起，早已适应了对方的生活方式，但那些远征军来自完全陌生的民族。正如罗马历史学家塔西佗（Tacitus）在1世纪所描述的那样，罗马人在当地打造出体面的城市和乡村，就连房屋的石材都经过精细的切割，并用绘画、镶嵌工艺和浮雕进行装饰。人们穿着精致时尚的衣服，个个学识渊博，在文学、历史和审美方面均有较高的造诣。他们建造起复杂的公共工程和基础设施，拥有高效的官僚机构和法律体系。相比之下，日耳曼人零散地住在随手搭建的临时棚屋里。他们穿着粗糙的长袍，材质多为劣质的布料或动物皮毛，用别针草草固定起来，浑身上下只着一件外衣。他们几乎不关心任何身外之物，除了珍爱的武器——据说日耳曼人在吃饭（甚至睡觉）时都会随身携带武器。根据塔西佗的说法，这些武器大多只被视为日常工具，而非身份的象征或某种装饰。如此看来，不难理解为什么罗马人把日耳曼人称为野蛮人。

当然，塔西佗的描述存在一定的夸张色彩。事实上，日耳曼部落同样拥有发达的文明，只不过他们选择了不同于罗马人的生活方式罢了。在日耳曼人看来，力量与忠诚高于一切，这种观念直接影响着他们的社会结构。每个部落都有一名由贵族指定的国王；亲王的身份则是取决于出身或个人英雄事迹。亲王身边的追随者会想方设法地讨好他，而亲王们需要尽可能争取到更多追随者。追随者愿意不惜一切代价保护他们的亲王，亲王们则需要不断发动战争来调动群众、派发战利品，以及保障追随者们的饮食起居。这种建立在掠夺基础上的统治模式，引发了持续不断的侵略与反侵略战争，除此之外便只剩下朝纲不整、任意荒淫的生活。正如塔西佗所言，日耳曼人认为“只有愚蠢而无聊的人……

才会选择流汗，而不是流血”。[3]

日耳曼文化绝大多数是以口头形式传播的。他们没有采用书面记录，而是通过人际往来、誓言和义务捆绑来维持秩序。日耳曼民谣和诗歌多记录了光辉的战绩、祖先的生平以及对神明的歌颂，这些同样是编年史和历史文献的主要内容。吟游诗人用沙哑的歌声鼓舞士气：战歌声越大，获胜的可能性就越大。人们会定期举行会议，集中解决矛盾。在集会上，自国王开始，大家按身份排名依次发言。与发言人持不同意见时，大家会窃窃私语；表示赞同时，则会用力鼓掌或拍打手臂。

日耳曼人有一种被称为“如尼符文”（Runes）的字母表(形式和腓尼基字母表大致相同)，但区别在于，如尼符文被赋予了魔法的色彩：“如尼”正是源于日耳曼语的“秘密”一词。[4]与罗马人不同，由于没有书面的行政或历史记录，当时知识的传递完全依靠人们口口相传。

日耳曼人的精神信仰已经渗透到日常生活中，而不仅仅是作为一种宗教出现。他们对某些迹象和预兆敏感。[5]需要做决定时，人们常常会从一棵果树上砍下一根树枝，把它分成几段，然后随机扔到一张白纸上，同时祈求神的保佑。他们会根据这些“筹码”落下的位置来决定下一步的行动。有时会通过抽签，或是观察某些鸟类和专门饲养的“圣马”的行动轨迹来判断接下来该做些什么。祭拜神灵的场地往往是特定的森林（或小树林）、水井、“神树”、寺庙或神龛。他们会把动物献祭给“大地之母”，以助她“成长”。还会随身佩戴护身符和符咒，认为这样可以抵御邪恶，带来好运。

日耳曼传说中的神明有众神之王奥丁、战神提尔（Tiw）、爱神弗丽嘉（Frigem）、雷神索尔（Thor）、月神玛尼（Mani）以及他的妹妹太阳神苏娜（Sunna）。英文中的星期一（Monday）、星期二（Tuesday）、星期三（Wednesday）、星期四（Thursday）、星期五（Friday）和星期日（Sunday）均取自以上名字。至于星期六（Saturday）一词，则来自罗马农神萨图恩（Saturn）之名。

塔西佗所描述的 1 世纪时期日耳曼人的生活，正是此后一千多年里欧洲人的生活常态。透过塔西佗的文字，我们看到了当时的人们对武力和勇气的追求、好战的倾向、至高无上的个人主义、对家庭的高度忠诚以及复杂的人际关系——这一切都为后来的封建制度埋下了伏笔。但最重要的是，我们了解到，这一即将统治整个欧洲大陆的民族，并不那么重视读写能力，甚至对“美”也没有什么追求。但这并不代表他们对眼前的世界漠不关心。

视觉世界对他们来说同样非常重要，但他们感兴趣的是文字背后的象征意义，而不是文字本身。对于日耳曼部落来说，这片土地上多得是看不到的存在，它们在暗中影响着人们，并通过某些视觉信号与人密切联系在一起。日耳曼人所看到的，远远不止是肉眼所见；对于他们来说，这个世界充满了神秘的信号和隐藏的奥义。

西欧，公元 600 年前后

罗马在沦陷后的几个世纪里，成了日耳曼人的殖民地。原先的城市不复存在，国际贸易中断了。学校依次关停，阅读和写作又一次淡出了人们的生活。在各个辖区内，军阀一跃成为贵族阶级，一心想着扩张土地。当时的社会生产以农业为主，采用以物易物的交易方式，土地便成了财富与权力的象征。先前的乡村成了农场和庄园，是几个世纪以来贵族和农民一直居住的地方。原先罗马制度中的效忠与赏赐、战争与盛宴、掠夺和嘉奖仍然存在，只不过被披上了一层伪善的外衣。

随着日耳曼人在欧洲逐步确立起贵族地位，他们开始转信基督教。公元 380 年，基督教正式成为罗马帝国的官方宗教。传说在 70 年前，君士坦丁大帝（Emperor Constantine）收到神谕转而成为基督教徒。哥特人直到 3 世纪后期才皈依基督教，法兰克国王克洛维（Clovis）则于 4 世纪前后受洗。自罗马时代起，威尔士（Wales）本土的不列颠人（Britons）就是虔诚的基督教徒。公元 400 年以后，爱尔兰人在圣帕特里克（St Patrick）的带领下皈依基督教。到了 6 世纪后期，只剩下不列颠尼亚的盎格鲁 – 撒克逊人仍未皈依基督教。

当时的教皇格里高利（Pope Gregory）虽身在罗马大教堂，却对不列颠尼亚格外关注。

据说，格里高利曾在罗马奴隶市场看到过几个肤色苍白、被明码标价的金发男孩。当问起他们的出身时，有人告诉他这两个孩子是来自诺森比亚（Northumbria）的盎格鲁人。“不，他们不是盎格鲁人，”格里高利回答道，“他们是天使。”如今，格里高利成了教皇，他决心解救这些“上帝之子”，并于公元 597 年派出一队传教士前往英格兰布道。

教皇格里高利告诫他们：绝不要破坏当地的神庙，而是要换掉人们所供奉的神像。用圣水净化这些庙宇，并放置祭坛和圣物。如果这些寺庙真的具有神性，自然会从崇敬恶魔转而为真神服务。不仅如此，人们看到心中神圣的场所没有被破坏，便会自发地驱逐邪念，到他们所熟悉和认可的地方敬拜唯一的真神。此外，当地人宰牛献祭的习俗也需要被更为文明的仪式所替代。不要再让他们为了祭献魔鬼而杀生，而是将之视为上帝的赏赐。[6]

因此，传教士们没有破坏盎格鲁－撒克逊人的神殿和祭坛，而是将它们改造成了基督教教堂。他们保留了一些传统节日，并赋予其宗教意义，冠以基督教的名义与特点。例如，日耳曼人纪念女神厄俄斯特（Eostre）的春季庆典，与庆祝基督复活融合在一起，变成了基督教的复活节。基督教徒们还采纳了凯尔特人的萨温节（Samhain，又称死神节），将万圣节从5月改到了11月，在万圣节前夕共同纪念亡灵。如今的圣诞节则来自非基督徒们的“仲冬”（midwinter）节日。

格里高利的传教士采用的政策被称为“基督教诠释”（Interpretatio Christiana），几个世纪以来，这种政策成功地将非基督徒的传统、习俗等全盘基督教化。在这一政策下，传教士会在原先习俗的基础上进行“改造”，以使其适应基督教教义。基督教中一些核心的概念其实都是“舶来品”，包括基督的诞生及死亡之地，都是根据基督教的解释从非基督教的传统中“借鉴”而来的。[7]

此外，传教士们另辟蹊径，使基督教彻底融入当地人的信仰。他们用基督教中圣徒的概念代替了日耳曼文化中的众多神灵和先祖。关于神性的显现、启示、迫害和殉难等一系列充满戏剧性和英雄主义的故事，与古代战士的英勇事迹相比毫不逊色。和许多传统的神明一样，基督教的圣徒们有着特定的职责。每个行业、地点，不同的人物、状态，各种疾病和残疾、各类情绪，甚至宠物都有专属的守护神。自中世纪起直至今天，圣徒崇拜都是基督教的关键特征之一。尽管基督教义禁止崇拜偶像或使用魔法符咒，但这并没有阻挡人们对“圣物”的狂热，甚至一些圣徒墓地都成了教徒们的朝圣地。圣物的范围从圣徒的部分遗骸（一般是遗骨或手指）到某些具体的物品，比如一件长袍或一把手杖。多数圣徒在去世后会肢解，他们的遗体——包括头、手指、舌头、皮肤和骨头——会被分配到各个神殿，封存在饰满宝石的圣髑盒中。时至今日，在某些天主教堂和主教座堂的珍藏室中还可以看到这样的圣髑盒。圣物的力量可以通过眼睛传递给信徒：无论是祈求治愈疾病还是怀孕生子，只要看到圣物就能带来奇迹。[8]

天主教传教士在不列颠尼亚仅用了一个世纪，就将当地所有的国王和贵族都“洗礼”成了基督徒。但直到几个世纪后，普通平民（包括已经受洗的教徒）才有机会踏入教堂或接受定期的布道。数百年来，传统信仰和基督教义在碰撞中交汇共存，催生出“九草咒”等兼收并蓄的新型仪式。

黑暗时代

13 世纪 30 年代，意大利诗人彼特拉克（Petrarch）发明了“黑暗时代”（Dark Ages）词语，指的是自罗马衰落直至古典主义再度兴起（彼特拉克一生都没能等到这一刻）的一段时期。早期作家——也就是彼特拉克本人[9]，在上帝的“真理之光”（true light）洒入之前，就已经使用过这一比喻。正是彼特拉克的用法激发了 14、15 世纪文艺复兴学者的想象。后来理性时代（Age of Reason）的启蒙学者们用“黑暗时代”来代指这一时期的非理性信仰对理性的支配。以上两种情况中，这个说法毫无疑问是带有贬义的。

直到 19 世纪末、20 世纪初，随着历史学家对这一漫长时期的了解越来越清晰，“黑暗时代”的属性逐渐中立起来。“黑暗”指的是当时缺乏历史记录、信息闭塞的状况，而不是先前理解的知识匮乏。如今，学术界已经很少会使用这一词语，但它仍时常被人们提起。

无论我们如何定义，罗马灭亡后的几个世纪无疑是异常艰难和危险的。我们知道，在公元 535—536 年曾发生过极端气候事件。这很可能是由热带地区的大规模火山爆发引起的。当时的一系列事件直接导致后续几十年天气异常寒冷；粮食产量急剧下降，全球范围饥荒暴发。[10] 公元 542 年，埃及港口暴出传染病，并迅速蔓延至地中海，病毒随着河道和陆上贸易路线，一直扩散到北部的不列颠群岛，造成数千万人死亡。在接下来的两个世纪里，这种疾病依旧时不时地出现在欧洲各地，直到公元 750 年前后才彻底被消灭。据称，感染了这种病的人会全身肿胀，并迅速走向死亡，这明显是鼠疫的症状。[11] 同样致命的还有天花病，剥夺了数百万人的性命。[12]

除了自然灾害以外，错误的社会和政治结构使得战火频仍。如此看来，当时人们的平均寿命只有二三十岁就不足为奇了。人们时刻都面临着死亡的威胁。也难怪基督教关于复活和永生的说法在当时会被普遍接受了。毕竟现世充满了磨难和变故，人们自然会对来生充满美好的期望。

这一阶段的视觉史看似简单，实则复杂。当时几乎没有什么新技术，人们被动地适应着季节更替，毫无改造环境之力。自然和超自然、世俗和精神生活之间也没有什么界限——它们都是人们生活的一部分。精灵、恶龙，神明与恶魔，对圣徒遗骸的崇拜等精神元素，与种子长成麦田、村庄被闪电摧毁、婴儿意外死亡等现象，在当时人们的眼里没有什么区别，都是奇迹般的存在。

虽说寻找事件之间的联系、探求原因与结果，是人类的一种本性。但在那个残酷而又动荡的黑暗时代中，每天都在上演着常理无法解释的事情，面对大量的随机事件，人们会选择相信形而上学似乎也不难理解。你该怎么解释那些突如其来的噩耗、“恶灵”，或是“报应”？在没有任何其他信息的情况下，利用形而上学进行解释似乎是可行的。

基督教传入之前，当地的传统信仰中充满了各种隐喻和预兆。早期的基督教则与视觉元素有着脱不开的干系。即便神学家们一直在努力，但基督教中所指的上帝是肉眼无法看见的。圣保罗在《哥林多前书》（*Corinthians*）第一章（13：12）中写道：“我们现在所看见的，是间接从镜子里看见的影像，模糊不清，将来就会面对面看得清清楚楚。”保罗所指的“镜像”，在当时是模糊而扭曲的。他相信只有在死后，才能“面对面”清楚地看见上帝。

早期的神学家圣奥古斯丁（St Augustine）曾纠结于视觉的本质，以及人类是否能够“看见”上帝。他认为视觉有三种层次：用肉眼看到实在；用记忆或想象看到精神；用心灵之眼看到本质。第三种是视觉的最高形式，是感受神性的唯一途径。奥古斯丁认为，当达到第三层时，爱和信仰会从心灵之眼中传递出来，并传达给上帝，之后再迅速回归人的灵魂。

一生中，人们只能祈求见到上帝；只有在去世以后，才有可能真正地看见上帝。

关于形象的塑造，早期的基督教内部也存在分歧。《摩西十诫》（*Ten Commandments*）的第一条便是："不可为自己雕刻石像，也不可作什么画像，仿佛天上、地下和地底、水中的百物。"

早期的犹太人将其解释为反对偶像崇拜，但到了基督教时代，一些文化意象已经变得写实。尤其是绘画，几乎达到了虚实莫辨的境界。包括圣奥古斯丁在内的一些早期基督教作家，担心这样的艺术形式会误导大众，导致偶像崇拜。另外，许多新皈依基督教的人，仍然认为画像会吸走实体的一部分灵魂。如此压力下，艺术风格开始发生变化——从古典艺术的虚幻现实主义发展为一种更具象征性、更抽象的描绘形式，也就是我们所说的拜占庭风格（Byzantine style）：轮廓分明，多呈平面化，除了必要的信息之外，几乎没有多余的细节。

1025 年的宗教会议将图片定义为"通俗文学"（Literature of the laity），意象从此成为基督教文化的关键内容。[13] 引用奥古斯丁的话："牧师们常说，当目光落在某物上时，人们会与所看到的东西产生直接的联系。"如今，各大教堂的墙壁上依旧画满了《圣经》中圣徒的生活场景、天堂与地狱，以及审判日（Day of Judgement）的场景。它们存在的意义，不仅仅是阐释和强调《圣经》中的故事与教义；信徒们还相信，通过眼睛的注视，这些画面会将他们与耶稣和圣徒们联系在一起。

早在旧石器时代，我们的祖先留下的洞穴艺术，就体现了人们对于现实之外的世界的幻想。鉴于古希腊和古罗马文化中的众多神明与传说，其宗教传统相应地更为细致。他们为神灵建造宏伟的神殿，一丝不苟地供奉祭品、庆祝宗教节日。然而，他们在艺术、工程、哲学、科学和文学方面取得的成就表明，宗教信仰丝毫没有减弱他们对认知自我、观察物质世界的兴趣。生活本身以及生活的方式，一直是他们最关心的话题。至于排名第二的重点，则很难统一。

相比之下，中世纪的人们只能依靠对来世的憧憬勉强过活。当时还没有一个词来形容超自然现象。因为在他们眼中，精神世界、神秘现象以及现实生活都不过是自然的一部分而已。人们虽然害怕死亡，却不担心死后的生活，最多是怕自己的灵魂会进入炼狱。

“眼见之实”是中世纪生活的核心，但它并不是我们今天所理解的“眼见”。这里指的是用信念和想象力去看，将肉眼可见的东西和看不见的东西全部放在同一个维度上。他们坚信，世界上有许多人眼看不见的东西，但它们就在那里。看不见的灵魂无处不在，有的附身于人和动物，有的依附于没有生命的物体，还有一些则处于完全虚无的状态。除了我们所熟悉的家园，还存在着许多其他的国度：来世的永生之国——天堂、地狱和炼狱，还有诸如亚特兰蒂斯（Atlantis）和布拉西尔（Brasil）等失落之地。这些地方被认为是真实存在的，通常位于山脉和湖泊之中，充斥着各种奇异的动物和景象。

然而在肉眼可见的范畴中，人们往往对光学常识以外的现象高度警惕。至于上帝和他的门徒、天使，或是更黑暗、更古老的力量所带来的厄运或奇迹，人们却又无条件地相信。在当时，男性创作的图像被赋予了某种特殊的力量，传说他们可以在观者和图像所描绘的对象之间建立一种看不见但切实存在的联系。

这便是前所未有的“看不见”的时代。

八
镜像之中，乾坤立见：眼镜

“我们今天对主的认识，就像从铜镜中看影像一般，模糊不清。在主来之后，我们就要和他面对面了。我们之前对他的事情知之甚少，到那时就会知道得一清二楚，如同主对我们的了解一样。”

——哥林多前书（Corinthians）13：12，《钦定版圣经》（*King James Bible*）

意大利北部，近日

在威尼斯北部一座繁华的古城中，圣尼可罗大教堂静静地耸立一隅，周边围绕着历经战乱侵袭的低矮建筑群。这一高大的哥特式建筑在经历了1944年耶稣受难日空袭后，依旧幸存了下来。不远处还藏着一座曾经的多米尼加女修道院。只需在前台捐一点钱，便可以进入修道院内部。双开大门的背后是一条宁静的回廊，回廊的另一侧则是一扇巨大的橡木门，通往院内以前的会议室。室内摆放着 40 幅肖像画，分别被放置在单元格一般的框架中，形成了一个壁画式的檐板，与天花板的装饰交相辉映。在每个隔室里，都有一幅一米多高的画像，画上的人身着宗教服饰，坐在一张简单的书桌前，身边摆满了书本。有戴红帽子的红衣主教、戴法冠的主教、剃发的僧侣，还有一名用手托着下巴的修女，看上去有些百无聊赖。但共同点是，他们都在阅读、写作或是抄写手稿。如今，画像前立着一块标识牌，告诉人们这幅壁画绘制于 1352 年，描绘的对象是当时最杰出的多米尼加人。这些画以动人的人道主义色彩、鲜明的现实主义、超高的写实度以及风格各异的主题而闻名于世。[1]

在壁画的一角，坐着一位红衣主教，他弓着身子趴在桌子上，正抄写着身旁架子上摊开的手稿。男人的右手握笔，左手拿着一张纸，横着压在草稿上当尺子用。只见他的五官微微皱起，不知是因为注意力高度集中，还是为了防止那副没有镜腿、用铆钉固定的眼镜从鼻子上滑落。

这就是著名的画像《圣谢尔河的休》（*Hugh of Saint-Cher*），也是目前已知的最早能证实眼镜存在的图像证据。

课本上讲过，光线在穿过不同密度的透明物质时会发生弯折。这种现象被称为折射，我们每天都在经历这一过程：人眼中的角膜和晶状体将我们看到的光线折射到眼球后端的视网膜上。

我们眼睛的晶状体具有弹性，在聚焦远近不同的物体时，眼睛内的肌肉也会随之改变形状。然而，到了中年，眼睛开始衰老，晶状体会逐渐变硬，从而难以改变形状，无法聚焦在近处的物体上。对于大多数人来说，出现的首个变化就是：把书或手机拿远点，反而会看得更清楚些。随着年华渐逝，阅读小号字体变得越来越困难。

这一问题在 13 世纪得到了解决：在眼睛前放置一个透明的凸透镜，使进入眼睛的光线发生折射，纠正由晶状体硬化引起的屈光不正。

至少现在的我们明白了这一原理。事实上，在眼镜刚发明的时候，没有人真正了解它是如何工作的，人们甚至都还没搞清楚视觉的基本原理。真正的突破要在三个世纪以后了。但可以确定的是，眼镜的出现并不是偶然。在眼镜发明之前的两个世纪里，宗教和社会的变化再次强调了视觉效果，并对视觉清晰度提出了新的要求。在很长一段时间里，人们以怀疑和恐惧的眼光看待视觉。在此之后，人们开始重新审视这个世界，想要看得更清楚些。

眼镜改善了成千上万的人的视力，尤其是那些考验眼力的人群，包括牧师、学者、银行家、商人，当然还有裁缝、金匠和医生。当时的艺术家们致力于寻求一种高清、写实的表达方式，以此来更好地描绘他们的主题，而这一切绝非巧合，这不仅改变了艺术史，还为后续的文艺复兴铺平了道路。

公元前 423 年，希腊

几千年来，人们一直在利用透明介质折射光线。在公元前 423 年的希腊喜剧《云》（*The Clouds*）中，爱耍无赖的主角想要通过破坏证据的方式来逃避债务：

斯瑞西阿得斯（Strepsiades）:“你可曾在药房里见过一块晶莹剔透的石头，而且它可以用来生火？”

苏格拉底:“你是说水晶镜片。”

斯瑞西阿得斯:“没错。我只需要把镜片放在离执事很远的地方，迎着太阳光，就能在他给我量刑时，把证据给烧掉。”

斯瑞西阿得斯所指的“燃烧的石头”，其实是一种凸透镜，可以将阳光集中到一个点上，在古希腊经常被用作点火装置。

凸透镜能够把另一边的东西放大。这种透镜甚至不一定是固体。在《云》问世的四个世纪后，罗马哲学家塞内加发现，透过水去观察任何东西，它们似乎都变得更大了些。他提议用一个装满水的玻璃球来辅助阅读。[2] 然而，这一办法从未真正得到普及，年老的罗马学者选择继续吩咐奴隶来为他们阅读。

考古发现，人们可能在这之前就已经使用透镜充当视觉辅助器了。在克里特岛上的一个山洞中，人们发现了来自公元前600多年的放大镜片，此外，人们还在几个世纪前的特洛伊古城遗址、公元前1400年的克诺索斯宫殿等处发现了凸透镜的身影——尽管没有人知道这些镜片是用于放大还是仅供装饰。[3]

最具争议的当属作者罗伯特·坦普尔（Robert Temple）关于埃及象牙刀柄上的显微雕刻的报告，这种刻字传统可以追溯到公元前3300年。据称，这些雕刻描绘的人物头部直径仅有1毫米（小于本页上一个字符的宽度），且人物头发还编成了辫子。坦普尔声称，考虑到图案的精细，制作这些雕刻的埃及工匠一定使用了放大技术，并且他们的主顾（Patrons）在验收结果时，也必然要使用放大技术来检查一番。[4]

尽管的确有证据显示，古时候已经有人使用镜片来改善视力了，但始终局限于个别案例，且这些个例在往后的1000多年间销声匿迹，并未构成流行趋势。

欧洲，公元600年

在中世纪早期，虽然人们从未亲眼见到过上帝、圣徒，以及公元前传说中的天神，但这些神祇实实在在地影响着当时的社会。在宗教大行其道的年代，视觉反而变得不那么可靠，教会也教导人们不要太过相信自己的感官。不仅如此，即便是肉眼可见的事物，也隐藏着某些秘密的含义。喜鹊到底是一种凶兆、一个信差，还是只是一只鸟？不同形状的云是预示着死亡，还是风暴的前兆？在那时，看不见的东西就和现实世界的万物一样真实，且常常被用于解释某些超自然现象。与此同时，曾在古典时期的写作、绘画、雕塑、建筑等领域中一度兴盛的视觉技术，在此时的西欧几乎完全消失了。

然而有例外，比如识字、从事艺术和学习的传统依旧存在。最重要的是修道院的盛行。公元529年，努西亚的圣本笃（St Benedict of Nursia）建立了第一个修道院，作为天主教会的新型机构。欧洲各地的宗教团体聚在修道院一起生活、工作和祈祷，远离外部的现实。有的修道院建在偏远僻静之地，交通不便利，有的则与周围的社区融为一体。其中一些是为了特定的宗教目的而建立的，大多数则是由富有的贵族捐款建成的，以表达他们对于战争和其他罪行的忏悔。

修道院内管理严格，规定细致到了一丝一毫。除了祈祷外，还有专门的时间用于阅读和进行体力劳动。如此要求催生出了独特的修道院文化。修道士和修女需要阅读，但在当时，书很难买到，而且价格昂贵。解决办法就是在院内选出优秀的抄写员，在规定的时间内将书本逐字逐句抄写下来。这样一来，既解决了图书的采购问题，又让修道士参与了劳动。

抄写手稿成了修道院生活的一种核心特征，许多修道院甚至专门建造了抄书室。抄写的内容需要与原文高度一致——抄写员不允许对原文做任何调整或修改。这是一项困难且乏味的工作，有时他们还需要抄写外语或不熟悉的文字，如希腊文。一些修道院有专门的研习方向，但对于大多数修道院而言，他们并不会真的花时间学习抄下的内容：只不过是为了让大家都有事可做而已。

修道院中抄写的绝大多数书是《圣经》、神学论文和其他基督教文本。然而，修道院图书馆里保存着的，有时是从古希腊和古罗马时期流传下来的书，其中的大部分都已遗失、损毁甚至腐化了。虽然他们有意摘除了非基督教的内容，但正是由于这些书本被定期地誊写和复制，稳妥堆放在满是灰尘的图书馆里，才有机会被几个世纪后文艺复兴时期的寻书人发现。[5]

法国，公元 800 年

并不是所有中世纪的君主都只专注于战争和掠夺。在公元800 年的圣诞节，教皇利奥三世（Pope Leo Ⅲ）为查理大帝举行了隆重的加冕仪式，宣布他从此成为神圣罗马帝国的皇帝，也就是我们现在所熟知的查理曼大帝（Charlemagne）。查理曼征服了比利牛斯（Pyrenees）山脉以北的西欧大部分地区。[6]他虽然是一个残暴的军阀，但有虔诚的宗教信仰和一颗好学的心。查理曼大帝对国民糟糕的文化水平感到失望，这意味着宗教信仰无法普及——如果他的臣民不识字，又怎么能理解经文、背诵礼拜仪式呢？这时，他意识到罗马帝国需要一个有效的管理系统。他招募了一位精力充沛的英国神职人员，名叫阿尔昆（Alcuin），据说是当时伟大的学者，任命他来提高整个王国的拉丁语读写能力和教育水平。于是，阿尔昆开始在法兰克帝国的各个地方，包括学校、图书馆和修道院和大教堂，建造、修缮和扩建抄写室。

此举困难重重，其中一个挑战便是抄写者使用的脚本，其中的许多内容只有专家才能对其进行辨认。他引入了一种简单的爱尔兰字母，采用圆角小写，并开创性地加入了大写字母、问号和单词之间的空格。古希腊语和古拉丁语是用连续的文字书写的，也就是没有空格，这种情况一直延续到了中世纪。可以想象，这对于读者而言是极大的挑战。它要求读者把每个音节都朗读出来，只有在听到单词的发音后，才能辨别文意。研究中世纪写作的学者认为，从历史上看，这并不是什么难题，因为在当时，阅读本就是面对观众大声朗读。专业的读者，通常会事先破译文本。而在单词之间添加空格后，阅读文本便不再需要将单词逐个读出来。这一突破消除了阅读曾经不可或缺的“朗读”元素，使其成为一种无声、纯粹的视觉活动。[7]

阿尔昆的新文本被称为卡洛林王朝小草书体（Carolingian Miniscule）。它使阅读不再局限于专门人士，而是逐渐成为一种可独立完成的私人活动。然而，加洛林王朝的文艺复兴并没有持续多久。在查理曼大帝去世后的三十年里，他的帝国很快便分崩离析，地方领主再次掌权。欧洲回到了以农业为主的封建社会。但变化的种子已经播下。阿尔昆的改革取得了一定的成就，在8世纪，欧洲的书面材料供应大幅增加。[8] 在接下来的几个世纪里，阅读以其全新的、更视觉化的形式，继续缓慢但稳定地传播着。

巴格达，公元800年

正当阿尔昆在法兰克帝国修建图书馆，如火如荼地开展文化改革时，在3000英里外的巴格达，新伊斯兰帝国的阿巴斯王朝正在建立规模更大的图书馆。阿巴斯王朝极为富有，其领土自今巴基斯坦境内向地中海南部延伸，一直到伊比利亚半岛。在王朝统治期间，他们一直在从世界各地收集手稿。

其内容涵盖希腊的哲学、医学和科学专著，以及印度的数学，波斯的文学和哲学等。他们在巴格达建造了一所巨大的图书馆，命名为智慧宫（House of Wisdom），它吸引了不同信仰和背景的学者来该地交流学术，并一同生活。

不仅如此，智慧宫的学者们还掌握了一项前所未有的“秘密技术”。他们没有使用既昂贵又沉重的羊皮纸，而是用上了一项据说在公元751年从中国战俘那里偷来的发明。[9] 中国人用植物纤维制纸已有1000多年的历史。中国的阅读文化博大精深，他们的皇家藏书馆内拥有成千上万卷的书。[10]

阿拉伯人继承了中国的造纸工艺，并利用当时的技术，将其尽可能地工业化。他们用水磨造出纸浆，然后用轧机把纸浆压成纸。[11]在此基础上，形成了一条可复制的完整生产线，将产量提高到数千卷之上。这是人类历史上第一次以商业模式大规模地生产和销售图书；装订行业和图书销售行业应运而生，写作和出版业更是在此基础上蓬勃发展。

这就是我们现在所说的百年翻译运动（Translation Movement），学者们花了几十年的时间把外国文本翻译成阿拉伯语。待这项工作完成后，他们开始关注起了国外的一些研究成果。有几位学者将注意力转向了有关视觉，也就是光学的古代著作。

世界上著名的古典思想家曾经思考我们是如何看待事物的。在希腊，柏拉图、亚里士多德、欧几里得、盖伦和托勒密都曾探讨过关于视觉如何工作的问题。有学派认为，视觉是一种从眼睛里散发出来的无形物质，然后“触摸”到我们眼前所见之物。另一种观点则认为，视觉是指一种物质从所见之物进入了眼睛当中。还有人认为，视觉就是眼睛和所见之物于空间某处相遇了。当然，这些理论没有一个是完全正确的，部分原因一是他们都假设眼睛和所见之物之间存在物理联系；二是因为视觉本身是极其复杂的，它涉及物理学、生理学、几何学和心理学以及脑科学的各个方面。直到今天，学者们还没有完整地理顺整个视觉系统。

当时的理论还存在另一个问题：每个学者都习惯性地从自己的专业领域来解释视觉。比如希腊医生盖伦（Galen）关注的是眼睛的生理机能和可能出现的问题，目的是找到治疗眼疾的方法。亚里士多德和柏拉图等哲学家在探索视觉的本质时，则从未提到视觉的生理学原理。与此同时，以欧几里得和托勒密为首的数学家们尝试利用几何学来解释视觉，他们关注的是反射和折射等现象，以及物理世界的形状和大小是如何通过眼睛这一媒介转化到大脑中的。在当时，没有一个人能够将这些不同的角度整合到一起。①

阿拉伯学者在9世纪和10世纪有了几项重要的光学发现。肯迪（Al-Kindi，801）推断出发光物体的光线会向各个方向发散。光并不像人们想象的那样，是某种类似于流水的物质，实际上，它更像是三维池塘中的涟漪。伊本·萨尔（Ibn Sahl）在公元984年写了一篇文章，描述了透镜和曲面镜如何使光线弯曲，进而给出了折射现象的数学解释，即斯涅尔定律（Snell's Law）。这一定律直到1621年才被欧洲人“发现”。

早在11世纪，阿拉伯学者伊本·海什木（Ibn al-Haytham），又称阿尔哈曾（Alhazan）开始把研究重心转向光学。阿尔哈曾是一位全才，他在多个科学领域写了共计200多部著作，其中有十几部是关于光和视觉的。[12]不同寻常的是，他的成果均来自系统观察，而非前人的经验或单纯的推理。他会通过实验来验证自己的理论[13]，因此被称为“第一个科学家”和“科学方法之父”[14]。

---

① 尽管如此，但从希腊人的艺术作品和建筑中不难看出，他们在视觉的实用性方面已经有了一套成熟的理解。帕提农神庙（Parthenon）位于雅典卫城顶部，有着2500多年的历史，它是一个长方形结构，由8×17根巨大的柱子组成。神庙乍看之下是完美的直线形，但它实际上包含了许多视觉技巧和视觉误差，十分抓人眼球。它的底座并非完全平坦，而是呈轻微的圆形；边角在中间以下一英尺左右；立柱稍微向内倾斜，直径也不是统一大小的，柱子中间略微凸出，向顶部逐渐变细。这种设计使得它们看起来更加笔直（这种柱式被称为“多利亚式”）。立柱之间也不是等距的，但如此排列方式使它们看起来雅致完美。这些精致的装饰在希腊神庙中并不少见。——上述资料是由我的眼科医生朱利安·史蒂文斯告诉我的。

在一次实验中，他布置了一个黑暗的空间，一边有一堵平墙，另一边则设有通光口。他在室外点燃蜡烛，观察它们对室内墙壁的影响。当开口很大时，墙上的图像与窗户的形状相同。这也证实了肯迪早期的理论，即光是向各个方向发散的。然而，随着开口变小，在某一时刻，墙上的图像突然发生了变化。墙上不再显示出窗户的形状，而是只剩下蜡烛的火焰。逐渐挡住蜡烛的光后，他发现火焰的图像是倒立且呈左右翻转的。由此，他得出结论，光线从蜡烛的火焰发出，一路沿直线发散，通过洞口映射到墙上，在洞口处相交。目前没有证据显示阿尔哈曾本人是否做了进一步的实验，但后来一位阿拉伯光学学者证明，任何明亮的场景或物体的彩色图像，均可以通过一个小洞投射到黑暗空间的平面上。[15]

这种现象后来在拉丁语中被称为“暗箱现象”（Camera Obscura）。这一现象在古代就曾被观测到了：亚里士多德曾评论过日食时从树叶间透出的月牙形图像，但毫无疑问，阿尔哈曾是第一个解释这一现象的人。有了他的实验，我们才有机会了解光的本质，进一步探索出关于视觉的一切知识，因为它揭示了视网膜的成像方式。

阿尔哈曾并没有直接把这一现象和相机画等号，但他确实拿两者做过比较，他曾表示：

> 这种形式的图像到达共同神经（眼睛的视觉中心），就像光线从窗户或小孔投向对面的接收者。[16]

最后，阿尔哈曾得出结论：光以直线或射线形式传播。这就是为什么当光源和表面之间存在障碍物时，会形成阴影。光的这种特性，也就是直线传播，听起来好像在情理之中。但考虑到大多数运动的物体在重力的作用下，要么沿着椭圆的曲线轨迹运动（比如球或箭），要么呈波浪状绕过拐角和障碍物（比如水或声波），光的传播特性倒显得不同寻常了。阿尔哈曾提出，当光线从被视物传播到眼睛表面并在那里发生折射，然后汇聚到眼睛中心形成图像时，视觉就产生了。眼睛接收到的图像只有光和颜色。视觉的其他方面：距离、大小、美感等等，都必须调动大脑去分析和解读。

阿尔哈曾的这些见解在当时看来惊世骇俗，他率先将前人的三种理论分支——眼睛的生理结构、视觉、光的本质以及几何感知——合为一个统一的理论。[17] 事实上，他的理论并不完全准确。例如，他没有充分认识到照相机暗箱和眼睛之间的相似性，并且认为眼睛的视觉中心是晶状体而不是视网膜，但他的发现仍能被称为一次显著的进步。

500 年后，列奥纳多・达・芬奇首次将照相机暗箱和眼睛直接做了对比；一个世纪后，约翰内斯・开普勒第一次正确地解读了角膜、晶状体和视网膜在视觉中所起的作用，从而彻底确立了两者的联系。又过了 100 多年，艾萨克・牛顿爵士的光学理论终于现世。

几个世纪间，阿尔哈曾的《光学》（*Book of Optics*）一直是对光学和视觉解释最为准确的著作。它对视觉的历史产生了深远的影响。

巴黎，1140年

公元900年到1300年，西欧异常温暖的气候、相对稳定的政治体制和改良的农业方法使其各个地区繁荣。贸易恢复生机，人口出现增长，经济逐渐复苏，城镇和城市逐步形成。

到了12世纪，贵族、神职人员和农民的三重社会结构开始瓦解，工匠、商人、教师、银行家和律师等城市居民逐渐兴起。许多人开始涉足阅读、写作和算术，这些活动或是他们工作的一部分，或作为记账和协议之用。新兴的中产阶级组成了市镇议会、行业协会和地方协会等独立于教会和贵族的组织，以规范他们的产业，管理他们拥挤的生活空间。识字和计算能力不再只是修道院的专属，而是进入了千家万户。在许多情况下，地区性的口语（通俗拉丁语）取代了官方拉丁语，成了书面交流的语言。

由于生活空间狭小，新资产阶级越来越在意旁人的看法。炫耀性的消费增加了，随之而来的还有“流于表面”的虔诚。宗教仍然是社会各阶层人民生活的中心，对来世惩罚的恐惧仍然是人们关注的焦点。捐款成了彰显财富和虔诚的手段，教会作为主要受益者，自然日益繁荣。城市不断发展，随之而来的是一项庞大的教堂兴建与扩建计划。

中世纪早期，在欧洲盛行的罗马式（英国称之为“诺曼式”）建筑风格强调坚固有力，以厚实的圆形墙体和窄小的拱形开窗为特色。到了12世纪，威尼斯玻璃工业蓬勃发展，随着技术的进步，玻璃的适用范围越来越广。同时，一项突破性的建筑创新也让窗口面积大幅提升。[18]

1140年，法国修道院长絮热（Abbot Suger）开始扩建巴黎郊外的圣德尼教堂。他让建筑师们采用飞拱和肋拱，加高墙壁，打薄墙体，在巨大的窗户上装饰透明的彩色玻璃。这一切都是为了“照亮心灵，这样他们就可以顺着光线，看到圣光，找到上帝所在的天堂之门”。[19] 与中世纪早期的神学家相反，絮热院长坚信，看到美丽的事物可以洗涤灵魂，引导灵魂去往“宇宙中某些既独立于肮脏的地球，也区别于神圣的天堂的未知之地”。[20] 圣德尼教堂是哥特式建筑的开端，整个欧洲随之顿时涌现出一批高耸入云、明亮圣洁的新式教堂，里面堆满了那些忏悔者慷慨捐赠的奇珍异宝。

光线涌入全新的哥特式教堂，宗教实践迎来了属于它的曙光。12世纪早期，方济会（Franciscan）和多明我会（Dominican）不再局限于仅在修道院内传教，而是活跃在新的城市中心，采用当地语言四处传教。他们感性而直接的传教方式，与主流教会的冷漠形成了鲜明对比。他们劝诫教徒将《圣经》和圣徒的故事形象化：想象自己在芦苇丛里发现了一个婴儿，让民众试着体会那种感觉；或是让人们想象面对狮子，或是流亡到埃及，会是何种感受。圣方济各（St Francis）是戏剧演出的狂热粉丝，在1223年的圣诞前夜，他曾亲自编排了一出好戏。他在格雷奇（Grecci）的一个洞穴中放置了一个马槽、一堆稻草，又牵来一头牛和一头驴，完美还原了基督诞生的场景，让教徒们“亲眼看到基督诞生的不易”。[21]

传教的重点从深奥和神秘的概念转向直接通俗的叙述，人们甚至可以把自己与宗教故事联系起来。牧师们开始强调基督教故事中主要人物的人性光辉，以此来博取信徒的同情。布道时，耶稣和马利亚被描述成实实在在的人，而不是神圣、遥不可及的威严长者。马利亚被刻画成一个母亲：哺育婴儿，抚养孩童，最后又痛失爱子，那个时代的许多母亲都能与之产生共鸣。“圣母哀耶稣之死”（Pietà）的主题：伤心欲绝的马利亚抱着她死去的儿子，便诞生在这个时期，并在各种艺术形式中轮番上演。[22] 圣母马利亚自身的生平事迹也被广泛传播，成为新哥特式教堂壁画的常见主题。耶稣基督逐渐被具象成一个真正的人，他和常人一样会经历背叛，会被钉在十字架上遭受痛苦与羞辱，而不再是高高在上、对人间冷眼旁观的神祇。有关母子二人的悲剧是如此真实又令人动容，它唤起了信徒们内心深处的共鸣，而不仅仅是敬畏。宗教体验开始逐渐具体化，成为人人可见的、现实世界的一部分。

与此同时，除教会之外，当时一批年轻的精英正酝酿着一场颠覆性的启蒙运动。11 世纪和 12 世纪的十字军东征（Crusades）给了欧洲人与伊斯兰世界接触的机会。巴格达、亚历山大和科尔多瓦三城修建学校和图书馆的事迹很快流传开来。这些地方拥有大量古籍著作，为阿拉伯人的学术进步做出了极大的贡献。欧洲一些怀揣着好奇之心的年轻人聚集到一起求学，这催生了一种新型的机构——大学。先有博洛尼亚大学（1088），然后是巴黎大学（1150）和牛津大学（1167）。随着这些机构的名声越来越大，它们逐渐有了探索宗教以外的知识的权力。此时万事俱备，只缺学习材料了。

幸运的是，没过多久他们就找到了合适的学习材料。欧洲军队入侵了当时的伊斯兰文化中心（今西班牙中部和西西里群岛）时，也把一些伟大的阿拉伯图书馆纳入自己的管控范围。这让他们得以接触到了造纸的秘密。时隔三个世纪，翻译运动再次上演，只不过这次是大批阿拉伯文本被翻译成拉丁文，这使得伊斯兰世界的学术研究由涓涓细流转为汹涌波涛，迅速涌入欧洲。欧洲的学者们得以重新接触到罗马衰亡后失传的经典著作，加之阿拉伯人从印度和中国借鉴来的知识和学术成果。

此次古典文学的再发现，让世人记住了伟大的亚里士多德。7 世纪以来，基督教思想一直以 4 世纪神学家圣奥古斯丁的教义为基础，而圣奥古斯丁又深受柏拉图的影响。圣奥古斯丁劝诫人们不要被感官蒙蔽，只有依靠心灵和灵魂才能获取知识、寻得真理。他认为，感官很容易被欺骗，并有可能犯下罪行。[23]

亚里士多德的信仰体系与之正好相反。他教导人们，感官，尤其是视觉，对于理解世界来说是必不可少的。学者们纷纷采纳了他的观点，学术研究重点便从内部转向外部，从灵魂转向感官，从普世的理想化形式转向个性化，从群体转向个人，从精神转向物质。亚里士多德的教义促使 12 和 13 世纪学者们的观点发生了深刻的变化。他们不再囚禁自己的思想和双眼，开始放眼看向周围的世界。

阿尔哈曾的《光学》在 1200 年前后被一位不知名的学者翻译成了拉丁文，这再次激起了人们对这一话题的兴趣。包括罗杰・培根（Roger Bacon）、约翰・佩卡姆（John Peckham）和维特洛（Witelo）在内的著名学者，在进行光学方面的研究时均大量引用了阿尔哈曾的理论。不仅如此，该话题还引起了教皇法庭的重视。[24] 培根曾表示，透镜“将被证明是老年人和所有视力不佳者最有用的工具，因为他们可以通过这种方式看到蝇头小字”。[25] 当然，他也可能放大字母，而非借助透镜去视物，但这一想法无疑是有先见之明的。

到 1280 年前后，关于光学的研究再次戛然而止，但对视觉的讨论已经不再局限于少数几位学者。视觉工艺的从业者——工匠和艺术家——开始了他们自己对光线和视觉的研究，并取得了历史性的成果。

比萨，1278 年

第一件光学设备出现在 10 世纪，当时有报道称修士和修女会借助一种“阅读石”来辅助阅读。这种“石头”本质上就是放大镜：它们是球形或平凸状（顶部弯曲，底部平坦）的水晶镜片，有放大字母的效果。

大约在 1278 年，就在配镜师们各显神通，想要博取教皇欢心时，一位来自比萨的无名工匠想出了一个主意，他把两个凸透镜放入镜框中，用铆钉相连，这样就可以固定在鼻子上。眼镜的发明彻底打破了视力不足带来的局限。

它的工作原理与放大镜完全不同，后者只是把所视之物放大，眼镜则通过重新定位眼睛的焦点来纠正视力缺陷，使图像恰好落在视网膜上。对于远视眼来说，配有凸透镜的眼镜可以将物象的焦点汇聚到视网膜的后方。对于近视的人，凹透镜会把焦点向前移动。也就是说，眼镜和阅读石一样，都不会改变眼前的东西，它们改变的是人们看东西的方式。

值得一提的是，这项革命性的技术创新其实是偶然发现的，因为当时没有人真正了解视觉形成的过程，更不知该如何进行干预。更重要的是，发明眼镜的人并不是一个“发明家”——在当时的意大利语中甚至根本没有这个词。[26] 他们既不是学者又不是医生。我们只知道他们是工匠出身，可能是金匠，也可能是雕刻师，等等。

那么，他们是如何创造出眼镜的呢？根据多明我会的记录，发明眼镜的人本不愿与任何人分享这一发现。[27] 至于这种做法是为了保持商业优势，还是没把这项发明当回事，没有人能够解答。幸运的是，附近一个修道院的多明我会修士，亚历山大·德拉·斯皮纳（Alexander della Spina）偶然撞见了这位沉默寡言的“发明家”，迅速窃取了他的成果。在此之后，亚历山大一生潜心制作眼镜，甚至连讣告都是“向其他人展示如何以一颗开放和快乐的心来制作眼镜”。[28] 想必那位发明者闻之会为之所动。

该发明一经推广，很快就传遍了整个意大利。如此传播速度要归功于四处游历的多明我会修士。1289 年，佛罗伦萨作家桑德罗·迪·波波佐（Sandro di Popozo）写道：“由于年龄的增长，我的视力严重退化，如果没有眼镜，我将无法阅读和写作。”[29]

1284 年，世界玻璃制造之都——威尼斯的玻璃制造商在会议记录中提到了“放大镜”和“眼睛用的圆盘”。在 1300 年出台的法规中更是提到了“眼镜”（Ochiali）一词。1301 年，一条新增条款表示，允许任何人在满足特定条件的情况下生产和销售“阅读眼镜”。[30] 到 1316 年，在威尼斯已经可以买到基础款的眼镜，而且价钱不贵，大致和一双工作鞋相当，当时的大多数工薪阶层都能负担得起。1326 年，一位英国主教的财产清单中提到了眼镜。1391 年，大批眼镜出口至英国：仅 1391 年 5 月，就有近 4000 副眼镜进入伦敦市场。[31]

早期眼镜的镜片都是玻璃制成的凸透镜，可以矫正远视和老花眼。它们和今天廉价易得的老花镜很相似，但在当时是无比珍贵、意义非凡的一项发明。阅读手写的图书和文件本就困难重重，对于视力不好的人来说更是难上加难。但眼镜的作用远不止是辅助阅读。当时人们吃穿用度的所有东西都是手工制作的，而制作这些东西的人（织布工、裁缝、补鞋匠、金匠、铁匠、药剂师等）都需要用到眼镜。要知道，当时室内的光线可不比现在，那时的窗户很小，天黑后只能依靠火光或蜡烛来照明。

不止是老花眼人群，对于那些需要以近距离工作的中年人来说，眼镜同样是一项变革性的发明——直至现在仍然如此。在眼镜发明之前，工匠、神职人员和学者的学习能力通常会受到年龄的阻碍。而眼镜可以延长他们的工作年龄，减少专业人才的流失。显然，眼镜的发明使生产力得到了很大提升。

虽然无从知晓当时人们生活的具体环境，但我们知道，在眼镜出现时，视觉已经作为关键的感官存在了几个世纪之久。或许曾有一位意大利学者，他拜读过培根的、阿尔哈曾或是多明我会修士的有关视觉的作品。面对阴郁的中年工匠，他试图解释这些原理，并沮丧地表示，自己的视力正随着年龄衰老而逐渐下降，希望能得到对方的帮助。这位工匠被打动了，亲自动手做出了某种实用的阅读装置，让学者可以继续研学。或许工匠只是一知半解，但这并不影响他有一双巧手。又或者，这位工匠对相关的理论一无所知，只是单纯地想做一块阅读石。他在自己身上反复进行试验——尽管眼镜的工作原理十分复杂，但毕竟还是个简单的工具。

至于实际情况如何，我们可能永远无法知晓。但我们可以肯定地说，眼镜从此改变了人们的生活。此后经过了两个世纪，直到 15 世纪 50 年代，矫正近视的凹面眼镜正式诞生。

它的姗姗来迟可能是因为凹透镜更难打磨。或许这反映了一个事实，即没有人真正了解眼镜的工作原理，所以没有想到尝试发明一个凹透镜。无论如何，凹面眼镜可以让遗传性近视的人从事正常的生产生活。近视在中世纪是罕见的，但如今越来越普遍。研究人员对这一现象的原因众说纷纭，其中一个公认的原因是户外活动时间的减少。如今，近视影响着 23% 的世界人口，据最近的一项预测估计，到 2050 年，这一比例将增加到百分之五十[32]——我们的世界已经离不开眼镜了。

帕多瓦，1302 年

12 世纪前后，随着人们对视觉话题的愈发关注，加之宗教对于事物具象化的推崇，艺术领域也开始发生变化。新式教堂的雕塑装饰开始强调写实，艺术家们纷纷开始采用传统技术来刻画人体，在姿势选择和面部特征上则加上了更多的情感色彩。[33] 艺术家们开始在绘画中采用更细微的手法，例如添加高光和阴影来强调轮廓，并开始用实际观察到的细节来重新解读传统作品。这与几个世纪以来刻板化的艺术形式截然不同。

1302 年，在眼镜发明的 20 年后，金融大鳄恩里科·斯科洛文尼（Enrico Scrovegni）委托一位年轻的佛罗伦萨画家来装饰他在帕多瓦大学城建造的教堂，教堂紧邻他豪华的宫殿。乔托·迪·邦多内（Giotto di Bondone）当时只有 30 多岁，但已经是当时著名的艺术家，曾受教皇和王子所托，在罗马、佛罗伦萨等地进行创作。有传言说，艺术大师齐马步埃（Cimabue）发现乔托时，他还是一个牧童，正在岩石表面上画羊。栩栩如生的图画吸引了齐马步埃，于是他邀请乔托做自己的徒弟。一天，齐马步埃外出时，乔托在一幅肖像画人物的鼻子上画了一只苍蝇。等到齐马步埃回来时，还以为画面上真的有苍蝇，几次试图把它赶走。斯科洛文尼教堂（Scrovegni Chapel）体现了这一时期的典型风格：包围式的壁画描绘着圣母马利亚和耶稣基督的生活场景，大门西边的墙壁上刻画着世界末日的景象，以提醒信众们要时刻未雨绸缪。这些主题依旧是传统的，但乔托的处理手法是革命性的——这暗示着即将到来的剧变。

首先，乔托的主顾斯科洛文尼来自新兴阶层。他既不是贵族，又不是神职人员，而是来自商界的“外行”。他非常富有，但作为一名银行家，他对高利贷深恶痛绝。这座小教堂既是他财力的展示，又是他向上帝忏悔的一种方式。当时，斯科洛文尼以一位忠诚信众的形象屡次出现在审判日的场景中，向圣母马利亚展示着一个玩偶屋大小的小教堂。

其次，乔托处理画像的方式，无论在形式上还是在技巧上，都与前几个世纪的拜占庭传统有所不同。乔托会以叙事结构将作品娓娓道来，每个场景都被设置在一个画框中，类似现在的漫画小说。他利用现实主义的构图，不再根据宗教传统，而是遵循叙事的逻辑来安排人物。例如，在耶稣诞生的场景中，马利亚和耶稣出现在画面的一边，而不是站在正中间。马利亚的形象多为侧面像，这与拜占庭传统截然不同。其他人物背对着观众，以塑造带有故事感的场景。他们互相交流，互相注视着对方的眼睛，而不是虔诚地盯着前方。他们的面部表情、手势和姿势都表达出强烈的情感，有的泪流满面，有的端着双手，有的弓着肩背，所有这些都是为了唤起观众的情绪。背景（建筑、树木、远山和河流）都被细致地描绘出来，将角色置于真实的时间和地点，而不是令其漂浮在虚无的空间之中。所有这些细节在我们现在看来都很自然，但在当时非同寻常。

乔托采用的技术更是独具匠心。他尝试以三维的形式去呈现作品——1000 年来，第一次有人在平面上使用光、影和几何图形来描绘空间、质量和体积。[34] 在乔托的画作中，光线从来都不是均匀地分布在场景里，相反，他选择了一个概念上的光源——例如教堂西面的窗户——并将光影关系体现在每一幅画作上。后来文艺复兴时期的艺术家们将这个技巧运用娴熟，但乔托仍是当之无愧的第一人。早在布鲁内莱斯基在佛罗伦萨“发现”线性透视前的一个多世纪，乔托就已经在运用这种技术作画了。[35]

乔托将方济会的世界观带到宗教艺术中，他对自然的热爱建立在可见的、世俗的现实之上。自罗马时代以来，没有谁的作品比他的画作更接近于现实。正如一些现代学者所推测的那样，这些新技术，当时流传的有关光学的理论，以及把眼镜引入威尼斯的玻璃贸易，这三者之间可能存在着某种联系。[36] 当时的帕多瓦就是一座大学城。当乔托在教堂工作的时候，里面就举办了一些关于色彩、光线和视觉几何的讲座。[37] 乔托可能参加了其中的一些讲座，当然也可能是在小酒馆里和某位教授讨论过这些概念。或许他还和他的密友、诗人但丁讨论过这些问题。但丁在科学和医学方面都有研究，对光学着迷。他曾在《神曲》（*The Divine Comedy*）中提到了反射、折射现象和老花眼。[38] 乔托在绘画方面的视觉突破与光学的一系列发展在时间层面几乎完全吻合，两者之间极有可能存在着某种联系。

布鲁日，1434 年

当意大利画家还在效仿布鲁内莱斯基的线性透视法时，荷兰一位名叫扬·凡·艾克（Jan Van Eyck）的佛兰德斯画家正在为意大利布商阿尔诺菲尼（Giovanni di Nicolao Arnolfini）夫妇画肖像。这幅画的内容是一对穿着华丽的夫妇，面对面地站在一个家具齐全的房间里，房间的一侧有一扇大窗户。天花板上挂着一盏金属枝形吊灯，后墙上有一面凸面镜，镜面上可以看到这对夫妇和另外两个人的倒影，其中一个极有可能就是画家本人。这幅画现在被收藏在伦敦的国家美术馆里。

它与当时其他意大利画家的作品完全不同。无论是作品中准确的线性透视、对夫妇服装和其他细节的描绘，还是对夫妇面容的勾勒，这幅画都逼真到无可挑剔。放到现在来看仍旧叫人难辨真假。自乔托以来，通过面部表情来表达情感的手法已经很普遍了。即便如此，大多数艺术家在绘制面部时往往倾向于一种刻板式的画法。相比之下，阿尔诺菲尼夫妇的脸看起来更像真人，而不是画作。他们的衣服也是如此，不仅层次分明，还有着精细的图案，甚至连华服下的褶皱都生动自然。当时，佛兰德斯地区出现了许多类似的摄影写实主义画作。

直到最近，现代艺术史学家才发现，这种变化其实是由于凡·艾克使用了一种新型油画颜料，这种颜料在当时的意大利还没有多少人知道。湿壁画，顾名思义，必须在墙壁灰泥未干时绘制；油画颜料的色彩更加丰富，可以细细打磨出更加分明的层次感。油可以让色调出现更细微的变化，同时能给画家更多的时间来补充细节。人们认为，凡·艾克拥有微缩画的绘画经历，非常擅长处理错综复杂的细节，因此他选用了新的绘画媒介，以此彰显出大师级的效果。[39]

但在 2001 年，英国著名艺术家大卫·霍克尼（David Hockney）和光学家查尔斯·法尔科（Charles Falco）发表理论称，凡·艾克是利用光学设备才绘制出如此杰作来的。他们认为，凡·艾克使用了一种光学投影设备，可能是一个暗箱，将图像投射到一个表面上，这样他就可以快速又准确地追踪并勾勒出对象的关键轮廓和特征，甚至可以直接在投影图像上作画。

凡·艾克学识渊博，交际广泛，因此很可能研究过多循环光学理论。霍克尼和法尔科二人坚信他采用了阿尔哈曾和培根描述的暗箱原理，并加以完善，他很可能曾使用凹面镜来提高图像质量。霍克尼和法尔科认为，如果事实当真如此，那么这足以证明凡·艾克和其他佛兰德斯艺术家在没有胶片的情况下，创造出了手工“照片”。[40]

在之后几十年的时间里，霍克尼和法尔科的观点仍旧长盛不衰，佛兰德斯画家们的“秘技”传到了意大利。16 世纪后期，镜片取代了“暗箱”中的镜子，图像的质量得到了全面的改善，看起来更为清晰。直到 19 世纪，摄影技术的发明促使艺术家们寻求新的视觉表达形式，写实绘画也逐渐成为流行。

霍克尼指出，他的理论并不是贬低作者的艺术造诣——镜子本身并不会作画，只有画家才会，尽管如此，这一理论还是引起了重大的争议和批评，并引发了一场持续至今的辩论。[41]

至于证据，可以肯定的是，艺术家们使用镜子的时间至少可以追溯到1420年，也就是布鲁内莱斯基在佛罗伦萨的实验。1434年，阿尔贝蒂（Alberti）写道：“很明显，一幅画中的每一个缺陷在镜子里都显得更加难看。所以，源自自然界的东西，理应用一面镜子来补补。”列奥纳多·达·芬奇（Leonardo da Vinci）也给出了类似的建议，他说：“你画画时，可以放置一面镜子，并经常从镜面中观察自己的作品。由于镜像后的画作难免会显得陌生，这恰恰有利于发现作品的缺点。”他补充说明，镜像可以帮助艺术家“看到”透视图中更难理解的一些方面，比如如何将伸展的物体缩短。

至于使用投影图像的渊源，100多年来，学者们一直认为维米尔（Vermeer）才是第一人，他曾在17世纪使用暗箱照相机来呈现逼真的绘画效果。[42]

但根据霍克尼和法尔科的理论，光学技术的使用早于此前200多年，且应用范围要广泛得多。由于他们的理论缺乏书面证据，于是二人干脆亲自动手寻找例证。霍克尼利用他的艺术专业知识指出了新的“摄影”风格与传统的“几何”方法最大的不同之处。法尔科则负责分析图像，以保证绘画细节与光学投影相一致。例如，在《阿尔诺芬尼夫妇像》（*The Arnolfini Portrait*）中，法尔科使用计算机模型来调整画中吊灯的六个灯柱，以此来实现透视效果。经过调整后，他发现每个灯柱的大小是一样的，宽度和长度的差距在1.5%和5%之间。他总结，在一个复杂的物体上，这种透视的呈现方式过于完美了，单凭肉眼是无法实现的。[43]在其他画作中，他发现了透视的细微变化，并指出这些变化与移动投影或改变焦点的原理是一致的。

霍克尼还指出，油画（尤其是肖像画）的主要特点是，画的框架是窗台，有深色背景和强烈的入射光线，这些都符合暗箱设置的条件。对他的理论持批评态度的人称，当时镜子和透镜的质量并不足以投射图像，他们质疑霍克尼在他列举的图像中对透视的解释。

无论凡·艾克和其他画家的画作是否使用了光学技术，他们给 15 世纪的观众所带来的震撼都是不可否认的。看到如此逼真的画作，想必是一种既神秘又敬畏的体验。为教会所作的宗教作品将耶稣和圣徒拟人化，使上帝的话语犹如回响在信徒耳畔。文艺复兴时期，肖像画崛起的灵感正是由此而来。一幅栩栩如生的肖像，甚至比那个时代的镜子更清晰，必然吸引一些贵族和富商。肖像画不仅描绘了一个人的面容特征，还可以展示华丽的衬里、锃亮的盔甲、闪光的珠宝和其他一切彰显威望的物品。财富和炫耀在一幅画框中顺势被捕捉了下来，永世流传。

即使到了晚年，人们也可以借助眼镜继续欣赏。

特雷维索，1352 年

在威尼斯海岸群岛与多洛米蒂山脉之间的平原上，坐落着繁荣的意大利小镇特雷维索（Treviso）。1340 年，在历经了多年的战火后，它最终成了威尼斯共和国的一部分。在欢庆和平的同时，共和国的成员身份给威尼斯带来了巨大的财富，因为威尼斯是海上超级大国和世界玻璃制造之都。

随着城市商业贸易的发展，教堂的数量也随之增长。小城有几座新建的哥特式教堂和修道院，还在罗马神庙的旧址上建起了一座罗马式大教堂。那里不乏富有的捐赠者，愿意给新建筑的装修筹款，由此，艺术家和工匠们就可以尽情开始创作了。城里最有才华的艺术家是来自摩德纳的年轻画家托马索·巴里西尼（Tommaso Barisini）。1350年，他为特雷维索的方济会教堂绘制了一幅《圣母马利亚和七位圣徒》（*Mary and Seven Saints*）。这是一幅极其写实又颇具亲和力的作品，让人不由得将其与乔托的作品相比较。50年前，乔托曾在附近的帕多瓦留下过著名的系列画。

为了不被方济各会所超越，多明我会委托托马索来装饰他们的分会，为即将到来的教团聚会做准备。创作的主旨是歌颂多明我会修士的学识与成就。这位艺术家决定按字面意思来创作他的作品。他设置了一个虚构的抄写室，所有最知名的多明我会修士坐在各自的分区里研究或抄写手稿。托马索下定决心，要把每一个人都描绘得独一无二。这无疑是项极大的挑战，因为画中人多已亡故或远走他乡，他根本不知道对方长什么样。然而，凭借艺术家的聪明才智和想象力，他成功赋予了每位显要人物不同的姿态、面部表情，以及他们使用的特定工具。其中大多数人身边放着钢笔和墨水瓶，但也有剪刀、尺子、放大镜或阅读石等。

圣谢尔河的休（Hugh of Saint-Cher）便是画作的主角之一，他是20世纪的法国牧师，也是第一位被任命为红衣主教的多米尼加人。此外，休还编制了最全面的《圣经》词汇索引。

他无疑是一位注重细节的人。也许是为了强调这一特点，托马索笔下的休是戴着眼镜的，而事实上，直到休去世，眼镜都还未问世。

第四章

观察：颠覆世界的光学发明

九
思想的火药：印刷术

如果说火药改变了战争史，那么印刷术就彻底颠覆了人类的思想。

——温德尔·菲利普斯（Wendell Phillips，1811—1884）

君士坦丁堡，1453 年

1453 年 5 月 29 日，星期二，奥斯曼帝国 21 岁的苏丹穆罕默德二世身骑白马，踏入君士坦丁堡一座巨大而古老的拱顶教堂——圣索菲亚大教堂，并将之改为清真寺。在长达四十天的围城战中，这位少年老成的战士用规模空前的炮火轰击了这座城市坚固的城墙。年轻的土耳其统治者宣布封锁周边海域，以防止海上增援。一条巨大的铁链封锁了金角湾的入口，然而英勇的战士们硬是将船只拖上了加拉塔陡峭的山丘，越过防御链，攻进了该市的港口。在 1000 多年的时间里，君士坦丁堡，也被称为拜占庭、新罗马和“第一城”[1]，曾是基督教徒的东部首府，它连接欧亚，是西方通往丝绸之路的主要入口。君士坦丁堡的沦陷敲响了拜占庭帝国的丧钟，拜占庭帝国是罗马帝国的最后一个前哨，也是奥斯曼帝国在东方长达五千年统治的开始。

同年晚些时候，在欧洲大陆的另一端，继金雀花王朝300多年的统治以后，波尔多城（Bordeaux）在卡斯蒂永战役（Battle of Castillon）中战败后向法国投降。和土耳其人一样，法国军队利用新型火药和火炮取得了胜利，他们的火枪无情地碾压了英军的弓箭。这是英法百年战争系列战役中的最后一场。自此，英格兰成了一个岛国，远离欧洲，紧靠海岸，但很快陷入了另一场旷日持久的争端——玫瑰战争（War of the Roses）。

与此同时，在欧洲大陆的西南角，葡萄牙的船只将第一批非洲奴隶和大量黄金带到了欧洲。航海家亨利王子的手下发现了一条通往西非海岸佛得角（Cape Verde）的航线。通过这一中转站，他们成功地绕开了受阿拉伯人管控的陆上路线，不必长途跋涉穿越撒哈拉，而是直接从海陆进入印度——标志着伊比利亚半岛（Iberian Peninsula）的地理大发现时代即将到来。

当这些重大事件出现在欧洲边疆时，欧洲大陆的中心，一位不知名的金匠正在研究一项发明，这项发明对世界产生的影响，是任何战争、战役或殖民征服都无可比拟的。

德国美因茨，1453 年

1453 年，即便经历了多年试错、失败的商业投机和法律纠纷，约翰内斯·古腾堡（Johannes Gutenberg）仍确信，自己发明的印刷方式一定能让他发家致富。古腾堡发明了一种机器，这种机器可以把字母一行行地“打印”到纸上。在这之前，所有的书、小册子、文件、合同和信件，无论篇幅长短，都是逐字逐句用笔写下的。几千年来，抄写员们坐在狭窄的书桌前，蘸着墨水，削着笔，日复一日地伏案写作，每天只能产出寥寥几页，且错误率极高。相比之下，一台古腾堡印刷机一天可以印五十多张纸，不存在抄错的情况。古腾堡的办公地点位于德国的美因茨，就在湍急的莱茵河与平静的美因茨河汇合处，他正着手印刷一整套拉丁文版《圣经》。这是一个极具野心的项目。每一本书都将近 700 张，也就是约 1400 页，装订成两卷。为了实现这一目标，古腾堡从当地金融家约翰·福斯特（Johann Fust）那里借来了 1550 荷兰盾[2]，这在当时是一场豪赌。他开办了一个大车间，配有六台并排运作的印刷机，并雇专人前来操作，计划在两年内生产 180 本。[3]

可就在即将完工时，意外发生了。他的投资人福斯特对他提起诉讼，要求他偿还贷款及利息。目前尚不清楚福斯特为何会在项目按计划进行时突然反悔。一些人推测，这是福斯特一直以来的小算盘。也有传闻说，古腾堡曾与前合伙人不合，或许他同样惹得福斯特不快。福斯特无论动机如何，他在商业上无疑是成功的——他获得了古腾堡大部分印刷设备，以及所有已完成的《圣经》的所有权。福斯特和车间的一名员工彼得·舍弗（Peter Schoeffer）成了商业伙伴，并打造了世界上第一个“印刷帝国”。不久之后，舍弗娶了福斯特的女儿克里斯蒂娜为妻。

而此时的古腾堡不得不从零开始。他找到了另一个赞助者，继续小规模印刷。但或许是时运不济，他这一生中从未获得任何名声或财富。古腾堡于 1468 年默默无闻地去世，但好在历史记住了他。他的成就最终被认可，古腾堡才是世界公认的印刷机发明者。[4]福斯特则被形容为邪恶的浮士德博士（Doctor Faustus），因为联合舍弗窃取古腾堡的发明成果而被人们唾弃。

古腾堡的成就使得手工工艺走上了机械化的道路，尽管在现在看来，早期的印刷车间仍大量依赖着人工。印刷机本身就是一台沉重的木制装置，大小和书架差不多，水平的机身上横放着一个 H 型的垂直框架。每台印刷机需要三个工人同时操作。排字工用一根与拼字架相似的排字棒，把一个个金属字母逐字逐行地排列起来。这些字模是用金属矩阵铸成的镜像，由雕刻的木制冲床制成，被小心地存放在箱子里。首字母大写，普通字母小写。排字工每完成一段文字，便会把它转移到一个叫作活字盘的小托盘里。每完成一整页后，要先对其进行校样和修改，然后再将文本锁进印刷机上的镜框中。接下来是涂墨员，又叫“印刷恶魔”，工人们会用一个带木柄的填充皮革球，也就是涂墨擦，将油基墨水涂在凸起的字母上。接下来上场的是印刷工，他把一张潮湿的纸盖在文字上，再把一个带衬垫的木版折起来，然后用一种类似于榨汁机的螺旋装置，将木版均匀地固定在墨迹的字母上，以确保印出来的字母方向正确。一张纸的两边分别印上两页，然后折叠成四页。[5]

事实上，印刷术早就存在了。从巴比伦时代起，人们就开始使用邮票和印章，在亚洲，木版印刷已经有了数百年的历史。自 11 世纪开始，中国的许多工匠都尝试过活字印刷，但它从未真正流行起来，也许是因为文字中字符量过于庞大。在欧洲，自从纸张普及以来，人们就一直在使用木版印刷来印制图片和卡片，之前则是印在织物上。

古腾堡的印刷工艺结合了几个重要的创新。第一是制作单独的字母模板，它们可以反复使用，并重新组合，形成任何需要的文本序列。第二是采用了铸造的金属。不仅用料单一，产量巨大，而且比木材或陶瓷材料耐用得多。用完后还可以熔掉重铸。第三是使用了一种新型墨水，它涂在纸上的样子如清漆一般。最后，他还创造性地使用了螺旋机制来压平纸张。当这些看似微小的改进组合在一起时，一个伟大的机器便诞生了。

古腾堡，以及后来的福斯特和舍弗，都想方设法地不想让这项发明公之于众，他们让工人们发誓保密，并隐晦地把他们的发现称为“图书工作”。[6] 一开始，他们甚至不让别人知道自己发明出了新的制书方法。有传说，巴黎的约翰·福斯特（Johann Fust）试图用印刷的《圣经》来冒充手稿。当他试图推销时，一些人注意到这些字母出奇地一致，并指责他为了挣钱向魔鬼出卖了灵魂。他被迫承认这些书是机器印刷的，否则他将面临异端指控。[7]

这些早期的印刷项目均以失败告终，无一例外。1462 年，美因茨的政治动荡导致许多有经验的印刷商离开该市，印刷术迅速传播开来。作为一个新兴行业，印刷业不受行业协会、教会或国家的控制，所以在建立印刷车间方面并没有什么政策限制。印刷机沿着莱茵河的贸易路线渐次涌现，然后向东越过阿尔卑斯山进入意大利，向西到达斯特拉斯堡和巴黎。印刷术在 14 世纪 70 年代传入荷兰和英格兰，到 1480 年，至少有 110 个欧洲城镇拥有印刷机。[8] 到 21 世纪末，欧洲的每一个城市都在使用印刷术。[9]

虽然没有挣到钱，但古腾堡成功提高了抄写效率。印刷术使图书变得廉价，内容丰富，不容易出错。就是这个看似简单的改进，彻底颠覆了图书行业。

印刷术不仅改变了图书的制作方式，还改变了人们阅读图书的方式、受众以及书中包含的内容。它改变了人们的教学方式、学习方式、写作方式甚至记忆方式，改变了人们对于过去和未来的看法。

这些变化并非一蹴而就，也不是一帆风顺的。印刷机发明后的两个世纪，宗教、学术、政治和人们的心里充满了巨大的冲突、困惑和创伤。主导社会千年之久的拉丁教会，被宗教改革和反宗教革命粉碎，数千人为此付出了生命的代价。学者们面对前所未有的新文本，发现了曾经被视为真理的旧文本的问题和逻辑矛盾，这使学术界发生了翻天覆地的变化。最重要的是，在整个欧洲，传播知识和信息的主要方式从口头变成了书面，从耳闻变成了眼见。

欧洲，15 世纪

要理解印刷术带来的影响，我们需要从它诞生的社会条件说起。尽管字母表已经存在了 2000 年之久，人类文字也延续了数千年，但直到 15 世纪，大多数人仍然是目不识丁的文盲。除了教会与大学之外，欧洲仍是一个传统社会。在这样的社会中，绝大多数的知识和信息是直接通过言语和行动口口相传的。那时的生活忙碌，充满了噪声与恶臭，而且事事都要亲力亲为。城镇拥挤不堪，处处都是熙熙攘攘的人群和动物。工匠们在闷热嘈杂的车间里劳作，窗外是散发着人畜粪便臭味的狭窄街道。市场上，商人们大声叫卖着他们的商品，买家们在中间挤来挤去，用手掂量，用鼻子闻，用嘴巴提问和砍价。自巴比伦时代以来，交易都是以握手的方式达成的。[10] 剧团、游吟诗人、哑剧演员和游方艺人在拥挤的城市广场和酒馆里表演诗歌、戏剧、民谣和歌曲。

人们用钟声和号角代表一天工作的开始和结束，祈祷和宵禁都是生活的一部分。机械钟表刚被发明出来的时候，是没有表盘和指针的，它们的工作方式还是和人工敲钟一样。公告、新闻和通告都由传报员亲自传达。在许多城镇里，后方的守夜人整夜都在街上巡逻，手里提着灯笼，唱着报时的押韵歌，大声地嘱咐市民好好休息。

尽管成文法律已有几千年的历史，但对当时而言，规定和秩序几乎全靠人们的自觉性。露天法庭在裁决时倾向于口头证词，甚至在法官看来，口头证词比书面文件更为可信。在英国法律中，若想提出减刑，被告可以召集一定数量的“助誓人”在法庭上宣誓，相信当事人之誓言为真。一旦召集成功，原告必然败诉。在某些案件中，被告会受到极其严酷的审判，比如把他们扔进火里或深水里，法官通过他们的反应来判断其是否有罪。

宗教仪式也是在大庭广众之下进行的，需要人们亲自主持。富人有专门的祈祷用书，但拥有《圣经》的人实际上并不多见，在当时，私自把《圣经》从拉丁文翻译成方言是违法的。[11] 参拜教堂会给人一种拥挤但身临其境的、多感官的愉悦体验，因为那里有音乐、诵经声、熏香、蜡烛，彩色玻璃透出七彩的光线，立柱和墙壁都被精心装饰过。由于教堂里没有椅子，信徒们会在礼拜日四处走动，等待牧师的到来。他们会一同把圣饼举过头顶，以示祝福。

那时，学习的过程就是实践的过程。孩子们大多在家里、田间、车间和市场中，通过父母的言传身教进行学习。城里的男孩女孩会上小学，学习基本的语法规则、祈祷词和教理问答等课程。小学毕业后，男孩们会随父亲一起下地，或跟随师傅学习手艺，或成为骑士的侍童，或进入神学院。有些人为了上大学而进了文法学校，但这只是个例。女孩们学习烹饪、编织、刺绣和其他家务技能，为结婚做准备。她们几乎不再提笔写字。

今天，口述文化几乎消失了，但在 20 世纪，人类学家仍能接触到早于文字出现且未受西方影响的文化。[12] 研究人员发现，在这些文化中，虽然日常生活会调动多重感官，但其中最主要的还是听觉。仪式、习俗和宗教帮助人们记住并贯彻共同的社会规则。人际关系至关重要，整个社会无比亲密，人与人都紧密相连。每个人都清楚自己在社会组织中的位置，但严格的规则体系意味着人们没有太多的主动性和责任意识。生活的当下、过去和未来，并不是一个线性的序列，而是一种有机的综合体验。其中，肉体的生死只是灵魂永存阶段中的不同状态。[13] 人们倾向于通过更强大的神秘力量，例如神明、先祖或其他凡人难以企及的对象，来解释大自然的运作。

尽管文字已经存在，也有不少识字的人，但 15 世纪的欧洲仍存在以上特点。一些或白纸黑字、或约定俗成的规则，规定着人们应当如何生活和工作，该去哪里、做什么，以及应该相信什么。现代语言中充斥着欧洲从前的口头文化的残余。单词“clock”来自法语“cloche”，意思是钟表。相比之下，在印刷术发明的几年之后，人们发明了无声的手表。“catechism”（教理问答）一词现在常用来形容宗教学习，它在希腊语中则表示口头学习。我们把法庭程序称为“hearings”（听证会），表示赞成时会说“Hear! Hear!”（都听听！说得好！）在商业中，英文的“审计”一词同样有“旁听”之意，来源于拉丁语的动词“听”，因为在中世纪的英国，人们会通过大声朗读来检查财务记录。[14]“audience”一词既表示观众，又表示听众，也来自一个拉丁词根。1600 年，在莎士比亚的戏剧中，哈姆雷特曾宣称：“我们将听到一场戏剧。”[15]尽管那时大多数人已经在说“看”一场戏剧，“show”（表演）和“play”（播放）二词表示的意义趋于一致。[16]

在没有图书的情况下，为保存和传播重要信息，中世纪社会出现了五花八门的方法。比如无处不在的节奏和韵律，不仅用于讲故事和娱乐，还用于记录日常、贸易惯例，甚至是法律法规。一份 12 世纪的爱尔兰文献，用韵文完整记录下了爱尔兰国王和下层贵族的权力范围、税收和津贴。[17]咒符和咒语也很常见，不是用来召唤魔法，而是为了记忆食谱或其他日常必需品。“拼写”（spell）这个词在古英语中意味着“故事”或“演讲”，后来才引申出咒语之意。[18]

即使是对于学者和神职人员而言（当时文化素养最高的人群），口语也比阅读和写作重要得多。教学和布道都是依靠记忆和大声讲述进行的。这种情况从古代起就一直存在，“修辞学”（Art of Rhetoric）这个短语来自希腊词“修辞者”（Rhetor），意思是“讲述者”这一概念也出现于这一阶段。在中世纪，所有受过教育的人都学习过修辞学、语言规则和逻辑原则，也就是我们现在所说的语法。[19]丰富的知识并不是智慧的象征，雄辩的口才才是。一些伟大的教师和牧师，包括苏格拉底、毕达哥拉斯和耶稣基督，一生从未提笔写字。[20] 现代学者所认为的那些古代伟大思想家的作品，其实根本不是他们亲自“写下”的，而是由他们的追随者和学生记录下来的。

那文学为什么如此不受重视呢？原因在于，文学本身并不是一种艺术。哲学家沃尔特·翁（Walter Ong）对口语文化向书面文化的转变进行了广泛的论述。他认为，在印刷机出现之前，书写只是一种记录口头话语的工具，而不是一种艺术。[21] 手稿记录、储存和回放说过的话，目的仅仅是将说话者的发言储存到读者的记忆中。

这一目的反映在图书的写作、阅读方式和设计上。

自古以来，无论手写书本是学术性的、宗教的还是娱乐性的，它们都是为读者而写的。大多数的书面作品依旧保留了口语文化的特点：一些宗教作品听起来很像布道、忏悔或祈祷；学术著作读起来像讲座或信件。作者往往不是真正“写”书的人，这一工作多由抄写员代劳。① 学者在房间里踱着步，向想象中的听众讲述着自己的观点，而抄写员则拼命地努力记下他所说的每一句话。

朗读通常是在有同伴的情况下进行，听众可以想象面前有一个或多个演讲者。直到 18 世纪，大声朗读作为一种娱乐方式仍然很流行，一部分原因是因为文盲的存在；另外，蜡烛的价格昂贵也是原因之一。即使是在独自阅读时，人们往往也会放声朗读。阅读的目的不是快速传递信息，相反，这是一种“沉思式的

① 《罗马书》第 16 章第 22 节显示，最受尊敬的《圣经》作者圣保罗实际上并没有“写”下那些著名的书信，而是将它们口述给了他的第三代抄写员德丢（Tertius）。

漫步”[22]，类似于孩子们不厌其烦地读着自己喜欢的故事书，直到朗读者和听众都能逐字逐句地背诵出来。

手稿设计进一步揭示了印刷术出现之前文字的混合本性。中世纪手稿最显著的特点之一就是使用了插图——用小图片、图形设计和字母装饰书页。插图是阅读过程的一部分，每一页都是为了让读者仔细阅读、思考、研究，并最终铭记在心。文字和图像的结合可以帮助读者实现这一目标。[23]

最近有研究表明，手稿插图可能在阅读过程中发挥出非常强大的作用。学者们现在认为，插图可以帮助读者记忆，既可以作为标记，帮助读者定位文本的特定部分，也可以充当一种视觉指针，读者可以用它来创建记忆“钓钩”，将特定的信息勾起。[24]根据这一理论，图书是一种特殊形式的记忆宫殿，一种用于记忆长串或复杂信息的古老装置。它构成了一个更为广泛的记忆系统的一部分，又被称为“记忆艺术”，是修辞艺术的一个子集。记忆术是希腊诗人西蒙尼德斯（Simonedes）在公元前 500 年前后发明的，并得到了伟大的罗马演说家西塞罗的认可。[25]在沉寂了一段时间之后，它在中世纪重新受到了追捧，圣多马斯·阿奎那（St. Thomas Aquinas）就是他忠实的追随者。记忆艺术作为一种记住罪恶、美德、奖励和惩罚的方式，对中世纪的神学产生了重要影响。

记忆艺术是一种基于事物和地点的视觉化技术。第一步是在你的想象中构建一个物理位置，比如一个大型建筑、某个街景或城镇。接下来，为每一件要记住的事情创建一个难忘的视觉图像。显然，如果图片是“卑贱可鄙的、不同寻常的、非凡的、难以置信的或荒谬的”，而不是“琐碎的、普通的、平庸的”[26]，则会更容易被人记住——维持大脑中的图像不消散，在想象的空间里旅行，把每一张图像逐一放到想象空间的某个地方。一个萝卜一个坑，按顺序依次进行。为了方便回忆这些信息，你可以在这个空间里重复一次刚刚的想象之旅，一个接一个地重新收集这些图像。时至今日，这种做法在现代语言中仍有迹可循。

使用一系列令人难以忘怀的图像作为记忆装置的这一想法，为中世纪的视觉艺术开启了新的视角。人们在中世纪的各种艺术形式中遇到的奇幻生物、奇异人物、奇珍异兽和其他图像，像是突然被注入了一种新的意义。也许这并非凭空而来——它可以帮助不识字的人进行记忆。艺术史学家迈克尔·巴克森德尔（Michael Baxandall）做了进一步的解释，在中世纪晚期，画家们通常把人物和场景画得笼统宽泛，可能是为了让它们成为记忆的调色板，让人们可以自行勾勒细节。[27] 许多中世纪肖像画中平平无奇的面孔与同期光怪陆离的艺术对比，实际上可能反映出了当时艺术家们的良苦用心——为文盲提供了一种工具，让他们记住自己的生活以及复杂的社会规则。

我承认这一切听上去复杂，但是记忆艺术在中世纪和文艺复兴时期受到了极大的重视。如今，这种被遗忘的技术仍在被所谓的“心理运动员记忆竞赛训练”所使用，在这种训练中，他们表现出了惊人的（虽然不一定有用）本领，比如记住大量纸牌的出现顺序或单词的随机序列。[28]

西欧，1450—1500 年

从一开始，印刷业就尽显商业本色，就像今天的出版商一样，印刷商会为了让其产品的内容脱颖而出而与客户相互竞争。最初印刷的书是针对神职人员和学者的，他们曾是手抄本的忠实读者。紧随《圣经》和其他宗教作品之后的是学术文本，尤其是来自古希腊、罗马和阿拉伯的作品。这些作品深受人文主义运动者的喜爱，借此，人文主义运动在意大利方兴未艾，蔓延至其他地方。

随着印刷贸易的扩大和竞争的加剧，印刷商开始寻找使自己的产品看起来与众不同的方法。最早的印刷书会有意地模仿手稿的字迹，采用类似于手写的字体。例如，古腾堡的《圣经》就使用了厚重的哥特黑体字，并在印刷后留下空白页以供手绘插图。随着印刷书的普及，印刷商努力使文字变得清晰。

1464 年，斯特拉斯堡（Strasbourg）的印刷商根据几个世纪前阿尔昆发明的卡洛林王朝小草书体出了一套字母。1470 年，威尼斯印刷商尼古拉斯·简森（Nicholas Jenson）创造了一种专为印刷而生的新字体，将卡洛林王朝小草书体与罗马风格的大写字母结合在一起。简森的罗马字体最终成为整个欧洲的标准字体。直到今天，人们还会常常看到这一版本的书。[29] 然而，德国是个例外，许多印刷商直到 20 世纪时都还保留了一种叫作尖角体（Fraktur）的哥特式文字，认为它比受拉丁语影响的罗马文字更像日耳曼文字。德文尖角字体与纳粹的宣传脱不开干系，出于某些不得而知的原因，在第二次世界大战中期，希特勒的私人秘书马丁·鲍曼（Martin Bormann）发布了一项禁用德文尖角字体的命令，要求将哥特式的德文尖角字体替换为罗马字体。因为他认为哥特式风格与犹太人有关。[30]

印刷工人开始在印刷文本上添加木刻插图。起初，插图都是手绘在文本的留白上，就像橡皮图章一样。但印刷商很快就找到了一种方法，将木版图和字体结合到一起一同印刷。随着绘本越来越受欢迎，雄心勃勃的印刷商委托专门的艺术家进行设计。小汉斯·荷尔拜因（Hans Holbein the Younger）、阿尔布雷特·丢勒（Albrecht Dürer）和彼得·勃鲁盖尔（Pieter Bruegel）都曾参与印刷模板的设计。

1472 年，一位维罗内斯的印刷工印出了第一本带有技术插图（而不是宗教插图或装饰插图）的书——《论军事事务》（*De re Militari*）。[31] 其中描绘了武器、战车、攻城机、大炮、旗帜、水上彩车、桥梁和浮桥等图像。[32] 同年晚些时候，印刷书中第一次出现了地图，五年后，托勒密的《世界地图集》出版了。

印刷商委托学者们精确地再现图表、地图、插画、表格和示意图，其中许多是无法用手工精确重制的。印刷插图为解剖学、建筑学、天文学、炼金术、植物学、数学和其他所有领域的学生提供了不可估量的价值。早期的一本植物学指南中出现了 131 幅用拉丁语、希腊语、波斯语和埃及语命名的插图[33]，而欧几里得的《几何原理》中则出现了 400 多个几何图形。1483 年，第一套数学和天文表——《阿方索星表》（*Alphonsine Tables*）问世了。[34]

另一项重大创新出现在 1474 年，第一本印有页码的书出现了。[35] 虽然听起来微不足道，实际却标志着巨大的进步。若不依赖大量记忆的烦琐细节，几乎不可能识别或引用手稿中的某一特定信息。一旦印刷的书被打上页码，学者们就可以直接向同事们介绍特定版本中的特定页，同样也便于自己记录。[36] 页码诞生后，很快又出现了内容页和索引，编目也采用了新的系统，如年表和字母顺序。虽然这些方法在现在看来已经习以为常，但中世纪的学者和图书管理员在编目书面材料时都有自己独到的方法，虽然这些方法对于记忆力有着很高的要求。例如，8 世纪加洛林王朝的学者阿尔昆就用押韵的诗句来编录自己的藏书。[37]

到 16 世纪早期，曾经风靡一时的手工插图艺术几乎已经销声匿迹[38]，取而代之的是印刷而成的详细、精确的图表和插图。印刷的书不再需要作为记忆的工具。一旦图书供应充足，易于浏览，就没有必要再去记忆它们。图书的内容开始被人们作为参考，而不是死记硬背。它不再是人类的伙伴或艺术品，而是变成了一种工具。从那时起，绘画作品就不再出现在书本中，而是清一色地转移到了墙壁、画板和方便携带的画布上。

随着这些表现形式和组织结构的改进，印刷商开始着手纠正手稿中随着时间的推移而被复制和重印的许多错误和不一致之处。学者和神职人员长期以来一直抱怨抄写者的无知和懒惰，认为他们"破坏了一切，把一切都变成了废话"[39]。一些新兴大学城的书商试图重新起用大批抄写员来批量生产手稿，这导致书本的质量更是每况愈下。[40] 印刷工人则不需要手写，只需专注于页面上文字的内容和排列。这是一项了不起的壮举。一位匿名学者在修订手抄本时，描述了一次令自己无比煎熬的经历：

"为此，我奔波于海德堡（Heidelberg）、施派尔（Speyer）、沃尔姆斯（Worms）以及斯特拉斯堡（Strasberg）的每一间图书馆，找遍了所有能找到的副本。在这个过程中，我发现，即使在藏书丰富的图书馆里，也很难找到这些罕见的书，抄本就更少了。而且更糟糕的是，即便找到了，也几乎都是未经修改的版本；为此，我不得不万分小心。”[41]

保护知识成果

中世纪的学者们非常清楚，知识并不是永存的——自罗马沦陷后，亚历山大大图书馆就被毁了；在加洛林昙花一现的文艺复兴之后，智慧宫于 1258 年被毁。因此，不难理解在 14 世纪和 15 世纪早期，有大量学者致力于保护在过去几个世纪中好不容易才重见天日的古籍典藏。

印刷机从根本上解决了这一问题。一旦一本书被印刷和发行了几十份，它就不大可能失传了。印刷使知识变得不可磨灭，学者们得以将他们的时间投入发展知识体系，而不是仅仅维护它的存在中。他们的首要任务之一就是筛选打印机收集和打印的数百条文本，找出真正有价值的智慧或技术见解，择出虚假的、错误的或纯粹的废话。学者们可以同时比对几十甚至上百个文本，对于一个特定文本（特别是《圣经》）的不同版本和翻译，很容易便能发现其中理论冲突、观点怪异、信息伪造的问题。他们意识到，不是每一件流传下来的作品都值得尊敬，也不是每一件古老的作品都能被称为经典。

对知识进行分类、整理、比较、批判和辩论的过程产生了一种新的批判方法，一种新的智力挑战和探索精神，这是现代思维方式的先驱。

书籍里的秘密

继最初印刷面向学者和神职人员的书之后，印刷商将目光投向了一个新的客户群：城市的中产阶级。印刷商将著名的书翻译成当地语言，标以低廉的价格，以迎合新兴资产阶级（商人、艺术家和工匠）的消费习惯。这些书包括骑士小说、诗歌、年鉴和日历、时间书和诗集。

不久之后，印刷商开始为中产阶级观众开拓新的内容。1478年，一篇关于商人算术（威尼斯方言版本）的文章被印刷了出来；在接下来的十年里，又出现了计算利润份额、利息、货币兑换等表格。到该世纪末，意大利数学家卢卡·帕乔利（Luca Pacioli，达·芬奇的老师）出版了一本数学著作，其中介绍了复式记账法（double entry bookkeeping）。或许这不是什么吸引人的主题，但这本书被描述为“资本主义历史上最具影响力的作品”[42]，据说还改变了文艺复兴时期的商业贸易[43]。

之后出现了大量“通俗艺术”和“教程”类的书：游记、烹饪、礼仪指南、家庭秘诀、偏方和食谱。随着时间的推移，这些书所涉及的领域扩展到技术性更强的学科，如炼金术、冶金学、外科手术以及大众科学的各个方面。

这些学科在当时并不被认为是科学。事实上，它们与学术相去甚远，属于日常生活中普罗大众的谈资。[44]其中包括大量的传统知识和实用知识，从圣人到愚人，囊括了中世纪生活的所有技能、贸易和工艺。

这些题材的共同之处在于：在被印刷出来之前，它们大多是秘而不宣、概不外传的。

我们想当然地认为知识应该被分享、被欣赏，但中世纪的人们对此持有不同的想法。大多数知识都被密闭在一个特定的圈子里，由圈内的人们口口相传，他们希望这些“秘密”永远不会被外人知晓。学者和宗教团体使用拉丁语来守护他们的秘密，不对粗鄙的大众透露只言片语，不仅如此，他们还会刻意地使用一些晦涩的语言、密码和暗号来保护他们的知识安全。

保密的习惯在其他圈子里也很普遍。工匠、小贩和商人也有自己专属的圈子。就像精英阶级一样，他们会用各类协会和制服来保护属于自己的秘密知识。[45] 其他圈子对待知识虽然没有那么严防死守，但对自己掌握的技术同样守口如瓶，比如助产士。还有一些游走在主流社会之外，设计神秘学和魔法的秘密圈子。社会各阶层都守着自己秘密。

当时有一种固有的观念，认为知识应该对那些不懂的人保密，因为他们可能误解或误用这些知识。人们相信专业知识是上帝赐予的礼物，只会教给那些它所信任的人，因此人们必须尽最大的努力来回报这种信任。

好奇心是被禁止的——这项禁令早在亚当和夏娃的故事中就有体现。不得打探其他行业的知识，即使是再小的过失也会受到惩罚。比利时一家法院曾对一名男子处以 15 利弗的罚款，原因是他躲在楼梯后面偷听妻子分娩的过程。法庭认为“好男儿不该抱有这种好奇心”[46]。无独有偶的是，泄密者也会受到严厉的惩罚。一些协会非常注重保护自己业内的商业机密，他们宁愿杀死背井离乡的成员，也不愿承担秘密泄露的风险。教会法律规定，在忏悔中透露自己行业秘密的牧师将被永久驱逐到修道院内，终日进行忏悔。[47]

这看起来可能有违人性，但在当时几乎没有文字的社会中，秘密实际上是保存知识的一种相当有效的方式。把秘密藏起来有助于管控人们的知识水平。在一个封闭、排外的圈子里共享秘密，可以保持知识的珍贵性，降低它们被遗忘或丢失的可能。

然而，由于存在知识壁垒，许多行业的发展一直停滞不前。工匠们有实践能力，但对他们工艺背后的理论一无所知。理论是学者独有的特权，但他们对理论背后的实用性知之甚少，从而无法有效地开展实践。几个世纪以来，这两个阶层泾渭分明，他们一直各忙各的，根本不知道能从对方身上学到些什么。

印刷机的出现使秘密重重的知识壁垒得以粉碎。书本将一切知识公之于众。每一份副本内容都完全相同，并且在马匹和商船所到之处迅速传播。印刷商和书商充当了“揭秘者”的角色：他们希望印刷和销售尽可能多的副本，毕竟还有什么比行业机密更有卖点呢？

因此，16 世纪出现了一种新的体裁——“秘籍”，内容多为揭示古代的奥秘和智慧。这类图书多用日常的方言书写，提供了实用的处方、说明和食谱，通常还会配有图表和插图。有些则讲述了简单的家庭常识。其他的书，如《伊莎贝拉夫人的秘密》（*The Secrets of Lady Isabella Cortese*），一个神秘的（可能是虚构的）意大利贵妇人描述了炼金术是如何运作的，需要哪些高级设备和复杂配料，其全程都可以在化学实验室里进行。[48] 其用华丽的辞令，强调其秘密不能被外人知晓，告诫读者要保守秘密，要“像保护自己的灵魂一样保护它，不要把它告诉任何陌生人”[49]。而这些在印刷时代根本无法实现。

印刷的书揭示了实用技术和机械艺术的秘密，溶解了行业之间无形的知识壁垒，并将隐藏了几千年的中世纪知识昭之于众。曾经只有特定人群才能接触到的专业知识和信息，第一次拨云见日，以文字和图表的形式落于纸面之上，供人们仔细审查和分析。

理论和实践开始融合在一起，不止在印刷车间里，也融合在读者和作家的脑海中。新的联系建立起来，激进的新想法也出现了。事实证明，自然界的许多“秘密”根本就不是秘密；答案一直就在眼前，只不过被暂时藏了起来而已。人们开始相信进一步的调查会揭示更多的答案，并受到鼓舞，积极地进行探索。一种新型人才出现了：自学成才的科学家，也是兴致勃勃的业余爱好者。他们虽然没有接受过专业的学习，但出于自己的好奇心，或是怀揣着探索未知的梦想，主动出击，寻求答案。人们即将迎来文艺复兴的时代。

但此时，禁止探索自然的禁令仍然存在。直到 16 世纪后期，著名哲学家弗朗西斯·培根（Francis Bacon）主张将自然秘密和宗教秘密区分开来，这一禁令才终于被取消。《圣经》中警告人们不要“用道德来判断善恶的野心和骄傲的欲望”。[50] 另外，培根指出，追求自然哲学或我们现在所知的科学，并不会对宗教造成威胁。他说，这是“治疗迷信最可靠的一剂药，也是信仰的绝佳滋补品”。[51]

几个世纪以来，关于大自然的话题一直是一个神圣的禁区，但此时却变成了一个极具诱惑力的谜题，等待着人们去挖掘和探索，用新的科学技术来寻求答案。这是现代思维方式的开始，人们看待世界的方式彻底改变了。而这一切都离不开古腾堡的印刷机。

威滕伯格，1517年

1517年10月31日，一位名叫马丁·路德（Martin Luther）的年轻牧师兼学者在威登堡万圣堂（All Saints Church）的门上贴了一封给主教的信。信件对天主教会的95项活动提出了疑问，特别是赎罪券的销售。当时人们可以购买一种"免罪卡"来为自己的罪行赎罪，或缩短在狱中的时间。1454年，古腾堡量产了首批赎罪券，当时他正忙于自己的《圣经》大计。到15世纪末，赎罪券已经成为教会明目张胆的敛财工具。路德抗议的时候，正是赎罪券销量的巅峰时刻——教会需要筹集资金重建罗马的圣彼得大教堂。

路德张贴信件的做法，在当时常常用来发起学术辩论，但有人从中看到了更大的潜力。他们意识到印刷机可以让学术思想冲破主教宫殿的围墙，从而进入大众的视野。路德的支持者将《九十五条论纲》（*95 Theses*）写成小册子，印刷并分发到德国各地的城镇。路德原版的《论纲》是拉丁文，改革家们把它翻译成德语和其他语言，并配上了讽刺漫画。他们的宣传计划非常成功。在几个月的时间里，《论纲》传遍了整个欧洲，并演变为新教的改革——该运动持续了一个半世纪，从根本上改变了欧洲的宗教生活。

改革之火一旦燃起，便无从压制。大量印刷的小册子留下了不可磨灭的记录，使得教会无法像以往对待革命家那样，把路德连同他的异端邪说控制起来，在火刑柱上活活烧死。新教的主张被批量地印刷、传播开来，就连教会也无力镇压。

没有印刷机，《论纲》很可能根本就不为人所知。印刷术和宗教改革在其他方面相互交织，反映了新教徒和天主教徒对于宗教中所见角色的两种截然不同的观点。在天主教会统治的几个世纪里，丰富的意象既是一种赞美上帝的方式，又是一种纪念教会故事和教训的工具。天主教堂内的一切都是为了进行礼拜仪式，让不识字的人也能理解《圣经》。对新教徒来说，《圣经》中的文字是对上帝的唯一合法描绘，任何其他形象都存在偶像崇拜的误解。改革者摧毁了无数的宗教绘画、雕塑和其他艺术作品，这都是为了消除他们眼中的天主教偶像崇拜，正如理查德·克劳夫（Richard Clough）对荷兰爆发的反偶像主义运动的描述：

> 今天晚上，我们在这里经历了一场触目惊心的骚动。所有的教堂、小礼拜堂和宗教场所都被彻底毁坏了，里面没有一件东西是完好无损的，只剩下一片狼藉，这一切都是有预谋的，但区区几人就造成了如此大的破坏，实在是令人惊讶……先是圣母像，周日时他们先是把雕像带到小镇上，然后把它给砸了；之后又损毁了圣母堂，就连大教堂也未能幸免，这可是最整个欧洲最昂贵的教堂……进入圣母堂后，仿佛步入了地狱，那里烈火熊熊，喧嚣的噪声足以使天幕倾倒，神像被折毁，名贵的画作被烧毁，地上堆满了碎片，根本无处落脚。[52]

在英国，破坏圣像的行为在爱德华六世（亨利八世的继任者）时期正式获得批准。据1537年的《格雷弗莱尔编年史》

（*Chronicle of the Greyfriars*）记载：

> 9月，国王去圣保罗教堂视察，所有的圣像都被拆除了。同月9日，国王又来到圣布赖德教堂，之后又拜访了其他几个教区的教堂。因此，当时全英国所有的神像都被拆毁了，所有的教堂都新建了白墙，墙上写着戒律。[53]

新教徒决定用文字来取代画像，即书面版的《圣经》。虽然普通的天主教徒不可以拥有《圣经》，也不可以用他们自己的语言阅读《圣经》，但让每个人都能独立阅读和拥有一本《圣经》，这已成为新教的核心目标。新教徒拒绝把教会看作文盲的集体，而是开始教人们阅读。1538年，亨利八世准许印刷一本英文版《圣经》（十年前曾有一位作者因出版英文版《圣经》而被烧死在火刑柱上），并命令神职人员在该国的每一座教堂里放置一本《圣经》，放在教区居民可以前来阅读的地方。[54]一年后，当地各种形式的弥撒被法律（《国教祈祷书》中所印的普适性仪式）所取代。这些新教改革在印刷术出现之前简直无法想象。

新教徒用纸质的经文和祈祷书取代了拉丁教会身体力行的崇拜。他们的动机非常纯粹：改革者们衷心地相信他们崇拜上帝的方式是正确的。然而，我好奇的是，在拒绝了身临其境的宗教体验，转而与上帝通过单一渠道（书面文字）沟通之时，新教徒们是否试图将宗教从他们的日常生活体验中移除，从而达到加速宗教生活和世俗生活分离的目的？

手稿促进了口头文化的发展，印刷书将其取而代之。虽然印刷术最初的影响是可被量化的，它增加了书的数量，但最终它所带来的是本质上的变化，它改变了思想、交流和社会的本质。在第一批印刷版问世的一个半世纪后，欧洲发生了根本性的、永久性的变化。严格说来，印刷机并不是视觉上的一项突破。它只是将一项已经持续了数千年的活动变得机械化。

但印刷机的发明又的确是人类视觉史上开创性的一笔。印刷术使人们更容易获得书和其他印刷品，从而将阅读和写作引入到日常生活中的方方面面。印刷商发现了以书面（印刷）形式获取知识和交流的潜力，学习、工作、社会、公民身份和宗教都深受其影响。它抹去了人类历史上流传已久的口语文化——虽然口口相传直到 15 世纪仍在西欧盛行，并转为我们今天熟知的书面文化。口语文化需要动用所有感官，书面文化则主要依靠视觉。

此后两个多世纪，印刷制品成为西方社会交换和传播知识、信息的主要媒介。知识不再是有钱人的专属品，而是变得无处不在，甚至可以被无限地复制。与此同时，人们的日常开始从多感官参与的个人经历，转变为安安静静地读书看报，并从个人的角度出发，对其中的内容进行一番审视。

印刷机把各种形式的知识呈现到人们眼前。它打破了几个世纪以来的知识壁垒和行业秘密，把口头和实用的智慧浓缩成文字和图片。奇怪的是，印刷术使原本普及的艺术形式变得小众，却使曾经小众的文学和科学进入了千家万户。

不仅如此，它在潜移默化之中改变了人们的想法。经历几代的积累，西方人的思想开始明显受到印刷文本的影响。讲求逻辑、客观理性的思考取代了对宗教的盲目崇拜；人们的态度由敬畏变为好奇。对于时间的理解不再是轮回往复，而是线性前进；标准化和重复化取代了风格各异的手工定制。秘密不复存在。

最重要的是，印刷术使人眼成了感知信息的主要器官，在不久的将来，“眼见”正式成为学习、娱乐，获取知识和信息的主要方式。自那以后，我们便一直在向前看。

十
“一目千里”：望远镜

威尼斯，1610 年

《星际使者》（*THE STARRY MESSENGER*）
（望远镜）展示了众多雄伟绮丽的奇观，
每位读者都心向往之，
哲学家和天文学家更是深陷其中。
伽利略·伽利雷（Galileo Galilei）来自佛罗伦萨，
这位数学教授就职于帕多瓦大学（University of Padua），
近来发明了一款小型望远镜，
能够观察到月球表面、无数的恒星与星云，
以及木星的四颗卫星。

《星际使者》扉页
伽利略，1610 年

罗马，1616 年

伽利略认为太阳是宇宙的中心，地球围着太阳转；他被传唤到宗教法庭（Holy Office）上，法庭强迫他摒弃“日心说”，从今以后，严禁他以任何口头或书面形式进行传教，否则就会对他提起诉讼。伽利略没有反抗，而是服从了这一禁令。

——罗马宗教裁判所（Roman Inquisition）

特别禁令，1616 年 2 月[1]

法庭还了解到，许多毫无根据的毕达哥拉斯（Pythagorean）教义正广为流传，民众大都予以赞同，或不假思索地将其接纳，这一学说来自尼古拉斯·哥白尼（Nicholaus Copernicus）的《天体运行论》（*On the Revolutions of the Heavenly Spheres*），与《圣经》、地球运动论、太阳静止论等观点大相径庭……因此，为了避免这种观点淆乱天主教真理，教众把有关书列为禁书，若想解禁，除非加以修订……对于其他的相关书而言，情况也是如此。[2]

——宗教法庭的《禁书目录》（*Index of Forbidden Books*），

1616 年 3 月

密涅瓦修道院（Convent of Minerva），罗马，1633 年

以上帝之名，我，伽利略……发誓，我始终相信，坚定地相

信，在未来也会相信，天主教和使徒教会的神圣教义……圣教认为我迷信异端邪说，因为我认为太阳是世界的中心，是不可移动的，而地球不是中心，是可移动的。

……我真心起誓，会摒弃、诅咒那些错误而荒谬的地球运转学说，以及其他所有异端邪说，任何与圣教相悖的教派；我发誓，今后我再也不会以口头或书面形式，支持、维护或宣扬地动邪说。

我，伽利略·伽利雷，正式宣布放弃之前的学说。

——1633 年，罗马宗教裁判所对伽利略做出的重判[3]

罗马，1822 年

根据现代天文学家的观点，允许出版有关地球运动和太阳稳定性的著作。

——枢机主教（College of Cardinals）所做声明，
1822 年，梵蒂冈

罗马，1835 年

伽利略著作《星际使者》及哥白尼著作《天体运行论》解禁。

罗马，1992 年

道不同，不相为谋，科学与信仰之间的根本对立就是悲剧的源头。但根据最近的历史研究，我们可以断定，悲剧只会发生在过去。

伽利略的经历足以让我们每个人都引以为戒，从古至今，警钟长鸣。

在通常情况下，除了这两种片面的对立观点之外，还有一种认知更为广泛且深入。

那就是，在不同的知识领域中，需要采用不同的方法……当时的神学家坚持地心说，错误地认为是《圣经》赋予了人类对物理世界的理解。巴罗尼乌斯（Baronius）有这样一句名言："圣灵是想教我们如何去天堂，而不是告诉我们天堂到底什么样的。"有两种方法可以获取知识，一个是阅读《启示录》（*Revelation*），另一个是发掘自我力量。

——教皇让·保罗二世（Jean Paul Ⅱ）
在教皇科学院（Pontifical Academy of Sciences）的讲话，
1992 年[4]

纽约，1992 年

350 年后，罗马教廷承认了伽利略的观点：地球的确是围着太阳转的。

——纽约时报（*The New York Times*）头版，

1992 年 10 月 31 日

一闪一闪亮晶晶，

何时我能看得清？

每当仰望繁星密布的苍穹时，我们惊奇与敬畏之情便会油然而生。在有据可查的历史中，甚至可能更早，每当听到这首传唱至今的童谣，人类总是忍不住感慨自问。

人们自古以来就意识到，夜空不是静止的苍穹，而是像太阳一样，星星从东方升起，从西方落下，围绕着一个中心缓慢地旋转着。在一些文化中，天体运动遵循着一定的节奏和模式，具有特定的语言形式，可以对等成日历、地图和指南针——这种运动比日历、地图或指南针的出现早几千年。有些人相信漫天繁星预示着前途和命运，并根据星象来安排生活，做出决定。无数人想一探究竟。哲学家提出相关思想，数学家进行相关计算，但几千年来，恒星仍然神秘莫测，影影绰绰，遥不可及，难以探寻。

终于，在 17 世纪伊始，一位不起眼的眼镜工匠创造出的一项发明，终结了这个古老的问题。一场科学革命随之爆发，欧洲社会的根基摇摇欲坠，对于当时提出的有关真理、信仰和基督教的基本问题，直至今日仍饱受争议。

在这个过程中，在新的问题屡见迭出、令人惊畏的同时，也困扰着一众伟大的学者。1609 年，望远镜问世，人类认识到，虽然我们对行星与自然有着前所未有的理解力，但其实我们并不是宇宙的中心。

太阳王系和月亮王系

今天，很少会有人根据报纸上的星座运势来制定计划，但我们不可避免地会受到天体运动的影响。太阳的自转与公转影响着万事万物，从最低等的细菌到最高等的哺乳动物，包括人类。生物体内的昼夜节律（生物钟）影响着生活的方方面面，从各类生命活动，如睡眠、进食和生殖，到潜在的生物功能，如荷尔蒙的释放等。有关学者进行了多项研究，证明夜班工人多患有高级心理疾病和其他健康问题，这都归咎于昼夜节律的紊乱。[5]

四季更迭同样受太阳支配，更别提生物规律了——秋天乔木落叶簌簌，冬天动物换毛御寒，春天候鸟迁徙归巢，这些都与季节有关。人类也能清晰地感受到季节变化，就像其他物种一样，我们的生活也受季节影响，与每年的阳历密切相关。

月球的运转周期对许多动物也产生了很大影响。[6]有种母蟹，成年后大都在山上活动，但它会根据月周期选择一个合适的时间，回到大海中产卵。在月周期的影响下，数百种珊瑚同时“发芽”，盈月之际，西非的数百万种波比利亚（Povilla）蜉蝣破蛹而出，它们寿命极短，仅有一两小时的时间用来飞行、交配和产卵，随即步入死亡。在新月期间，一些雏鸟破壳而出，几周后，食物的需求量大大增加，此时，满月为捕食提供了便利条件。[7]尽管满月屡见不鲜，但有个民间传说——狼会对着满月嚎叫。[8]这纯粹是无稽之谈。

当然，我们没有意识到，人类深受月周期的影响。生病、出生、事故和自杀都与月相有关。[9]

一万年前，在石器时代（Stone Age）的苏格兰，当时的游牧民族建造了十二个坑，他们把坑排列成弧形。从天空中俯瞰这些坑，这一场景像极了月相盈亏。与此同时，弧状坑与远处的山脊遥相对应，仲冬的太阳由此升起，昭示冬至正式来临。研究人员认为，这就是最早的“日历”：迄今为止发现的最古老的时间标记。当时的人们用它来估算猎物迁徙和鲑鱼逃跑的时间（比英国的农业早了几千年），而且发挥了重要的精神作用。[10]

值得一提的是，这些苏格兰狩猎者意识到月球和太阳周期是不一致的。一个月有 29 天，而一年有 365 天，也就是 12 又 1 / 3 个太阳月。因此，若是以农历为基础历法，那么每年都会少 11 天，长此以往，就会与季节对应不上①。苏格兰人似乎已经认识到，计算太阳每年的运转周期（如仲冬），就可以重新对农历与季节进行校准。据苏格兰遗址显示，几千年前就出现了日历——对于石器时代的人们来说，这是一个伟大的壮举。

星空

除了观察日月盈昃，许多古代文化还通过占星来确定时间。在至少 5000 年前，埃及人就发现了，当最亮的天狼星（Sirius）在黎明前出现时，尼罗河洪水就会泛滥成灾。同样，澳大利亚原

---

① 犹太和伊斯兰历法基于月球周期，因此斋月和犹太新年等宗教节日年年不同。基督教复活节也是基于月周期，这也解释了为什么每年过节的日子是不同的。

住民也知道，傍晚时分，如果昴星团（Pleiades）出现，就预示着春天的到来。[11]

古代美索不达米亚时期，苏美尔人至少从四千年前就开始观察、测量和记录夜空。他们观察到恒星每24小时轮转一次。大多数恒星是相对静止的，只有少数恒星以固定模式运转。人们认为这些“流浪的”星星是神明，并以神明之名为它们命名。后来，希腊人称它们为流浪行星，以希腊神水星、金星、火星、木星和土星命名。为了记录观察结果，苏美尔人将天空划分为星群或星座，用外形相似的动物或物体来命名。为了在夜间定位恒星和行星，他们设计了一个标尺，将天空分为360度。这个数字很容易计算，也很方便使用，接近一年所包括的天数。今天，我们依旧用360度来描述圆的内角。①

苏美尔人注意到，每天的日落点都略有不同，而在整整一年后，日落点又会回到原位置。日落点的年运动轨迹都是固定的，穿越十二个星群，花费十二个月的时间。至于行星运动就更不稳定了：有时会颠倒方向，有时完全消失，但它们与太阳在同一波段中运行。沿着这条天体轨道运行的星群包括金牛座、巨蟹座、狮子座、天蝎座、双子座、猎户座、摩羯座及天秤座。这些都是黄道十二宫的星座，有着四五千年的悠久历史，因此听起来并不陌生。“黄道带”（Zodiac）这个词来自希腊语，意为“动物的项圈”。天文学家称这条轨道为黄道。

---

① 360可被1，2，3，4，5，6，8，9，10，12，15，18，20，24，30，36，40，45，60，72，90，120，180和360整除。至今，我们仍使用苏美尔测量系统来观测时间。一天是24小时（24可被1，2，3，4，6，8，12，24整除），一小时是60分钟（60可被1，2，3，4，5，6，10，15，20，30，60整除），一分钟是60秒。

建立了天体运动模型后，苏美尔人根据记录，将福祸与天象一一对应。这是他们预测未来的基础。这些行星被赋予了各种神的特征：力量、爱、美、愤怒等，然后根据它们在特定时间的定位，将其与人或事件相关联。从那以后的几千年里，占星家们一直在研究太阳、月球、恒星和行星的位置，努力去发现其中的端倪，然后试着做出解答，问题从自然事件到人类行为等等不一而足，最后一位占星师被称为“神秘梅格”（Mystic Meg）。

巴比伦人在苏美尔人的基础上继续观察，并将数学融入其中。他们发现了如何预测月食和日食，并以此推算出行星准确的运动周期。公元前 331 年，马其顿将军亚历山大大帝（Alexander the Great）征服了美索不达米亚，他将积累了一千多年的天文知识收入囊中。

在探索宇宙的过程中，希腊哲学家默认天空属于这一体系，也就是有序的体系（Cosmos）。毕达哥拉斯（Pythagoras，前 570—前 495）得出的结论是，地球是一个球体，月球、行星和太阳绕着它旋转，结果越来越多的星体围绕到地球周围。每个球体都调谐到一个特定音符之上，当行星遇见彼此时，天籁之音就会奏响，毕达哥拉斯将其称为“天体和谐论”（Harmony of the Spheres）。[12]

两个世纪后，亚里士多德（前 384—前 322）表达了自己对生命、宇宙和万物的看法。他认为地球位于宇宙的中心，由四种元素组成：土、水、空气和火。重元素土和水倾向于往地心扩散，而轻元素空气和火则倾向于向反方向扩散。尘世中的事物都是美中不足、混乱不堪、落于俗套的。在地球之外，月球、太阳和行星都由第五种元素组成，这种元素被称为以太（Ether）。它们是完美无瑕的，是亘古不变的，是不朽不灭的。它们的运动轨迹无可挑剔，是完美的同心圆，所有轨迹连成了一个球体。恒星在最外层运动，在它们之外，就是精神乐园，也就是俗称的天堂。

亚里士多德的模型并没有对观察到的行星运动做出解释，比如火星的移动轨迹为什么是一个闭环呢？当然，他无意解释。根据亚里士多德的哲学观点，论证推理过程的美妙，足以证明其真实性，就让后人来探究其中的种种不合理之处吧！

几十年后，一位名不见经传的希腊哲学家阿利斯塔克（Aristarchus，前310—前230）对星体运动做出了另一番解释。他的著作失传已久，但在同一时代，阿基米德（Archimedes）复述了阿利斯塔克的理论：

他假定，恒星和太阳是静止的，地球以太阳为中心，沿圆周运转，恒星的运动轨迹与绕日轨迹相同，但轨迹很长，以至于地球公转与恒星公转的距离成一定比例，就像球心与球面成一定比例一样。[13]

这种以太阳为中心（日心说）的模型并未深入人心，很快就被遗忘了。人们依旧坚信以地球为中心（地心说）的模型。

在接下来的几个世纪里，希腊数学家试图将亚里士多德模型中的几何学与观测到的天文运动相匹配，但未能如愿。最终，克罗狄斯·托勒密（Claudius Ptolemy，100—170）设计了一个模型，可以准确地预测出太阳、月球、行星和恒星的运动轨迹，结果也与亚里士多德的宇宙观一致。在《天文学大成》（*The Almagest*）一书中，托勒密引入了一种新思想来解释行星的不规则运动。他提出，行星在太空中绕微型轨道运动，称为本轮

(Epicycles)，就像一只蚂蚁在自行车轮上绕圈一样。本轮与行星运动同地心模型相一致，可以用数学术语来解释。

波兰，1514 年

在 2 世纪，托勒密演绎出宇宙学，天文学在欧洲繁荣发展了一千多年。《圣经》中描述地球是静止的，太阳是运动的[14]，于是人们也广泛接受了这一观点，当然，教会内部是口径一致的。

在 12—13 世纪，欧洲知识繁荣复兴，人们重拾对天文学的兴趣，托勒密体系被列入基础教育。当印刷机出现后，天文学文本、表格、计算和图表的传播变得更为广泛。

尼古拉斯·哥白尼（Nicholas Copernicus，1473—1543）从中受益良多，他来自波兰普鲁士，家族经商，家境富裕。在叔叔的资助下，哥白尼接受了良好的教育，他先是在克拉科夫大学（University of Krakow）获得了艺术学位，又在帕多瓦学医，最后在博洛尼亚攻读法律。除了接受大学教育之外，他阅读广泛，对著名的德国天文学家雷格蒙塔努斯（Regiomontanus）的作品爱不释手，他发明了世界上第一台科学印刷机，出版了托勒密的新版和删节版的《天文学大成》。[15] 哥白尼在博洛尼亚进修时，他的舍友曾是雷格蒙塔努斯的学生，现在是一位天文学教授，为哥白尼在夜间观察星空提供了很大帮助。[16]

到 30 岁时，哥白尼可以流利地说一口波兰语、德语、意大利语、拉丁语和希腊语。[17] 他拥有法学博士学位，是一名资历过硬的医生，也是一位功成名就的天文学家。他的叔叔，时任采邑主教官员（Prince-bishop），担任医生、律师、行政官员和外交官，哥白尼则成了他的下属。

在此期间，哥白尼继续进行天文观测和计算。他并不认可托勒密的学说，并表示，虽然模型与数据大体一致，但多个运转周期既不准确，又冗杂烦琐。他提出了一个更简单的想法，既解释了行星的运动，又保留了球体和圆周运动的观点。[18]

哥白尼认为太阳是宇宙的中心，地球和其他行星的运动轨迹是同心圆。正如他的描述一样，地球在金星和火星之间绕日旋转。自转解释了昼夜交替，公转解释了季节轮换。月球是唯一绕地球运行的天体。这个模型可以大致解释清楚整个宇宙结构和行星的运动轨迹。[19] 虽然仍需要本轮来拟合数据，但它比托勒密的模型更简单易懂。

至今，学术界仍在争论哥白尼是否借鉴了阿利斯塔克的日心说，或是在潜移默化之中形成了自己的学说。[20] 直到哥白尼去世后，阿基米德的著作才出版，所以大多数学者认为他们之间并无交集。但是，雷格蒙塔努斯是位手稿收集迷，所以他可能看过阿基米德的文字。按这样推测的话，雷格蒙塔努斯可能和自己的学生，也就是哥白尼在博洛尼亚的房东[21]，讨论过相关问题。

1514 年，哥白尼将自己的理论整理成手稿，在朋友和同事中传阅。然而，因为怕被嘲笑，他并没有将其发表。他知道这一理论有些激进——毕竟，日心说颠覆了两千年以来公认的真理，推翻了亚里士多德提出的世界模型。而 16 世纪的欧洲自然哲学，是在亚里士多德的世界观上发展起来的。一旦之前的理论瓦解，将会动摇西方知识文化的根基，知识界在中世纪后的研究成果将于顷刻之间毁于一旦。

如果说挑战亚里士多德过于轻率，那么日心说完全违背了《圣经》。《诗篇》（*Psalms*）中多次提到地球是固定不动的，《约书亚记》（*Book of Joshua*，《圣经》旧约中一卷书）描述约书亚命令太阳在天空中保持静止，而不是地球。[22] 那时，相信异端邪说会受到严厉的惩罚。况且哥白尼极度虔诚，并不想与教会公然为敌。

更重要的是，虽然天文家学会关注这一神秘的观点，但日心说与平常的认知完全不同。在当时，有种叫作“旋转”的酷刑工具：上帝难道也会为心爱的人类创造一个旋转星球，以示惩戒吗？此外，要在一天内完成一次完整的自转，地球必须以每小时 1000 英里的速度进行。那简直是不可思议的一件事情！即使有可能，人们难道就不会头晕呕吐吗？旋转时耳侧不会听见呼呼的风声吗？未加固定的桶会从移动的手推车上滚下来，那么为什么地球表面上的东西没有四处乱飞呢？也许，最令人百思不得其解的是，如果地球不是宇宙的中心，而是众多恒星中的一员，绕着太阳旋转，一直在“流浪”，那么人类在宇宙中处于何种地位呢？

总之，亚里士多德的宇宙观符合大多数人的日常经验，有一定的逻辑——无人想要挑战。

然而，在随后的几年里，哥白尼并没有放弃他的研究，他开始悄悄地收集证据、计算数据，以此来支撑自己的日心说。与此同时，欧洲部分地区兴起了宗教改革，哥白尼的理论在学术界开始流行起来。1533 年，人文主义者教皇克莱门特七世（Clement Ⅶ）听说了这一理论，要求哥白尼解释一下。1536 年，一位红衣主教高级教士写信给哥白尼，信中表达了对他的钦佩，还询问了日心说的相关细节。马丁·路德（Martin Luther）略有耳闻，但不看好这一观点。这位曾经的“新贵牧师”现在有权有势，认为哥白尼的观点实在是愚蠹至极。[23]

哥白尼是一个坚定的天主教徒，最后新教青年数学家奥西安德（Osiander）说服了他，他的作品得以出版，奥西安德帮助哥白尼编纂全书、监督印刷工作。《天体运行论》（*On the Revolutions of the Planets*）出版于1543年，距离哥白尼最初提出日心说的时间已经整整过去了三十年。此时，哥白尼已经疾病缠身、垂垂老矣。据说，在临终前，哥白尼收到了毕生研究的第一份印刷品，之后便与世长辞。[24]

无声的革命

哥白尼著作的革命性是随着时间的流逝而缓缓起效的，最初的影响力虽然深远，但由于艰深晦涩，所以受众有限。批评家们也纷纷出言讥讽，也不乏有神学者驳斥这一理论。然而，并没有人谴责哥白尼，《天体运行论》一直在印刷，并在二十年后进行了再版。[25]

是什么使得《天体运行论》免于责难呢，其实是在哥白尼不知情的情况下，他的门生奥西安德在最后一刻添加的一篇匿名序言——认为日心说可以解释为数学模型，而不是物理模型。序言中还提到，从数学领域看，这个模型与观测到的天文现象一致，但即使在数学上说得通，这个模型也不一定成立，甚至不可能成立。[26]针对这篇序言，学者们各抒己见，它模糊了书的内容，使其免受罗马宗教的审判。

又或许它根本构不成威胁，因为它的内容本身就难以令人信服。[27]除了缺乏“常识”外，该理论还出现了不少数学问题。几十年后，《天体运行论》出版，一位名叫第谷·布拉赫（Tycho Brahe）的丹麦天文学家建立了欧洲第一个天文台，花了数年时间，用最先进的测量仪器进行了数百次观测。布拉赫获得了有史以来最全面的数据，他否定了哥白尼的模型，对托勒密的宇宙观加以修改，提出了自己的观点。

到 17 世纪初，出现了三种可能的宇宙模型，供天文学家择一进行研究：托勒密体系、哥白尼体系或布拉赫体系。没有一个明确的答案。正如奥西安德在那未经授权的序言中所写的，无法确定行星到底是如何运动的；因此，用最简单的方式计算出最佳数学结果后，任何假设都是有可能的。正是由于缺乏确凿的证据，这场辩论永无止境。

海牙，1608 年

1608 年 9 月，荷兰米德尔堡（Middleburg）的官员任命一位眼镜制造商为信使，让他送了一封信到海牙，将自己举荐给军队总司令莫里斯亲王（Prince Maurice）。当时，荷兰共和国与西班牙和法国一直战争不断，莫里斯正在与敌方代表进行和平谈判。信中写道，来人汉斯·利普希（Hans Lipperhey）声称自己发明了一种装置，可以“视远如近”。该装置是一个封闭的筒状物，一端装了个较大的凸透镜（物镜），另一端则安装了较小的凹透镜。如果它真如信中描述的一样神奇，那么将其应用到军事中绝对会大有裨益。

莫里斯大为震撼，自豪地向法兰西代表团展示了这一发明。他赞助了利普希一笔巨款，让他为自己定制几台望远镜。一周后，利普希提交了一份专利申请。专利局对此漠不关心，拒绝了他的申请，理由是该装置太容易模仿，无法获得专利。

不幸的是，专利局的话一语成谶。西班牙和法国的指挥官迅速回禀各自的法庭后，望远镜的故事传遍了欧洲。[28] 西属尼德兰（Spanish Netherlands）的统治者得到了望远镜，并设法复制了出来。他送了一个给罗马的红衣主教[29]，法国使节则派士兵回巴黎，把望远镜的制作方法带了回去。专利优先权到底花落谁家的争议持续了数年之久。[30]

在利普希之前，可能也有其他人提出过相同的想法——毕竟这想法听来简单，不过是多用几次镜头的事。但现在的人们普遍认为，在把望远镜展现给世人时，除了好奇心作祟，能够发掘出望远镜潜力的，利普希是绝对当之无愧的第一人，即使他不是首个制造望远镜的人。

不管怎样，利普希因此荣耀满身，但到 1608 年年末，在制造望远镜方面，他显然没有占据什么优势。来年的 4 月，巴黎已有了望远镜；一个月后，米兰也出现了望远镜；入夏后，威尼斯和那不勒斯已随处可见望远镜的身影。[31]

尽管人们对此兴趣盎然，但第一批望远镜的使用体验令人大失所望。这些望远镜是用眼镜片制作的，只能放大三倍左右。视野范围很小，根本不好用。它所呈现的图像效果极差，比今天最便宜的望远镜还要差得远呢！这与光学学者几个世纪以来的构想相差甚远。400 年前，罗杰·培根（Roger Bacon）就推测过透镜的功能——可以观察到太阳、月亮和星星从天幕落下；即使隔着很远的距离，人们也能阅读极小的字，计算尘埃和沙粒的数量。[32] 一直以来，由于缺乏足够数量的优质玻璃，他的想法难以付诸实践，即使现在，这种可能性也微乎其微。1609 年，著名学者詹巴蒂斯塔·德拉·波尔塔（Giambattista della Porta）第一次看到望远镜，他对此不以为然，告诉朋友这只不过是障眼法罢了。[33]

然而，一位来自佛罗伦萨的数学教授，凭借自己的聪明才智改变了现状。1609 年，伽利略·伽利雷（1564—1642）已经发明出了好几种科学仪器，并进行了各种实验来挑战科学公理。但他平时花钱就大手大脚的，没有多少积蓄，所以他通过向有钱学生出售乐器以及论文来添补自己的教授工资。[34] 他听说望远镜后，便心痒难耐地着手制作了一个，此后，他把镜片磨得越来越精确。不过几个月时间，他便成功地制造出了一台望远镜，能够从视觉上把物体“拉近三十倍，放大一千倍”。[35] 虽然用词包含些许的夸张色彩，但这台望远镜绝对称得上是利普希望远镜的“加强版”①。

伽利略用他的高级望远镜来观察夜空，看到了人类从未见过的东西。他首先观察了月球，发现它并不是个光滑匀称的标准球形，与亚里士多德的假设并不相符。恰恰相反，月球表面凹凸不平，很是粗糙，布满了洞穴和山脉，与地球没有什么不同。

---

① 伽利略通过同时观察两个不同大小的圆圈，以此来测量望远镜的放大倍数，其中一个用肉眼观察，另一个用望远镜观察。当两个圆看起来相同时，望远镜的放大倍数等于圆的大小之比。

伽利略转而开始通过望远镜来研究天空，他发现行星看起来就像“小月亮”一样，而恒星和肉眼外观看上去所差无几，只是更亮了些。通过望远镜，他发现了许多其他的恒星，“数量多到超乎人们的想象”。[36]例如，在猎户座（Constellation of Orion）内，他数出了另外500颗星星，而著名的昴宿星座（Pleiades constellation）则包含了至少40颗其他星星，它们密密麻麻地聚集在一起。伽利略观察到，银河系（长期以来人们对其本质争论不休）包含了由无数星星组成的星团，而那些朦胧的星星又是由多颗奇妙排列的小星体组成的。

其中最重要的一点是，在木星附近发现了四颗新的卫星。起初，伽利略并没有意识到它们是行星，但某天晚上，这四颗行星与木星形成了一条直线，平行于黄道带，这一现象引起了他的注意。第二天晚上，他继续观察，看到它们仍处在一条直线上，但顺序改变了（究竟是多强的观察力才能看出它们之间的区别啊）。当第三次观察时，顺序又变了。在接下来的两个月里，他观察到四颗新行星跟随着木星，慢慢地划过天际，每晚都会变换位置，但与木星保持着相同的距离，并且总在一条直线上。伽利略得出结论：这些星星一定是围绕木星运行的卫星，就像月亮围绕地球运行一样。这一发现意义非凡。为了向佛罗伦萨大公科西莫二世·德·美第奇（Cosimo de’ Medici Ⅱ）表示敬意，也可以说是阿谀奉承，伽利略将这些新行星命名为美第奇卫星（Medicean stars）。

1610年3月，伽利略出版了一本简短的插图书，书中记录了他的观察历程，书名为《星际使者》。他指出，这四颗卫星为哥白尼体系提供了一个“强有力的论据”，因为它们证明了并非所有的天体都绕着地球转。伽利略承诺，到时候他会印证哥白尼的观点，证明地球是个围绕太阳旋转的行星。

这本书在国际上轰动一时，如伽利略所愿，科西莫大公对此十分关注，任命他为佛罗伦萨的宫廷数学家和哲学家。伽利略因此有足够的时间和资源来进行天文观测和实验，制造出更精确的望远镜。在接下来的两年里，他发现金星的相态与月球非常相似，这表明金星绕太阳而不是地球运行，而且太阳有黑子，以至于长期以来的“天体绝对完美”的观点一时间岌岌可危。

伽利略的观测为日心说提供了充足的证据。但同时代的许多人仍然对此深表怀疑，他们认为通过望远镜呈现的图像是不可信的，至少以其观测到的天空是不可信的。[37] 一些人甚至直接拒绝了伽利略检查设备的提议，这让他沮丧。与此同时，危险悄然来临，伽利略为人很有进取心，再加上其思想得到了广泛传播，触怒了一些人。

七十多年来，天主教会一直容不下哥白尼的观点，将它列为数学模型，而不是物理模型。伽利略的观察和结论挑战了教会的权威，教众忌惮日心模型。又一场唇枪舌剑拉开了帷幕。从1613年开始，就有传言说地球自转的观点与《圣经》相悖。[38] 为了回应这些谣言，伽利略修书一封，寄给了科西莫公爵的母亲，也就是大公爵夫人，为自己辩护。他驳斥了那些以神学为由的质疑者，措辞轻蔑，引用圣奥古斯丁的话，说神学家应该关心信仰问题而不是自然问题，他还引用了一位红衣主教的话：“圣灵是想教我们如何去天堂，而不是解释天堂是如何运转的。”[39] 结果双方之间的分歧与日俱增。

1616年，伽利略来到罗马宗教裁判所受审，裁判所谴责日心说极为愚蠢荒谬，并命令伽利略摒弃哥白尼理论，但他本人没有受到指责。[40]哥白尼的《天体运行论》连同其他有关书一起被列入了禁书目录。[41]

《星际使者》出版十年后，也就是1620年，英国政治家弗朗西斯·培根（Francis Bacon）爵士出版了《新工具》（*Novum Organum*），书中提到了不少经验证据和实验——他说，人们借助新发明，如望远镜，将自己有限的感官放大——凭借系统性的研习实操，推翻了由逻辑、推理和概括而获得的传统知识模式。三年后，伽利略发表了关于科学本质和探究的文章。里面包含了科学史上最著名的一句箴言：

“想要读懂宇宙，首先要学会理解宇宙的语言，并识别它所写的文字。宇宙是一本以数学语言写成的书，三角形、圆和其他几何图形组成了书中的文字。”[42]

十年后，勒内·笛卡尔（Rene Descartes）发表了有关卡氏几何（Cartesian geometry）的论文，世人由此可以用数学术语来表示时空，正如伽利略所描述的那样。[43]伽利略逝世的那年，牛顿提出了运动定律和引力定律，用数学定律解释了地球物体和太阳系的运动。牛顿定律不仅印证了哥白尼的观点，还证明了伽利略的观点——宇宙是以数学语言写成的。他还提出了有关宇宙的全新解释，给亚里士多德哲学最后一击。

佛罗伦萨，1632年

教皇乌尔班八世（Urban Ⅷ）对伽利略1622年的哲学著作

饶有兴致，鼓励伽利略继续钻研哥白尼学说。1632 年，伽利略出版了《两大世界体系的对话》（*A Dialogue Concerning the Two World Systems*），系统性地论证了哥白尼体系的正确性。该书采用了学术的古典形式，描述了三个朋友之间的对话，其中一个角色叫辛普利丘（Simplicio），代表托勒密（地心说），他被描绘成一个笨手笨脚的低能儿。伽利略的仇敌声称，辛普利丘是以教皇为原型的，这一丑化的形象激怒了教皇。该书立即被提交到罗马宗教裁判所，伽利略再次被传唤到罗马接受审判。此时的伽利略垂垂老矣，疾病缠身，无力反抗。他承认是自己的错，被迫在法庭上下跪，宣布不再信奉哥白尼体系。[44] 他回到佛罗伦萨，在自家别墅度过了人生的最后九年，1642 年离开人世。

地面望远镜

望远镜并不只是观察星空的天文学家的标配，它很快成为地面与海上不可或缺的工具，尤其是在海上。16 世纪早期，地理大发现接近尾声，欧洲列强竞相在全球建立殖民地。此时，拥有一支强大的海上舰队至关重要。在接下来的两个世纪里，驾着帆船乘风破浪的热度达到巅峰。从当时随便一幅水手肖像画中都可以看到：船长们人手一支望远镜。

还有些人发现，望远镜在日常生活中也很有用，尽管这种窥探有违君子风范。作家塞缪尔·佩皮斯（Samuel Pepys）在 1667 年写道：“我的确用望远镜在教堂里到处乱看，也很高兴能看到许多漂亮女性。”[45]

到了 18 世纪，歌剧望远镜出现了，这是一种小型手持望远镜，最初是单筒（单目镜），后来改进成了双筒。制作材料十分稀少，装饰精美，是上流社会必不可少的一件装备。

紧随望远镜之后，最早的显微镜现世了，可能也是由荷兰眼镜制造商发明的。[46] 像第一批望远镜一样，早期的显微镜效果也不好，只把图像放大了九倍左右，清晰度不尽如人意。起初，显微镜的新奇性大于科学价值，人们用它观察跳蚤和其他小昆虫，因此显微镜在当时也称作“跳蚤镜”。1665 年，罗伯特·胡克出版了《显微图谱》（*Micrographia*），这本精彩的书中满是插图，微观细节突出，有放大的跳蚤，以及寄生在皮革上的真菌。[47] 胡克引入了“细胞”（cell）一词，源于《圣经》中的僧侣居住的屋子（monks’ cells），用来描述用显微镜观察到的软木薄片图像。这本书给了安东尼·范·列文虎克很大启发，他首先开始观察细菌、单细胞动物和精细胞。[48] 尽管视觉上有了重大突破，但整整过了 200 年，路易·巴斯德才提出了细菌理论，并将微生物和生病联系起来。

立于巨人之肩

迫于教会的压力，伽利略不再研究日心说，但为时已晚。潘多拉的科学盒子已经打开，人们会继续观察天空，会重新审视《圣经》里的“真理”，而教会无法阻止。这并非一场科学和宗教之间的辩论。无论是在当时，还是在之后的许多年，其实一直都存在不相信哥白尼或伽利略宇宙观的科学家，但同时有追随他们的教士。[49] 伽利略早期用望远镜观测天象、出版著作以及后来的接受审判，他带着人们去探索真理，并且让人们更加确信真理是通过观察、实验和计算发现的，而不是教义灌输的。

望远镜在地面上应用很广，在天文学上的运用则彻底拓宽了人类的眼界。望远镜为哥白尼宇宙观提供了证据，颠覆了人类是宇宙中心的公知。这个观点动摇了人们的世界观，同时让人们质疑起《圣经》的有关主张。如果有关地球静止论的经文是错误的，那么还有哪些部分出错了呢？ 20 世纪，欧洲历经宗教改革和反宗教改革的风波，如今仍然处于宗教的动荡之中。人们绝对会排斥这种颠覆性的想法。

月球和行星是有形的，是实打实存在的，并不是超脱自然的天堂，这让人们不禁思考：是否存在外星生命体呢？ 1620 年，剧作家本・琼森（Ben Jonson）创作了一部舞台剧，主题是探索月球，这是一部默剧，将月球居民描述为一丝不挂、赤身裸体的模样。[50] 1638 年，牧师约翰・威尔金斯（John Wilkins），后来成为奥利弗・克伦威尔（Oliver Cromwell）的妹夫，同时是皇家学会的创始人，他问道："如果地球是行星之一……那么为什么其他行星不能成为地球呢？" [51] 与此同时，他不断探索人类如何才能登月。胡克的著作《显微图谱》中也有类似疑问，未来的发明能否在月球或其他星球上发现生命体呢？ [52]

宇宙浩瀚无穷，望远镜不但从根本上改变了人们审视自我的方式，而且在伽利略相关的科学知识和观测记录的帮助下，知识界的世界观发生了根本转变。哥白尼学说对亚里士多德的思想体系造成了不小的冲击，而望远镜给其带来的是致命一击。望远镜是一个前所未有的科学仪器，能观测到肉眼看不见的东西，正是它驳斥了亚里士多德的美好假说，证明了自然界比猜测的要复杂得多。天堂不是完美无瑕的，也不是亘古不变的；地球是时刻运动的。至关重要的是，伽利略及同时代的人意识到，要真正理解自然，必须进行仔细和反复的观察，而不是依赖逻辑和推理。

不断膨胀的宇宙

在生命的最后几年里，伽利略失明了，整日变得郁郁寡欢。1638 年，他在给朋友的信中写道：

“长久以来，我细致地观察，清晰地论证，把宇宙放大了成百上千倍，远超几百年来学者们的眼界之所及。现在对我来说，宇宙又正不断缩小，缩聚到我的每一寸肌肤，每一处毛孔。”[53]

他无从知晓的是，宇宙膨胀历程中有无数个“第一次”，而他只是在观测领域拔得了头筹。

伽利略在制造高级望远镜方面，没有一路占得先机，但在观测方面，他一直稳居前茅。又过了将近半个世纪，克里斯蒂安·惠更斯（Christian Huygens）才发现土星环，并观察到它的卫星——土卫六（Titan）。到了 1781 年，一位自学成才的天文学家（在德国出生，国籍为英国）观测到了一颗新行星，这是人类自古以来首次发现这样的行星，这位天文学家就是威廉·赫歇尔（William Herschel）。1668 年，在英国巴斯的温泉小镇，他和兄弟姐妹在家中后花园建造出了第一台牛顿式反射望远镜。这颗新行星最终以希腊天空之神的名字——天王星（Uranus）命名，至此，人类已知的宇宙规模扩大了四倍。[54]

后来天文学家观察到，天王星的运行轨道不太符合万有引力定律。他们推断，一定有颗未知行星对天王星施加了引力，从而扰乱了它的运行轨迹。1846 年 9 月，法国天文学家勒威耶（Le Verrier）计算出了这颗未知行星的位置，并将预测结果发送给了柏林天文台（Berlin Observatory）。当晚，天文台观测到了一颗新行星——海王星（Neptune），几乎与勒威耶所说的位置完全吻合。[55] 海王星的运行轨道远在天王星外，接近 10 亿英里，已知的太阳系范围再次扩大。[56]

威廉·赫歇尔成功观测到天王星后，又建造了一架望远镜，大到足以让一个人通过。他和妹妹卡罗琳（Caroline）一起工作，观测到了相对运动的恒星，证明了牛顿的引力定律是普遍存在的。赫歇尔推测，银河系是一个盘状的扁平系统，由大约 3 亿颗恒星组成，这些恒星后来被称为星系。[57] 此刻，宇宙的浩瀚无垠是 200 年前的人们难以想象的。当然，众所周知的是，已知的可观测宇宙范围还在继续扩大。

1838 年，另一位自学成才的德国天文学家弗里德里希·贝塞尔（Friedrich Bessel）利用其观测到的数据，有理有据地证明了哥白尼学说，那是天文学家们探寻了两个世纪的问题。恒星视差（Stellar parallax）是指因为恒星距离产生视差的效应，就像在行驶的汽车上看远近不同的物体一样：近处物体与远处物体相比，会以快得多的速度从眼前飞逝而过。毋庸置疑，他的发现证明了地球在运动。这些数据还帮助他计算出离地球最近的太阳系外恒星之距——约 65 万亿英里，是之前估计的五倍多。[58]

因此，天文学家需要一种新术语来描述距离。在太阳系中，用成百上千万公里来表示距离很常见，但用来衡量星系时，这完全行不通。光年（light year，光在宇宙真空中沿直线经过一年时间的距离）逐渐被采纳。一光年约等于 6 万亿英里。地球到海王星大约 0.0003 光年。最近的太阳系外恒星比邻星（Proxima Centauri）距地球 4.22 光年。另外，现代天文学家采用了另一个新名词——秒差距（Parsec），它更精确，大小大约相当于 3.26 光年。

1923 年，爱德文·哈勃（Edwin Hubble）对仙女座星云（Andromeda Nebula）中一颗脉动恒星 V1 进行观测，与之相比，人类已知的可观测宇宙范围显得微不足道。在洛杉矶的威尔逊山天文台（Mount Wilson Observatory），哈勃通过观测 V1 并进行计算得出结论：V1 几乎位于百万光年之外。由此可见，仙女座星云位于银河系之外，而银河系的直径只有 10 万光年，这引出了另一个令人震惊的结论：银河系不是唯一的星系。并且，它不仅不是独一无二的，而且只是百万星系中的一个。不仅如此，哈勃的观测也表明，宇宙不是稳定不变的，而是不断膨胀的。[59]

我们本以为自己了解宇宙，可谁知它并不是太阳系，甚至也不是浩瀚的星系，而是一个未知空间。我们的星球，曾经被认为是宇宙的中心，正在宇宙中独自遨游，名不见经传。

20 世纪末，美国宇航局（NASA）向太空发射了四个巨型望远镜，其中最著名的是哈勃太空望远镜（Hubble Space Telescope）。人类对空间的概念，以及对自己在空间中身处何方的认知，都不断经受着挑战。20 世纪 90 年代，天文学家认为宇宙中大约有 2000 亿个星系。2016 年，哈勃数据显示，他们大大低估了，实际数字是 20000 亿个星系。

“一目千里”

望远镜是首个扩展人类感官的发明，它远远超出了肉眼的能力，让我们看到了地球家园以外的宇宙。

400 年间，人类通过不断更新的望远镜进行观测，对自我地位的认识已经完全改变。我们知道哥白尼的太阳系模型在大体上是正确的，但这拉开了另一个长故事的序幕。几乎令人难以想象，人们曾经相信地球静止在宇宙中心，有专属的太阳、月亮和行星，每晚星光洒满大地，慰藉人心。但同样令人难以想象的是，地球只不过是一颗小行星，围绕着太阳运行，它位于星系的螺旋臂上，是大约 3000 亿颗星球中平平无奇的一员。而它所在的星系在不断膨胀的宇宙中是随处可见，数量多达两万亿个。

如此看来，我们比无垠沙漠中的一粒沙子还要渺小。尽管在 400 年间获益匪浅，但对我们而言，恒星仍然神秘莫测，可望而不可即。

随着望远镜功能的强大，人类对历史的了解也更深刻。我们看到的图像，不是其他生命体的家乡，而是一段历史快照，这段历史开始于人类存在之前。现代望远镜可以观测到恒星和星系的诞生、消亡、重组和坍缩。天文望远镜已经观测到 134 亿光年之外的星系，这大约相当于 134 亿年前发生的故事。也就是说，天文学家们正在逐步接近宇宙大爆炸的真相。2021 年，宇航局将要发射下一代太空望远镜——詹姆斯·韦伯（James Webb），人们期望能够观测到首批星系的形成过程。天文学家不断探索时间的起点，进而不禁问出了这样一个问题：在大爆炸之后，又或者说在那之前，到底发生了什么？

这些问题令人百思不得其解。进一步来说，物理学家估计我们能看到的，从探测光的特性上来说，只有宇宙总质量的 5% 左右。另外 95% 的宇宙，是由暗物质（27%）或暗能量（68%）构成的。不管这些物质是什么（也没有人知道），仅凭现存的人造仪器是观测不到的。

我们又想起了托勒密、哥白尼、布拉赫和伽利略。沿着先贤的脚步，现代物理学家，如已故的斯蒂芬·霍金（Stephen Hawking），根据现有的信息和对未来的合理猜测，就潜在的宇宙论进行了思考。但是，除了发明新的观测模式，没有任何理论是绝对正确的——就像哥白尼的宇宙论历经了很多年才得以验证一样。

独自身处无边无际的太空，我们心怀希冀，希望能够与外星生命相遇。现代望远镜发现了一些地球大小的行星，它们围绕着可能宜居的其他恒星运行，那里被称为宜居带（Goldilocks Zone），那里的水既不会结冰，又不会蒸发。希望望远镜能够更加精进，让我们探寻到外星生命存在的迹象。[60] 在离地球更近的地方，对外星生命的搜寻不再局限于视觉，而是转向了物理层面。目前，美国宇航局有四辆活跃的火星探测车正在探索火星，并测量其地表及地下的气体和固体。2018 年 6 月，好奇号（Curiosity）火星探测器在岩石中发现了可能的有机物质，还探测到了不同浓度的甲烷排放，这表明在某个历史节点上，火星是存在过生命的。[61]

对于电磁探测来说，95% 的宇宙是探测不到的，那儿又有些什么呢？理论物理学家试图探索暗物质，采用了一个名为

LIGO① 的巨型落地式探测器。这不是一台望远镜，而是一台“聆听”机器，能够测量来自太空的引力波。利用这一工具，研究人员希望能够探测到暗物质，并对其做出一番合理解释。

那时，人们心中满是惊奇与敬畏，而最令人敬畏的伟大奇迹是：人类。如此微不足道的生物，被围困于一个无边无际的蓝色星球上，通过自己的好奇心、独创性、发明力和想象力，奔赴到了广袤无垠、神秘莫测的空间，成功地揭示宇宙的奥秘。

---

① 激光干涉仪引力波天文台，第一次探测到了引力波。

十一 爱上黑夜：工业化照明

世人都将爱慕黑夜，不再崇尚艳阳。

——威廉·莎士比亚（1585—1613），

《罗密欧与朱丽叶》（*Romeo and Juliet*），1595

家用照明

数十万年前，人类学会了用火，火成为我们唯一的人工照明来源。很久以前，人们就把毛皮浸泡在松脂或动物脂肪中，再包到棍子上，烧火棍就变成了火把。这样一来，燃料（而不是下面的木棍[①]）就能成功地燃烧起来。几千年来，火给人类带来了幸福感，略带威胁的火苗照亮了人类旅程，光明一直持续到了现在。

当时，人们过着游牧生活，以狩猎采集为生；后来，温和的火光出现了，它比火把更小、更平和，是一种相对持久、安全和低成本的形式。这种新兴照明技术是灯芯，将可吸收液体的纤维

① 火炬（Torch）一词来自拉丁语 Torquent（扭曲）。

拧在一起，像毛细管一样，吸收着液体燃料。点燃灯芯后，燃料在灯芯周围汽化并开始燃烧，火焰呈典型的泪滴状，发光发热。灯芯一开始是用苔藓或杜松制成的，燃料用的是动物脂肪——这就是临时石灯。法国西南部出土了几十个石灯；拉斯科洞穴（Lascaux Cave）[1] 中则出土了 70 个。石灯发出的光比现代蜡烛微弱，但足以帮助人们穿越洞穴，或进行一些精细工作。

公元前 16 世纪前后，黏土灯出现了，它发出的光相当于一两根现代蜡烛。[2] 地中海地区盛产橄榄油，黏土灯便由此盛行，到了罗马时代，人们开始大规模地生产橄榄油。许多产品的底座上都印有制造商的名字，这可能是史上的首个“家电品牌”。

埃及人把干草蘸上脂肪，制作成灯芯；罗马人在此基础上做出改进，发明出欧洲的第一支蜡烛（中国人和印度人在不同时期自主研发了蜡烛）。[3] 蜡烛芯和灯芯类似，但蜡烛是固体燃料。点燃时，灯芯底部或者蜡烛顶部会融化，这些燃料被吸进灯芯后汽化。当汽化的燃料燃烧时，灯芯会越烧越短，燃料会从顶部开始慢慢融化。

蜡烛商人罗曼（Roman）将灯芯反复浸入融化的脂油（熬化的动物脂肪）中，以此来制作蜡烛。几个世纪以来，这个过程已经不再依靠人工来进行，而是趋于机械化生产。其燃料也发生了变化，但本质始终如一。在北欧，橄榄油很少用于灯具，几个世纪以来，人们一直在使用牛油蜡烛，尽管它们的光线微弱，气味也很刺鼻。在农村地区，人们在家里煮沸动物脂肪来制作蜡烛——整个过程又臭又乱，农村家庭主妇都很讨厌做这项工作。[4]

在城市里，蜡烛很是畅销。伦敦钱德勒油蜡公司（The London Tallow Chandlers Company）成立于 1300 年，并于 1462 年成为伦敦金融城同业公会（the City of London's Worshipful Livery Companies）的成员之一。在伦敦金融城的排行中，伦敦将钱德勒油蜡公司和钱德勒石蜡公司分别排在第 20 和第 21 位。虽未能跻身前 12 位①，但依旧处在屠夫、水管工和木匠等职业之上，仅次于烘焙师。[5]

从中世纪开始，人们开始使用蜂蜡蜡烛，但这对普通人来说太过昂贵，只有皇室和教会才能用得起。在 18 世纪和 19 世纪，人们在抹香鲸头腔中提取出鲸蜡，制成了蜡烛，它发出的光很亮，而且没什么污染，结果导致了一股捕鲸热潮，抹香鲸几乎面临灭绝。19 世纪末期，从石油中提取的煤油取代了鲸蜡，给几近灭绝的抹香鲸提供了一线生机。石蜡是人类使用的第一种化石燃料。它价格低廉，发出的光明亮，现如今批量生产的蜡烛仍然会用煤油当原料。

直到今天，我们还会使用蜡烛，可见它的非凡之处。蜡烛携带方便，容易包装，独立使用，点燃时不需要其他燃料。用日常生活的副产品就可以制作蜡烛，在自给自足的同时，不会把家里弄脏。有了合适的灯罩以防火焰熄灭，人们就可以在外面随意使用蜡烛了。蜡烛的火焰很稳定，也很安全，但根据物理定律，亮度是保持不变的，那些想要更亮的光的人可以选择多点几根，只不过得多花点钱，而且得找地方放。蜡烛可以让一个地方变得富丽堂皇：据说，1688 年，法国太阳王路易十四（Louis XIV）为

---

① 这十二项伟大职业按顺序依次是：绸缎商（Mercers）、杂货商（Grocers）、布衣商（Drapers）、鱼商（Fishmongers）、金匠（Goldsmiths）、批发商（Merchant taylors）、皮革商（Skinners）、缝纫商（Haberdashers）、盐商（Salters）、铁器商（Ironmongers）、酒商（Vintners）和制衣商（Clothworkers）。

了一场聚会，在凡尔赛的宫殿里点燃了 24000 支蜡烛。[6]

前工业社会，夜间

在农业社会中，农忙时节的天气最好。人们在温暖晴朗的月份里翻耕、种植、育苗和丰收。到了冬天，人们总是会拥坐在壁炉旁，但在木材稀少的地方，在就餐时间之外生火是奢侈的一件事，所以人们多选择缩在被窝里取暖。

然而，一直窝在床上的人并不总是睡觉。弗吉尼亚理工大学（Virginia Tech）历史学教授 A. 罗杰·埃克奇（A. Roger Ekirch）在《黑夜史》（*History of Night-time*）一书中揭示，在前工业社会，人们会在夜间进行阶段性的睡眠。[7] 典型的睡眠模式是第一次睡大约四小时，清醒一两小时左右，再睡大约四小时。醒着的时候叫作“守夜”，虽然一般都是静静地躺在床上，但埃克奇发现，人们会在半夜做家务、阅读、吸烟、祈祷、交流，甚至还会去邻居家串门儿。荷马的《奥德赛》中出现了“守夜”一词，乔叟、约翰·洛克（John Locke）、米格尔·塞万提斯（Miguel Cervantes）及查尔斯·狄更斯（Charles Dickens）在 1840 年的文学作品中也有涉及。[8] 他根据医学书告诉睡眠者，先右侧身子睡，再左侧身子睡，可以改善消化能力，提高休息质量；并告诉备孕夫妻，第二个睡眠阶段会提高受孕率。[9]

这种阶段性睡眠似乎就是为了应对漫长黑夜而生，并在小规模的传统社区中持续了很久。20 世纪 70 年代，人类学家波利·魏斯纳（Polly Weissner）描述了纳米比亚 Ju/Hoansi 部落布须曼人的夜生活："随着火逐渐熄灭，睡意来袭，人们各回各家，休养生息。几小时后，大约凌晨 2 点（'小白天'），一些成年人醒来，制造出烟熏火燎的环境来阻止捕食者，可能还会闲谈一会儿。"[10]

20 世纪 90 年代，美国国家心理健康研究所（the US National Institute of Mental Health）进行了一项实验，要求志愿者每天在没有一丝光亮的黑暗中待上十四小时。几周后，他们回归了古老的睡眠模式：睡四小时，醒两小时，再睡四小时。[11]

18 世纪末到 19 世纪，人造光步入工业化，人们不再进行阶段性的睡眠了。到 1920 年前后，阶段性睡眠被尘封了，取而代之的是更高质量的睡眠，也就是连续睡八小时。

按时关灯

当人们开始定居下来，篝火不再是部落生活的中心，取而代之的是壁炉。人们处理完一天的工作杂务之后，或是为了陪伴彼此，都会聚集在壁炉旁。恰塔勒胡由克出土了八千年前的壁炉，证明了当时的人们确实在壁炉前制造并修理工具。

随着人们开始居于暖室，夜间的室外又变得十分可怖起来。长夜漫漫，野生动物难以对人类造成威胁，于是。新的敌人（也就是人类自己）出现了。

定居点进化成村庄、城镇，最终成为城市。城市规模逐渐扩张，周围领土被征服并入，敌人入侵的威胁也在增大。统治者在领土边界建立城楼和城墙，又修建了护城河和吊桥以保卫领土。城门在夜幕降临后紧闭着。

据美索不达米亚文献记载，天黑后，房门和城门都会上锁，幼发拉底河上的桥是可拆卸的，夜间无法通行。[12] 在中世纪的欧洲城市，太阳下山后，宵禁钟声（源自法语，意为“掩护火力”）便会敲响，这时人们会停止交易和劳动，回到家里，锁上门，关上窗。在某些城市，居民甚至需要连夜将钥匙交给当局保管。[13] 在中世纪的哥本哈根、纽伦堡或帕尔马，人们若是在宵禁后冒险外出，必须跨越城市街道上齐腰高的巨大铁链，而在莫斯科，街道上会放置一些滚动的圆木。久而久之，宵禁时间不断推迟，从黄昏到 8 点、9 点，再到 10 点，最后彻底取消。而且，只允许女人、乞丐、犹太人、外邦人夜晚外出，其他人则会被逮捕。

先不谈法令是否允许，一个外邦人晚上在城里游荡是会很危险的。讽刺作家尤维纳尔（Juvenal）谈到，下班后走在罗马街头的人可能遇到危险。他若有所思地说，人们可能被高空抛物砸伤头，或者被匆匆赶路的贵族队伍撞倒。

在伦敦，夜间偷窃猖獗。盗贼团伙一般会先用锤子打倒受害者，再抢走他们的钱包或手帕。手执火把的人被称为“联络员”（Linkmen），负责于夜间护送游客在城内闲逛，但他们也有可能和强盗一样危险。强盗会拦住马车，抢走乘客的贵重物品。在 17 世纪的伦敦，夜间行路危险，梅菲尔到肯辛顿只有不到两公里，但人们会循着铃声集合，沿着罗敦小路（Rotten row），结伴同行。

夜间也有失火的危险，尤其是在乡镇和城市里。火给人们带来温暖和光明，但对于过度拥挤、杂乱无章的住宅、马厩、商店和车间来说，火灾是城市生活的一大威胁。一旦有了苗头，火势就会在建筑间迅速蔓延，木材瞬间被大火吞噬，街区甚至整个城市都会陷入险境。罗马（64）、君士坦丁堡（406）、阿姆斯特丹（1421、1452）、奥斯陆（1624）和伦敦（1666）都经历过灾难性火灾，这足以证明火的危险。

在前工业化的城市生活中，守夜人（不是清厕工）是常见的职业。在最早建立的美索不达米亚城市，出土了一些泥板，上面刻有诗歌，称某些神为“守夜人”，他们在夜晚为市民引路。[14]他们可能是那时的警察（虽然当时还没有“警察”这一概念），也可能是火力侦察员、哨兵或计时员。守夜人通常是公民“自愿”的，一些城市将“志愿者”困在岗位上，防止他们溜回家睡觉。[15]到了15世纪，有钱人会通过送礼或罚款来逃避这一义务，“守夜人”开始享有工资。

人们对夜间的恐惧并不局限于上述危险。在英国有个传言，小精灵会绕着蘑菇圈（Mushroom circles）跳舞，如果凡人误入其中，蘑菇圈就会将他们领到阴间。鬼火（Will-o'-the-wisps）光影绰绰，将夜行人诱导到致命的沼泽中。在东欧的一些地方，昼伏夜出的吸血鬼会吸食人血，狼人则在西面的巴黎游荡。在欧洲各地和美洲的新殖民地，女巫正在做一些见不得光的交易。这些邪物畏惧阳光，只在夜间活动，据说在某些情况下，光会给他们致命一击。

最后，大型城市和一些城镇开始尝试街道照明。有一段时间，人们必须在临街窗台上放一支点燃的蜡烛或挂一个灯笼，或者在上层窗户的细杆上挂一盏灯。到17世纪晚期，以石油为燃料的路灯在巴黎、阿姆斯特丹、柏林、伦敦和维也纳相继出现。[20] 1690年，国王威廉三世（William Ⅲ）将王宫迁到肯辛顿宫（Kensington Palace），他在圣詹姆斯宫（St James's Palace）和肯辛顿之间的道路上安装了300盏油灯，使声名狼藉的罗敦小路成为英国首条人工照明的公路。[21]

天然灯笼

在乡下，人们并不怕流浪汉和小偷，人们在夜间外出的情况并不少见。夜幕降临后，自然光发挥了重要作用，人们会借助月光出行。每年出版的历书会涉及月周期，知识分子家庭能够据此来计划夜晚活动。[16]

日往月来，循环往复，满月为夜晚出行提供了绝佳的条件（满月通常被称为“教区灯笼”，聚会通常安排在满月日）。在18世纪末的伯明翰，一群杰出人物，包括伊拉斯谟斯·达尔文（Erasmus Darwin，查尔斯·达尔文的祖父）、约瑟夫·普里斯特利（Joseph Priestley）、早期实业家马修·博尔顿（Matthew Boulton）和詹姆斯·瓦特（James Watt），每月都会聚在一起讨论问题。由于聚会时总是满月，所以他们给学会起名为“月光社”（Lunar society）。

天黑后的自然光也可用于行路。英国的南唐斯（South Downs）多有白垩岩，人们把白垩岩堆在一起，形成白色的“落地灯”，以引导当地游客。在森林里，人们会剥去树皮，露出里面浅色的树干，这样就形成了一个夜光走廊。

人们在夜晚也会依靠其他感官。苏格兰有句谚语“日有眼，夜有耳”，而在东约克郡的习语中，“dark”（黑暗）是一个动词，意思是“听”。[17]《仲夏夜之梦》（*A Midsummer Night's Dream*）中，女主角赫米娅（Hermia）说：“黑暗虽然阻碍了视觉活动，却使听觉更加灵敏。”[18]

一个细心的听者，可以通过脚步发出的嘎吱声、拍打声、飞溅声或咯咯声，辨别走过的路面。通过声音，我们能分辨出树木和流水，狂风暴雨则赋予了黑暗世界更丰富、更多层次的感官体验。[19]猫头鹰的叫声、青蛙的呱呱声、绵羊的咩咩声或马的鼻息声都可以让行人分辨方向，狗的吠声则不会离主人的定居点太远。

循着气味也能获得一些有用的信息。农民熟悉各类植物的气味，知道它们长在哪里。荨麻气味刺鼻，踩碾后会在夜间发出更浓烈的气味，还有烟熏味和烤肉味，都表明附近有人居住。牲畜和野生动物能够嗅出人类气息，潮气和硫黄的气味则昭示着附近有沼泽。

欧洲，18 世纪

到了 1700 年，夜间的城市逐渐明亮，到处都有灯。这是一个探索和发现的时代，被后世称为启蒙运动（The Enlightenment）。20 世纪，伽利略、培根和牛顿的有关科学和哲学的发现表明，关于自然和宇宙的运作规律，我们还知之甚少。尽管火与人类关系密切，但它仍然是个谜。随着古代炼金术演变成现代化学科学，哲学家们开始寻求更具体的解释。事实证明，这是一个相当大的挑战。

多年来，新晋化学家始终信奉这样一种理论，即火来自燃素（*Phlogiston*，古希腊词，意为“燃烧”）。他们认为，木材是由灰烬和燃素构成的。木材燃烧后，燃素消耗殆尽，只剩下了灰烬。

1774 年，英国教士约瑟夫·普里斯特利发现，空气并不是一种物质，而是不同气体的混合物[①]，这是一个重要突破。他发现了一种气体，将其取名为“脱燃素空气”（Dephlogisticated air），这种气体比空气更助于燃烧，还能让老鼠活得更久。伟大的法国化学家安托万·拉瓦锡（Antoine Lavoisier）将这种气体称为“氧气”，还解释了它在燃烧中的关键性，最终推翻了长期存在的燃素理论。

1780 年，人们对火有了新的认识，瑞士化学家艾梅·阿尔冈（Aime Argand）受到启发，改进了照明技术，这是 4 万年来的先例。阿尔冈发明了一种油灯，灯芯是管状的，更多的空气会进入其中以支撑燃烧；它还装有玻璃罩，以保持火焰的稳定。这款灯的亮度堪比十根蜡烛，燃油效率更高。阿尔冈把灯引进给英国实业家马修·博尔顿，他和瓦特在伯明翰合伙开了一家蒸汽机制造厂。他们同时是月光社的成员。几经周折，阿尔冈灯于 1784 年获得了英国专利，但与此同时，市场上仿制品泛滥，专利最终被撤销。阿尔冈深受打击，在穷困潦倒中离开了人世，但他的名字与阿尔冈灯一起经久流传，19 世纪时，几乎家家都能见

---

① 1648 年，佛兰德斯化学家扬·巴普蒂斯塔·范·海尔蒙特（Jan Baptiste van Helmont）发现二氧化碳与空气不同，并创造了“气体”一词（Gas，来自古希腊语 *khaos*），但直到一个多世纪后，人们才广泛认同他的观点。

到阿尔冈灯。[22]

十年后，苏格兰人威廉·默多克（William Murdoch）发明了一款不需要灯芯的照明形式。多年来，人们发现煤在加热时会产生某种气体，而点燃这种气体时会发出明亮的白光。经过多次实验，默多克将这一现象成功应用到照明中。他在房子后面建立了一个小工厂来烧煤，在工厂和房子之间安装了一套管道系统，再在墙上打通了一系列管道和孔洞。工厂生产出煤气，然后用管道输送煤气。点燃煤气后会发出温暖的白光，而不需要灯芯或燃油。[23]

巧合的是，默多克是瓦特和博尔顿的员工，由此他得以在伯明翰的工厂继续研究煤气灯。1802 年，在一次大型展览中，默多克在工厂外部安装了煤气灯，煤气灯发出的耀眼光芒让当地人民异常兴奋。[24]

紧接着，在 1805 年，在全国最大的棉纺厂之一——位于曼彻斯特的飞利浦和李氏棉纺厂（Philips and Lee's），默多克为其安装了煤气照明系统。[25] 开阔的工厂第一次变得如此亮堂、安全（相对的），不再需要频繁地点蜡烛或点灯。在接下来的几十年里，许多工厂和制造车间配备了这样的照明系统。

阿尔冈灯惨遭淘汰，瓦特和博尔顿的公司大受打击，他们无视默多克为煤气灯申请专利的请求，给其他人乘虚而入的机会。德国人弗雷德里克·温瑟（Frederick Winsor）意识到，或许可以在工厂集中地大规模供应煤气灯。他转战伦敦，在蓓尔美尔街（Pall Mall）上大展煤气灯的风采，并于 1812 年建立了世界上第一家煤气灯公司。在伦敦中心地带，煤气厂和煤气表渐次涌现，并铺设了管道，将煤气传输到附近的街道、家庭和商店。

到 1823 年，伦敦四家最大的公司，供应了 6 万多盏家庭用灯和 7000 盏路灯。[26] 到 19 世纪 20 年代末，几乎每个中型城镇都配备了煤气灯。[27]

英格兰北部，19 世纪

在煤气灯发明之前，多数商品都是由作坊制作，或交由家庭工匠来制造，按件计费。煤气灯的出现，使得制造业向工厂生产制转变。对于小规模工作，蜡烛与灯的亮度足够照明，但对于大规模工作，它们就力所不及了，而且昂贵。有了煤气灯，生产规模加倍扩大，效率和利润随之提高。大型机械由专人来操作。在照明充沛的情况下，机器可以全年按固定时间表来运作。

配备生产线的大型工厂取代了小型车间，技术含量最低的工人取代了商人和工匠，在生产过程中，他们可以相互替班，就像制造出的零件可以互换一样。

1804 年，威廉·布莱克（William Blake）在煤气灯下完成了诗作《耶路撒冷》（*Jerusalem*），诗中描述道："黑暗的撒旦磨坊终将消失。"然而，照明技术的发展给工厂带来了另一种"黑暗"。他们雇用了大量的未成年劳工；工作环境恶劣，违规行为屡见不鲜；轮班时间长，工资低。尽管如此，由于农业没落，许多农户流离失所，他们还是涌入新兴的城市，前往工厂工作。

自煤气灯出现后，在夜晚可以进行正常的工业生产。以前，人们聚集在篝火旁挨过漫长黑夜；如今，煤气灯模糊了白天与夜晚的界线。工业化与围坐火光旁的空想不同，它注重效率。同时，煤气灯走进了千家万户。壁灯和枝形吊灯都换成了煤气灯，新建的房屋也安装了煤气灯——在维多利亚时期，天花板被设计成了精美的玫瑰花图案，燃气的通风格栅隐藏其间，于是人们在夜间阅读也不会感到疲劳。由于印刷方法的改进，图书和杂志变得平价。整个 19 世纪，出版业蓬勃发展，国民识字率大幅提升。1800 年，英国只有不到 40% 的女性和约 60% 的男性有阅读能力；1860 年，这一数字分别达到了 70% 和 80%；而到了 1900 年，识字全面普及。[28] 在微弱的蜡烛光下，家中朗读声阵阵，人们围坐在一起静静聆听——这样的现象成了过去式。在煤气灯下，每个人都可以默默阅读。

除了亮度增加，煤气灯即点即亮，可调节亮度，可重复使用，不再需要固体燃料。这些变化引发了有趣的社会转变：由于煤气集中供应，各家各户不需自给自足，不再是独立的个体，不再自己寻求照明方法，工厂会有源源不断的燃气运输到家中；如果煤气供应中断（这的确经常发生），整个街区的照明就中断了——互联互通的生活开始了。

到 19 世纪中期，照明已经实现工业化。工厂规模很大，统一生产煤气。使用煤气的家庭实现了工业化。工人生产煤气，家庭消费煤气。

煤气灯出现后，在夜间外出变得安全，而且在大众看来，夜行成了一件稀松平常的事情。街道灯红酒绿，情侣们在灯光绚丽的商店闲逛，观摩玻璃制的煤气灯新品。音乐厅和情景剧开始流行起来。在伦敦西区（London’s West End）和纽约百老汇（Broadway），剧院如雨后春笋般涌现。

此时，不仅娱乐活动蓬勃发展，在城市街道变得安全后，普通人会在晚上出去参加公众会谈、讲座和会议，讨论自己感兴趣或关心的话题，并发放廉价易得的手册和传单。因此，19 世纪早期至中期，政治和社会势头发展迅猛：400 年前，国王亨利六世（Henry VI）规定，只有有资产的男性才可以投票，而从 1832 年开始，一系列改革法案出台，投票权逐渐扩展给了越来越多的男性（后来扩展到了女性）。英国各地兴起了相关运动，如为贫困儿童建立学校。到了 19 世纪中叶，国家开始资助学校，实行工业改革，促进工会合法化；19 世纪 30 年代到 40 年代，《工厂法》（*Factory Acts*）出台，规定了工人的工作时长，改善了工作环境。

一开始，当地的社会结构是独立运转的，如今则融合成了大型社区。社区间相互依赖，依靠城市甚至国家运作的社会网络。同样的情况在工作、家庭和社会生活中很常见。在黑暗中，煤气灯照亮了世界，为人们开辟了新机遇，缩小了世界的范围，每个人都成为城市布景中的角色，而不再是人生戏剧中的明星。

早期电学科学家

19 世纪时，煤气灯正以一己之力改变着城市生活，人们开始探索一种无形力量，这种力量困扰了自然哲学家几个世纪。为了学习和运用它，人们又花了几十年的时间。终于有一天，它被应用于实践了，不仅造成了焕然一新的照明方式，人们日常生活的方方面面也发生了巨变。

大约公元前 600 年，希腊米利都学派的哲学家泰勒斯

（Thales）记录下这样一种现象：琥珀与毛皮摩擦后，会迸出火花并吸引轻小物体。2000 多年后，著名的医生兼哲学家威廉·吉尔伯特（William Gilbert）进行了一系列“吸引力”实验，将摩擦时产生吸引力的材料称为“electric”，这一名词来自希腊语 *electron*（琥珀）。[29]

在接下来的几十年里，许多欧洲电学科学家，包括弗朗西斯·培根爵士、罗伯特·博伊尔（Robert Boyle）和艾萨克·牛顿爵士等人，针对电的吸引力和排斥力，进行了一系列实验。对电的探索进展缓慢，但科学家们设计出了详细的实验。羽毛和树叶会奇迹般地漂向或漂离带电物品；带电的手指会隔空翻页；带电的头发则全部竖立起来；在进行亲吻礼时，脸颊会因电击而感到刺痛。

18 世纪 40 年代，本杰明·富兰克林（Benjamin Franklin）开始对电萌生出了兴趣。[30] 1752 年 6 月，他进行了著名的实验——在雷雨交加之时放风筝。他“伸手触向铜钥匙（绑在湿风筝线上的）……看到了一串非常明显的电火花”[31]。富兰克林成功地完成了闪电实验，并且没有被雷电击中（其他人就没那么走运了），但最终其实验结果并没能解释电理论，也没能将其应用到实践中去。

半个世纪后，大约在 1800 年，意大利人亚历山德罗·伏特（Alessandro Volta）发明了化学电池，首次以电流而不是闪电的形式发电。英国化学家汉弗里·戴维（Humphrey Davy）爵士基于伏特的理论，在英国皇家学会的地下室建造了一个巨型电池。在一次人气很高的晚间讲座中，他首次公开演示了这一实验——电流在两根木炭棒之间跃动不止，并且产生了噼里啪啦的白光弧。

戴维将其称为“弧光效应”。他发明了第一盏人造灯，但由于化学电池无法供给足够电能，下一步研究受到了阻碍。即使是大型电池，也只能在短时间内提供电流，而维持电弧光需要大量的电流。

迈克尔·法拉第（Michael Faraday）是戴维在皇家学会的学生，1831 年，他发现磁铁穿过线圈时，或者线圈在磁场中运动时，就会有电流产生——此刻，一切都发生了改变。现在，机械运动便可产生电流，不再需要化学试剂：机械蒸汽机可以提供源源不断的动力，继而产生连续电流，并最终产生实用发电机。

由于法拉第对磁、电和电磁力的实验，物理学家的世界观发生了改变。牛顿的万有引力理论假定：粒子或物体之间引力的大小与其在空间中的大小和距离成正比。法拉第认为，物体之间并不是绝对虚无的空间，而是充满了各种无形的波和作用力。他确信这些波和力与光有某种联系，并最终证明了这一点。后来的实验证明，电的传输速度并不是瞬间的，而是与光速相同。爱因斯坦广义相对论包含了法拉第的见解。

400 年前，简·范·艾克笔下的《阿尔诺芬尼夫妇像》标志着人们的世界观由信仰和想象转向了论证和观察，而整整 400 年后，科学统治了世界，于无形中开启了一个新时代。

欧洲，19 世纪晚期

光阴流转，七十年过去了，戴维的弧光灯的可用版本直到1878年才正式亮相。1878年，巴黎世界博览会（Paris Exposition Universelle）隆重举行，巴黎歌剧院周围安装了64盏电弧光灯，由三台蒸汽发电机同时供电。在同年的伦敦，维多利亚堤岸（Victoria Embankment）上灯火通明。两年后，美国印第安纳州的沃巴什河（Wabash）上点亮了第一盏弧光灯。[32]

弧光灯的亮度很高，所以必须将它们架在比煤气灯高得多的高空中。在美国，一些城市拆除了路灯，安装了中心塔，其亮度可以照亮整个街区甚至城市。122座塔，每座约50米高，使得底特律亮如白昼。一位到加州圣何塞（San Jose）的法国游客评论说，几座60米高的灯塔发出电光，“光笼罩着整座城市”。[33]

人们认为通亮的弧光灯带来了自由，同时带来了专制。有些人认为，法律和秩序得到了加强，因为潜藏于黑暗街巷里的罪恶，就如同发生在光天化日之下一样。也有人认为光带来了民主，因为弧光灯照亮了没有煤气供应的贫困社区。[34]然而，还有一些人认为，始终如一的弧光令人压抑。威尔斯（H.G.Wells）说道：“巨型冷白光球，使暗淡的阳光相形见绌。”[35]罗伯特·路易斯·史蒂文森（Robert Louis Stevenson）看到了伦敦和巴黎街头的电弧光灯后，以崇尚美学为名，大力呼吁重装煤气灯，并抱怨道：

“一颗新型城市之星彻夜长明，可怕、怪异、令人生厌；它是梦魇中的魔灯！你或许会认为，人类会满足于普罗米修斯送来的火，而不是将风筝放入神秘的天堂，去捕捉驯化风暴中的野火。”[36]

尽管史蒂文森对此大加批判，但在此阶段，人们还未真正掌控电弧光灯，因为它发出的光太过耀眼。因此有必要将它转化为更小、更温和的形式，就像几千年前，耀眼的火炬进化成了柔和的灯芯。

人们开始研究不同形式的电灯。白炽灯的光来自白热物质。随着弧光灯在商界大展身手，欧美科学家正在探寻一些更实用的方法——用电为白炽灯供能。

与以往科学界的“竞赛”不同，当科学家想要独揽电的专利，并最终获得荣誉时，竞赛的后半程就要转战到英美专利局。整个 19 世纪，随着发达国家工业化进程继续推进，知识产权（同电一般无形，但对现代世界很关键）变得至关重要。在企业家嗅到一丝商机时，相较于科学发现，他们倾向于追求专利发明：可以独占受保护的新产品或新技术，进而将其商业化。尽管电力难以驯服，但许多人都注意到它巨大的商业潜力。煤气灯取得了巨大的成功，但它生出的火温度很高，偶尔还会引发火灾，届时，燃起的屋里会严重缺氧。如果电灯能变得低温，且成本低廉，那么就会产生巨大的潜在收益。

到了 19 世纪中期，人们不再重点关注电学基本理论，开始转向实际应用。在这一时期，实验人员不一定是物理学家，甚至都未受过科学训练，而是具有独创性及主动性的人。他们的目标很明确：研究出低成本的白炽灯照明系统。为了实现这一目标，人们押上了所有，赌上了一切。

然而，白炽灯存在一定问题：灯丝加热后容易起火。最合适的方法是将它置于难以燃烧的真空中——也许可以密封在玻璃灯泡里。然而，这谈何容易？在 1841 年、1845 年和 1856 年，许多人申请过白炽灯泡的专利，但最终都失败而归，因为无人能实现真正的真空。[37] 直到 1865 年，一种高效的真空泵出现，这个问题随之迎刃而解。

接下来则是寻找合适的灯丝材料。几十年来，实验人员尝试了许多不同的材料。约瑟夫·斯旺（Joseph Swan）是名自学成才的化学家，在英国纽卡斯尔（Newcastle）做生意，多年来一直在采用碳丝做实验，在1878年年底，他向公众展示了自己研发的灯泡。斯旺只为灯的部件申请了专利，而没有申请灯的专利，因为他认为这已经是众所周知的项目[38]，可事实并非如此。

美国新泽西州（New Jersey），1878年

在大西洋的彼岸，有关电力的研究和实践也在如火如荼地进行着。几家公司正致力于改进公共空间的弧光灯，大众媒体对这种神秘新能源议论纷纷。发明家正试图研发一种白炽灯，与欧洲的同行一样，他们也面临着一些现实问题。在这一时期，煤气照明是宗大生意，煤气公司老板是绝对的富豪：科尼利厄斯·范德比尔特（Cornelius Vanderbilt）、约翰·皮尔庞特·摩根（J. Pierpont Morgan）和威廉·洛克菲勒（William Rockefeller）三人，既希望维护已有的煤气利益，又渴望在白炽灯上分一杯羹。

1878年秋，在巴黎世博会弧光秀后不久，就在约瑟夫·斯旺准备于英国展出电灯泡时，灯泡的发展史上出现了另一个名字。9月8日，托马斯·爱迪生（Thomas Edison）在《纽约先驱报》（*New York Herald*）上发了一则声明，他将在六周内研制出一盏可用电灯，并在一年内为纽约市民安装50万盏灯。[39]

爱迪生终其一生投身于电灯实验中。卧室里的实验室因此被

搞得混乱不堪，于是他不得不将实验迁移到老家的地窖中。他的第一份工作是在当地火车上售报，捎带着做些糖果生意，可他在火车行李舱里建立的实验室爆炸了，他因此而失业。

到 1878 年，爱迪生将实验室搬出了地下室和暗室。爱迪生是工业界的先驱，被誉为“发明大王”。他在新泽西州的门罗公园（Menlo Park）建立了世界上首个商业研发实验室，里面招募了“一群有趣的、博学的、想法稀奇古怪的人，狂热的科学怪人，以及普通的科学家，大家像以往一样齐聚在同个屋檐下”[40]。1874 年，他的四重电报机获得专利，这款电报机可以即时发送大量新闻和信息，全球通信因此不复以往。①1877 年平安夜，他提交了留声机专利申请，这是有史以来第一种既能录制声音又能播放声音的设备。1878 年，人们称爱迪生为“门罗公园的魔术师”，是大西洋两岸家喻户晓的大人物。

爱迪生不仅是一位发明家，还是一个雄心勃勃的企业家。他得到了 J. P. 摩根（J.P. Morgan）的支持，并与许多大资本家来往。爱迪生怀有雄心壮志，与大多数竞争者全情投入在电灯上不同，他对电力系统萌生了浓厚的兴趣。从电的产生到最终应用于世，他已在构想除了灯之外的电器，比如用于缝纫、做饭和取暖等家庭琐事的电器。[41]

1878 年，爱迪生在《纽约先驱报》上宣扬了这一构想。彼时，他甚至还没有开始研究白炽现象，更不用说建立可行的发配电系统了。但人们对爱迪生及其团队无比信任，消息放出后，煤气股价暴跌。[42] 然而，当人们意识到这只是空话后，煤气股价恢

① 19 世纪 30 年代，塞缪尔·莫尔斯（Samuel Morse）发明了电报机。

复了原貌。

一年后，也就是 1879 年 12 月，爱迪生终于公开展示了白炽灯。虽然在许多历史记载中，人们将这一刻记录为灯泡发明的时刻，但实际上，爱迪生和他的团队借鉴了他人的失败——要么是实验的失败，要么是专利被窃。多年来，一直都有人在挑战爱迪生的优先发明权，试图驳倒他最初的许多主张。可在最后，爱迪生精明的商业头脑和强大的后援帮助他赢得了胜利。

在接下来的十年里，即 19 世纪末，纽约商界混乱无序，但爱迪生将空话变成了现实。他开发出了一套成熟的电力输送系统。1882 年夏天，在纽约华尔街（Wall Street）附近，他为富豪朋友们的豪宅和游艇安装了电线，开启了首个街区照明系统。当地记者写道："微弱摇曳的煤气光……变成了平稳耀眼的光芒，明亮又柔和，室内和街道顿时变得灯火通明。"[43]

与此同时，在 1881 年的英国，约瑟夫·斯旺成立了斯旺电灯公司（Swan Electric Light Company），为理查德·德·奥伊利·卡尔（Richard D'Oyly Carte）的剧院安装了大约 1 200 个白炽灯泡。这一剧院是当时最先进的萨瓦剧院（Savoy Theatre），位于伦敦西区，是世界上首个用电照明的公共建筑。爱迪生立即起诉斯旺侵犯了他的专利，在走了一些法律程序后，两家公司合而为一了。

电灯时代已开启。

电子时代

1893 年，美国举办了芝加哥哥伦布世界博览会（Chicago's Columbian Exposition），20 万个白炽灯泡和 6000 个弧光灯同时点亮，光芒洒满了这座城市。到目前为止，白炽灯还未成为大众消费品，但它无疑预示着一个光明的未来，预示着一个在轻触开关后呈现的明亮世界。这在过去无异于天方夜谭。然而，参观者并没有意识到，在灯光表演之后，一系列电子消费产品即将涌入市场，而这些产品将给生活带来天翻地覆的变化。几年之内，一系列电器应运而生，从电熨斗、电风扇，再到电水壶，不一而足。

电改变了人们看待自己、看待生活，乃至看待世界的方式。煤气灯消除了人与火之间的直接联系，并将提供光的火焰与提供能源的燃料相分离。当人们不再使用火照明后，电气时代就缓缓拉开了序幕：火焰完全消失，只剩下了光通过远处某个发电站连接到家里，无形的电流开始工作。很快，连灯都会消失——人们除了轻按开关之外，不用考虑任何事情。他们相信电力公司能提供源源不断的电流，相信科学能自行理解电力的运作原理。

资本家为电力的发展提供了资金，庞大的基础设施支持着成千上万个单位平稳运作，他们从中看到了潜力，进而想方设法地改变着人们看到世界的视角。他们以身涉险，同时回报诱人——铁路、电报和煤气照明已经证明了这一点。这些商业巨贾一开始就意识到，如果自己在技术方面遥遥领先，那么在电力中能赚得盆满钵满。

爱迪生在欧美的电气化统治改变了世界格局。直到 19 世纪下半叶，欧洲一直是科学中心，英国是发明中心和世界工业的发电站。在电光和电力发展方面，美国发展势头迅猛，成为超级经济大国。随着电子时代的发展，繁荣的新世界取代了欧洲旧世界，开始占据主导地位。

无处不在的光

当上帝说“要有光”时，他只提供了火。而现代工业已经完成了这项进程。

地球生命从未经历如此光明的一个时期。如今，世界上大约有 120 亿个灯泡，超过 10 亿个路灯。与我们的先人相比，我们忘记了夜晚，忘记了日往月来，忘记了季节。我们几乎不用依靠眼球里那 2.4 亿个视杆细胞，因为周围全是人造光，醒着的时候也一直盯着发光的电子屏幕。许多人从未体验过真正的黑暗，也从未看到过银河。事实上，我们现在更关心“光污染”，仅存的“黑暗天空”已珍稀，世界各地的活动家正积极投身于保护运动中。[44]

的确，对于大多数人来说，人造光几乎充斥着生活的方方面面，即使我们未曾注意到它的存在。

第五章

展示：

大众传媒与视觉征服

十二
自然的画笔：摄影

摄影与版画完全不同，一方面，它们的呈现形式不同，版画用刻板，摄影用底片；另一方面，艺术家和雕刻师的创作手法大相径庭。自然的画笔无疑更加出神入化。

——亨利·福克斯·塔尔博特（Henry Fox Talbot，1800—1877），《自然的画笔》（*The Pencil of Nature*），1844

同一时代总是会涌现出许多相似的发明，比如伦敦巴士的演变。我们可以将其归结为“zeitgeist”，这一概念来自19世纪的德国，意为“时代精神”。似乎某些发明的出现就是为了适应时代潮流一样，正如1950年时，心理史学家先驱埃德温·波林（Edwin Boring）所言：

“很少有新发明会在特定的时间节点之前出现，但当发明公之于众时，它的出现是可预测的，也许预测与现实不完全吻合，但大体方向总是对的。”[1]

19世纪初，西方世界开始探索摄影。科学、哲学、艺术、社会和工业发展相互融合，孕育了一种时代精神，在这个时代，人们虽素昧平生，却不约而同地选择将光学和化学融会贯通，寻找一种方法去“定格”图像。

欧洲，19 世纪初

在望远镜发明后的两个世纪里，人们兴致勃勃地观察和记录着自然百态，进行学术研究，再得出观察结果，最终总结经验，知识与思想因此诞生。16 世纪晚期，艾萨克·牛顿爵士洞察到：自然界并非由有生命的无形圣灵所掌控，而是由一系列法则和规律控制的，这是一个庞大的拟机械系统，想要理解这些法则和规律，只能通过敏锐的观察和有条不紊的实验。同时，这些法则和规律，确实正在被慢慢地揭示出来。古典观点认为，真理具有先天性，笛卡尔（Descartes）和洛克（Locke）等哲学家则推翻了此观点。现代科学家认为，知识不是与生俱来的，必须通过直接经验和感官知觉获取——我见，故我知。

18 世纪到 19 世纪，人们投身于调查和探索中。世界各地都在探索自然，进行监测、调查、分类和分析——用新款巨型望远镜观察恒星，绘制星象图；进行铺天盖地的地理地质调查；研究生物分类学；用显微镜探索微观世界。人们如饥似渴地观测并记录着物理世界。

旅行是提升阅历和丰富观察对象的内在需要，在这一时期出现了大规模的旅行潮。新殖民国家派遣船队环游世界，进行海上贸易，并通过陆路远征他国，侵入印度大陆和非洲。美国刚实现独立，就开始探索考察这块大陆，不断向西推进，但由于土著居民的抵抗，探索最终宣告失败。在欧洲，年轻富有的贵族男性，有时也包括女性，经常进行贵族旅行，这与现代的间隔年旅行（升学，或在毕业之后、工作之前的旅行）别无不同，这是一次宝贵的经历。这些贵族和他们的随从会花上几个月的时间，去探索欧洲的大型城市和遗址，观察古代遗迹，了解西方古文化，并与国际朋友交流往来。他们相信，目睹过去的辉煌和宝藏，会感受到欧洲先辈的文明力量。

这些观察要求人们记录下所见之物，可供选择的方法是做草图、素描和绘画。当时的艺术家，大都从事绘制地形图、科学图和植物插图等工作。1768 年，约瑟夫·班克斯（Joseph Banks）聘请了苏格兰艺术家悉尼·帕金森（Sydney Parkinson），邀他共同参加詹姆斯·库克（James Cook）船长的太平洋之旅。帕金森画了当地的奇异动植物，如今，这些画作仍称得上首秀。玛丽亚·西比拉·梅里安（Maria Sibylle Merian）画了苏里南（Surinam）的野生动物，将新大陆的景象展现给了欧洲，法国插画家克劳德·奥布里特（Claude Aubriet）则描绘了中东地区的风土地貌。[2]

一个有天赋的画家具备着高超的写实能力，但不是所有的旅行者都是这样的画家。学者、业余画家以及艺术家开始使用“暗箱”来准确地记录下风景和物体运动。让我们来回顾一下：“暗箱”是一种自然光学现象，通过一个小孔，明亮场景的图像可以投射到黑暗空间的平面上。原版“暗箱”是个真正的房间，但到了 18 世纪，出现了一种便携式的版本。官方版本是一个红木盒子，里面有个伸缩取景器，装有两个凸透镜，内置倾斜的镜子，可以将图像投到盒子顶部，顶部有个镜头可以放大图像。[3] 1780 年前后，该装置获得了国王专利，据说还受到了一众著名画家的青睐，包括卡纳莱托（Canaletto）和约书亚·雷诺兹（Joshua Reynolds）爵士等人，连有钱有闲的业余爱好者们也对此赞不绝口。还有一种被称为“野外摄像机”的装置，安装在帐篷顶部，帐篷又小又黑，艺术家坐在里面，抓拍投射到纸上的图像。[4]

1806 年，英国人威廉·海德·沃拉斯顿（William Hyde Wollaston）因无法记录湖区的壮丽景象，他深感失望，便发明了一种新型光学绘图仪器，还申请了专利，他称之为“投影描绘器”。这是一个简易便携的设备，用悬挂在支架上的小棱镜来反射图像，使其看起来就像幽灵一样漂浮在纸上，可用来观察对象的细节。它很快成为绘画的首选辅助工具。19 世纪上半叶时，世界各地的艺术家和业余画家几乎人手一件。[5]

在沃拉斯顿推出投影描绘器的同时，艺术界正在经历一场悄无声息的变革。一直以来，除了个别的作品，风景画在艺术界难以立足。地形测量员为旅游业记录的古迹，叫风景画；为虚荣乡绅记录的乡间邸宅，也叫风景画。英国萨福克郡有位名叫约翰·康斯特布尔（1776—1837）的人，同时代有位伦敦人叫 J.M.W. 透纳（J.M.W.Turner，1755—1851），二人合力改变了这种观点，同时为 19 世纪下半叶激进的艺术变革开辟了道路。二人的画作都亲近自然风格，涵盖“柳树、破落的旧河岸、黏滑的柱子”等常见的日常生活细节，还有光线和天气所形成的特殊效果，这些都是他们画作的侧重点。这与传统风景画不同，传统风景画中会有很多人为因素的干扰。康斯特布尔和透纳采用色彩、笔触和构图等创新技术来展现自己眼中的自然，而不是采用艺术学院里教的那些展现自然的方式。他们用眼睛，而不是心灵去作画。[6]

18 世纪的化学领域也有了重大进展。1727 年，一位德国化学家观察到银器的表面会在空气中渐渐变暗。[7] 在其他化学问题上，化学家拉瓦锡（Lavoisier）和普里斯特利（Priestley）一直存在分歧，但在 18 世纪末，两人达成了共识，都赞成化学物质在结合时，会以可预测的固定方式发生反应。

1796 年，另一个德国人利用化学反应，发明了一种印刷技术，他称之为平版印刷（lithography），意思是在石板上绘制。相较于早期的蚀刻版画或木刻印刷，平版印刷速度更快，成本也更低。他首次将图形图片印刷出来，供大众使用。[8] 借用绘画的形式，图像印刷开启了新市场，服务于中产阶级。[9] 图像复制开始变得大众化。

在制造业方面，工业革命正在如火如荼地进行，越来越多的传统工作和行业实现了工业化和自动化。那么，复制图像也能实现工业化和自动化吗？

科学、艺术、工业和社会变革的潮流正交融汇聚。时代精神正慢慢形成，像梦境中的记忆碎片，星散在城市各处——我们能否从生活中捕捉图像，并永久保存下来呢？

英格兰，1800 年

托马斯·韦奇伍德（Thomas Wedgwood），著名陶艺家乔赛亚（Josiah）之子，首次试图将暗箱的光效应与化学反应相结合。年轻的托马斯体弱多病，患有严重的抑郁症，但由于家世显赫，他结识了许多艺术界及科学界的领军人物，也包括初出茅庐的新人。[10]

早在1800年，韦奇伍德就试图制作“自动”图像。他将白纸在硝酸银溶液中浸渍后拿出，把有图画的玻璃板放在上面，然后暴露在阳光下。他发现“光透过不同颜色的表面，会产生深浅不同的棕色或黑色，所照光线的强度明显不同”[11]。但问题是，一旦“自动”图像暴露在充足光线下，画面就全黑了。韦奇伍德也尝试过用暗箱成像，但都没有成功。

韦奇伍德的朋友汉弗里·戴维（后来发明第一盏电灯的那个戴维）在一篇论文中记录了韦奇伍德对光和图像的实验，论文的名称是《在玻璃板上复制图画——基于光对硝酸银的作用》。1802年，皇家学会的首期期刊上发表了这篇文章，但他们都没有认识到这一发现到底有什么潜在的意义。1805年，韦奇伍德离开人世，他的信件或论文中并未提到摄影实验。[12] 戴维成了著名的化学家，可他没有继续研究如何才能“保存”图像。韦奇伍德几十年来有关摄影的研究算是前功尽弃了，后人不得不从头开始寻找用光绘画的方法。[13]

法国勒格拉斯，1826年

与托马斯·韦奇伍德的出身相似，年轻的约瑟夫·尼塞福尔·尼埃普斯（Joseph Nicéphore Niépce）家境富裕，对科学和技术有着浓厚兴趣。1813年，尼塞福尔·尼埃普斯开始关注新兴的印刷工艺——平版印刷。尼埃普斯不会画画，所以他开始尝试自动生成图像的方法。他用暗箱拍摄了窗外的景色，试着用不同的化合物处理，想要重现影像。1816 年，他用银盐处理一些纸张后，纸上显现出了一张负像，这是第一张由照相机拍下的图像。但和韦奇伍德早期的尝试一样，一旦暴露在充足光线下，它就会变黑。尼埃普斯便开始尝试将影像变成正像。

1826 年，尼埃普斯成功拍摄出了世界上第一幅永久性照片。他称之为日光蚀刻法（Heliotype），也叫“阳光摄影法”：在阳光明媚的日子里，利用暗箱将窗外景色投射到一个用柏油处理过的锡板上。

不久后，尼埃普斯遇到了一位名叫路易·达盖尔（Louis Daguerre）的艺术家兼剧院设计师。达盖尔胸怀大志，是一位表演大师，因创造了奇特的透视画（Diorama）而崭露头角。在专门建造的剧院，他布置了多种布景和灯光效果，创造出了 17 世纪的荷兰版画场景，在巴黎和伦敦轰动一时。达盖尔对拍摄生活照非常感兴趣，希望加入尼埃普斯。1829 年 12 月，尼埃普斯和达盖尔达成了十年合约，专注开发日光蚀刻法。1833 年，尼埃普斯溘然长逝，达盖尔接续前行，并最终想出了一个妙招：使用镀银的铜片，创造出鲜明的永久性图像。达盖尔开始寻找投资者，他动身前往巴黎，向艺术和科学界翘楚展示此发明，并命名为“达盖尔摄影法”（Daguerreotype，又称“银版摄影法”）。

后来达盖尔融资失败，但天文学家及政治家弗朗索瓦·阿拉果（François Arago）给他提供了支持。1839 年 1 月 7 日，阿拉果在法国科学院（French Académie des Sciences）宣布：

“达盖尔设计出了特殊的版材，将影像完美重现，银版底片上，连影像的细枝末节都清晰可见。”[14]

阿拉果提议，法国政府不应颁发专利，而应购买这项发明，然后以进步和法国荣耀的名义，将其馈赠给全世界。[15]

据当时报道：“整个文明世界震惊不已，法国人也十分诧异。”[16] 尤其是尼塞福尔·尼埃普斯的儿子伊西多尔（Isodore），他愤怒万分，控诉人们忽视了自己父亲曾经的贡献，而且自己在合伙企业中继承的份额也减少了。于是他对达盖尔提起了诉讼，使达盖尔摄影法不能如期发布新消息，直到诉讼得到解决。

英国，1839 年

还有个英国人——威廉·亨利·福克斯·塔尔博特（William Henry Fox Talbot），在听到阿拉果声明后，震惊不已。塔尔博特是位乡绅，是博学家、发明家和科学家，但不是艺术家。1833 年 10 月，他来到意大利的科莫湖（Lake Como）度蜜月，尝试用沃拉斯顿的投影描绘器写生。然而，“棱镜里的景色很美，但当眼睛离开棱镜后，我发现笔下的画一塌糊涂”[17]。

十年前，塔尔博特未能用暗箱记录下想要的影像，“自然之美，创造瞬间，注定消失不见……让我不禁思考，是否能够将自然图像印在纸上，而且永存在纸上”[18]！

1834 年年初，塔尔博特开始尝试所谓的“光影绘画”。他尝试把银化合物的溶液刷在纸上，然后暴露在光下。塔尔博特得到一些负像（黑色区域代表亮，白色区域代表暗），后来他意识到，如果底片上制作出负像，那么将影像印到另一张底片上，就能得到正像。[19] 虽然需要两个阶段，但塔尔博特发觉，一张底片可以制作出无限张正像，接下来的几年里，他继续着这一系列的实验。1839 年年初，阿拉果的声明传到巴黎，塔尔博特还在努力阻止影像消失。

时不待人，塔尔博特决定提前公布，避免人们说他借鉴了达盖尔的发明。他立即联系了皇家学会，主动递交了一篇论文，题目是《一种新型设计艺术》（*A New Art of Design*），并把摄影图寄了过去。1 月 31 日，阿拉果演讲三周后，塔尔博特的论文发表，还提供了摄影过程的全部细节。

塔尔博特承认这还没法投入商用，但他放言，这无关金钱，科学至上。分享发明，是为了他人可以对此做出改进，自己会继续努力。他确信自己的方法与达盖尔不同，同时优于他的方法。

事实证明，塔尔博特是正确的，但在摄影的进化之路上，韦奇伍德、尼埃普斯、达盖尔和塔尔博特，都扮演着关键角色。韦奇伍德是首位使用光和化学物质，在介质上捕捉到图像的人；尼埃普斯拍摄出了史上首幅永久性的照片；达盖尔率先将摄影技术投入商业生产；在接下来的几年里，塔尔博特完善了“负片—正片摄影法”，最终该摄影法将达盖尔摄影法取而代之。在数码相机出现之前，塔尔博特开创的摄影法足足风靡了 150 年之久。

然而，在 1839 年春夏之际，和塔尔博特的研究进度相比，达盖尔一直处于遥遥领先的位置。

1839 年 8 月，巴黎

1839 年 8 月 19 日下午，在雄伟的法兰西学院（Institut de France）门前，200 多人聚集在此。此学院位于塞纳河左岸，正对着巴黎艺术桥（Pont des Arts）和卢浮宫。几小时前，楼内座无虚席、人群熙攘。艺术学院和科学院的成员在主会议厅就座，周围挤满了观众，俯瞰着伟人的半身像。这些伟人是法国最杰出的艺术家、科学家和哲学家。达盖尔、伊西多尔和阿拉果坐在会议室主位。

下午 3 点，阿拉果起身，面向人群开讲。他描述了暗箱的历史、各种物质的感光性、托马斯·韦奇伍德的早期实验、尼塞福尔·尼埃普斯的第一张永久性自然影像，以及达盖尔在尼埃普斯去世后进行的试验。

最后，到了大家翘首以盼的环节：达盖尔摄影法。在这种情况下，他做了言简意赅的说明，并承诺不久后将出版包含实际操作的完整手册。虽然不会太详尽精细，但人们依旧表现得欢呼雀跃。就连向来严厉的院士也为他喝彩。次日，消息在巴黎广为报道，后又传到了伦敦。[20]

一切来得是如此之迅速，这多亏了法国政府。达盖尔摄影法选择了面向大众，并且不收取任何费用，但精明如达盖尔，悄悄保留了相关设备的专利。同年 9 月初，官媒出台了摄影手册、相机和底片的广告。9 月 7 日，法文版摄影手册出版，不到一周，英文版在伦敦出版。消息传播的速度就如同最新汽船“英国女王号”（*British Queen*）的速度，飞速横渡大西洋。[21] 法国设备许可公司将其代理人弗朗索瓦·古劳德（François Gouraud）派往纽约，以激发人们的兴趣，刺激人们购置设备。几周内，美国各大城市开始展览，报纸和杂志上对“新艺术”的讨论火热。一位编辑滔滔不绝地说道：

“所有画作都将在大自然的笔触下一一呈现……田野、河流、树木、房屋、平原、山脉、城市，在按下快门后的一刹那……借着太阳赐予的福利，所有自然景象，无论有无生命，从今以后都将成为画家、雕刻者、印刷者和出版者。”[22]

大自然的肖像画家

当人们还沉浸在达盖尔摄影法的喜悦中时，几乎无人讨论肖像拍摄。达盖尔的示例照片包括街景照、静物照、风景照、异国风情照、雕塑和艺术作品照、植物和生物照，甚至是月亮的照片，但是唯独没有肖像照。当时，达盖尔和其他评论家对摄影大加评论，认为它具有促进艺术和科学发展的潜力，却忽视了其潜在的社会贡献。这可能是因为，早期的达盖尔摄影法需要很长的曝光时间，在此期间，人们早就离开了拍摄范围。事实上，早期的街景照的确能看到人的踪迹，但因为人来人往，所以人就没有被记录在底片上。可想而知，达盖尔的照片上不存在街道上来来往往的行人、马匹和推车。在所有的照片中，唯一出现的人物是个巧合：巴黎街景中的两个静止人物——一位鞋匠和他的顾客。他们的入镜纯属偶然。

由于忽视了肖像照，达盖尔严重误判了市场。其他人思虑周全，肖像照在市场上兴起一股热潮。1839 年的 10 月和 11 月，达盖尔摄影法传到费城后，当地化学家罗伯特·科尼利厄斯（Robert Cornelius）立即着手制作了一台相机。[23] 阳光明媚，他站在自家店外，打开相机光圈，一动不动地站着，一段时间后，他小心翼翼地取回了镜头。他拍出了第一张已知的肖像照，同时是第一张自拍照。照片中的人，头发蓬乱，英俊年轻，向左边微微转头，注视着镜头，表情肃穆。这幅照片定格了时间和外貌——这是任何画作或肖像画都不可比拟也难以企及的，因为它捕捉到了科尼利厄斯在那一瞬间的真实面貌。

到次年年中，两个纽约人来到百老汇，开了世界上第一家摄影肖像工作室。第三年，欧洲首家工作室在伦敦摄政街（Regent Street）开业。他们要求人们在几分钟内静止不动，这并不是太难，工作室配备了改装过的座椅和精心布置的支架，帮助人们保持姿势。人们对肖像照的渴望使得达盖尔摄影法风靡一时，没错，人们的确想看看远方，看看市政厅，看看几个世纪前的雕像，但其实，他们真正想看到、想拥有的，是一张自己的照片。达盖尔摄影法做到了。

各界人士（化学家、商人、艺术家、珠宝商、商人）开始投资达盖尔摄影设备，着手开店。在美国，一台正版相机（一个档案盒大小的木制立方盒）售价 51 美元，每张底片 2 美元，这意味着花不到 100 美元就可以开店。每张照片卖 7 美元的话，几周内便可回本盈利。

马修·布雷迪（Mathew Brady）来自纽约，是较早踏足摄影界的人之一，也是成功的摄影企业家之一，他很早就意识到了肖像照的潜在价值。他于 1844 年在百老汇成立了摄影室。布雷迪找到了当时的名人，提出免费为他们拍摄的请求，然后在画廊展出名人肖像，并从中收取入场费。1850 年，他出版了畅销的平版印刷专辑（采用达盖尔摄影法），将其命名为《美国杰出人物画廊》（*The Gallery of Illustrious Americans*）。应布雷迪的要求，工作室拍摄的每张照片都标上了他的名字，他很快成为名人伟人的首席摄影师。

1860 年 2 月，布雷迪工作室的门前，一位年轻的政治候选人停下脚步。他来自伊利诺伊州，名不见经传，准备在附近发表演讲。这位候选人身材高挑，骨瘦如柴，脖颈偏长，五官粗犷。布雷迪竖起年轻人的衣领，遮住他的脖子，让他微微侧身；一只手轻放在书上，就像在宣誓一样，然后直视镜头。此时，照片中的人显得刚毅正直、风度翩翩、值得信赖。这张照片被印在候选人演讲稿的封面上，当他当选总统候选人后，还印到报纸、竞选胸针和传单上。在亚伯拉罕·林肯（Abraham Lincoln）当选为美利坚合众国第十六任总统时，他把胜利归功于布雷迪和他的照片。[24] 布雷迪那天拍的照片，成为有史以来具有标志性的照片之一。

摄影工作室如雨后春笋般涌现，照片价格迅速下跌。位于都市中心的豪华工作室会提供精心准备的道具，如盆栽棕榈树，以及各式各样的帷帘。野心不大的经营者会选择在小城市成立一家照相馆，巡回摄影师则辗转于村镇之间，在乡村集市、十字路口或任何有人烟的地方开店。顾客们会花上一天的工资，拍摄一张照片，将瞬间定格成永恒。

美国南塔克特岛，1841 年

1818 年前后，弗雷德里克·道格拉斯（Frederick Douglass）出生在马里兰州，是名黑人奴隶。他在自传中写道：“没有哪个奴隶能说出自己的生日。——给奴隶母亲和不知名的白人父亲。”[25]他违背主人的意愿，自学阅读，从一本阐释古典修辞的教科书中获得启发。[26]大约在 20 岁时，道格拉斯逃跑了。他逃到了北部各州，找到了自己的工作，并参与了废奴运动。1841 年 8 月，在南塔克特的一次反奴隶制大会上，听众主要是白人，他对这一场景十分感动，当场发表了演讲。[27]演讲十分成功，道格拉斯受邀成为马萨诸塞州的代表，开始在全国巡回演讲，同时写作，反对奴隶制。

在看到肖像照的一刹那，道格拉斯就意识到，这或许是反对奴隶制斗争中的强大武器。他明白，新媒体可以改变人们看待世界的方式，特别是看待黑人的方式。当时，大多有关美国黑人的手绘画，都带有明显的种族主义色彩，以负面讽刺居多，或者泛滥着虚假的同情心。

1841 年，道格拉斯利用自己的照片，改变了美国白人看待黑人的眼光。道格拉斯在全国各地竞选演讲时，大批肖像工作室成立，他尽可能在多地拍摄肖像照。照片上展示了一位非裔美籍人的新形象，他英俊潇洒，优雅睿智，穿着得体，昂首挺胸，直面镜头。镜头里的人不是出于猎奇，也不是企求怜悯，而是身为一个人，正以自己的方式，展示着自己不卑不亢的风骨。

道格拉斯的照片被制成版画，印在手册、图书和报纸上。道格拉斯把肖像作为礼物送给朋友和崇拜者，他自己家里和办公室里的肖像也很多。[28] 当他创办报纸时，他用肖像照作为赠品来吸引客户。[29]

照片能够激发变革，道格拉斯深谙此道。他意识到照片的说服力，以及其改变群众观念的能力，道格拉斯在 1861 年写道："毫不夸张地说，照片的道德和社会影响，就像摩尔（Moore）对民谣的看法——让我来创作国家的民谣，我不在乎谁来制定法律。"[30]

道格拉斯一生中，至少留下了 168 张不同的照片。数量比亚伯拉罕·林肯（126 张）、乔治·卡斯特将军（George Custer，155 张）或沃尔特·惠特曼（Walt Whitman，127 张）等名人都多，这使得道格拉斯成为 19 世纪拍照最多的美国人①。[31]

超越达盖尔摄影法

每幅达盖尔照片都是独特的。它们在抛光银版上成像，被密封在暗盒内，防止变色。摄影过程非常漂亮，同时也非常脆弱，难以复制。当时，弗雷德里克·斯科特·阿切尔（Frederick Scott Archer）传承了塔尔博特的负—正摄影法，1850 年前后，他发明了火棉胶（湿版）摄影法，使得达盖尔摄影法的热度退却。塔尔博特和阿切尔的照片可以打印到纸上，一张底片可以打

---

① 英国王室也十分热衷于拍照，据报道，威尔士亲王（Prince of Wales）拥有已知照片有 655 张，维多利亚女王（Queen Victoria）428 张，亚历山德拉公主（Princess Alexandra）的单人照有 676 张（Stauffer, et al., 2015, p.xii）。

印出多张照片，比达盖尔摄影法便宜得多，也方便得多。

1854年，一个法国人申请了多镜头照相机专利，这种照相机一次能拍出多达八张相同的照片。他把照片分开，贴在硬卡片上，称之为“名片照片”（Carte de visite）。世界各地涌起一股热潮。每个人都纷纷开始制作自己的名片，作为礼物同朋友家人交换，工作室开始出售名人名片，供人们收集之用，并形成了早期的名人文化。不出所料，没过多久，暗中交易的色情卡片便泛滥成灾，这一社会变化来得猝不及防，令人心生不安。[32]

超越肖像

据统计，在美国前五十年的摄影作品中，肖像照占了90%。与此同时，摄影在其他领域也占有一席之地。[33] 在达盖尔摄影法发明几年后，世界上首批插图杂志发行。1842年，伦敦出版了《伦敦新闻画报》（*Illustrated London News*），波士顿出版了《格里森画报》（*Gleason's Pictorial*），1855年又出版了《弗兰克·莱斯利新闻画报》（*Frank Leslie's Illustrated Newspaper*）。虽然这些出版物不能印刷拍摄的照片（因为在1880年还没有这种技术），但印刷了照片版画，并称它们为“照片”，读者也普遍接受这一称呼。这些杂志发行量巨大，于是，摄影杂志开始流行，大众名人文化也开始盛行。

19世纪50年代，在一辆马车的摄影棚里，罗杰·芬顿（Roger Fenton）记录了克里米亚战争（Crimean War）。其中最著名的照片，是他拍摄的散落着俄罗斯炮弹的幽谷。事实上，这张照片有两个版本：一张山谷中到处散落着炮弹，另一张则是空荡荡的路面。到底是芬顿把炮弹置于山谷中，使照片看起来更戏剧化，还是炮弹在战斗过程中被士兵转移了，至今仍存在争论。[34] 但不管事情的真相如何，正如塔尔博特所说，摄影在极短时间内就受到了非议。

1861 年，美国内战爆发，摄影派上了用场，被用来传递军事信息。马修·布雷迪组装了可移动工作室和暗室，雇佣助理，记录下战争情形和交战双方。惨状前所未有：死伤惨重的士兵、尸横遍野的万人坑、满目疮痍的战场。当然，为了实现强烈的情感冲击和视觉冲击，布雷迪和助手有没有进行摆拍呢？人们对此一直争议不休。如果真的是摆拍，那么观者对照片的理解会有什么不同呢？

在科学领域，最让业界兴奋的是，摄影能够拍摄出微观照片。一开始，摄影与显微镜、望远镜相结合，提高了精确度，拍摄出了可研究、可复制、可分享的影像。在天文学中，长时间曝光可以拍摄出遥远恒星的细节。在以前，即使是用最精确的望远镜，单凭肉眼也无法探测到。同时，摄影家还拍出了刺眼的太阳图像，这让物理学家对地球性质有了新的见解。埃德沃德·迈布里奇（Eadweard Muybridge）和艾蒂安·朱尔·马雷（Etienne-Jules Marey）等摄影师，摸索出了如何抓拍动物和人的运动照，由此改变了对运动和解剖学的理解。

摄影助了科学一臂之力，却也阻碍了科学的发展。19 世纪晚期，摄影推动了面相学的研究。面相学试图将面部特征与性格特征联系起来。英国统计学家和社会科学家弗朗西斯·高尔顿（Francis Galton）发明了一种合成摄影技术，创造出了一张

"平均"脸，试图用常见的面部"偏差"，来识别谋杀犯和小偷。这种理论听起来很有趣，但没什么实操性。另一门准科学——光电学，据说是从视网膜中提取最后的影像。在不止一个案例中，警方拍摄了一名被谋杀致死的受害者的视网膜，希望能看到凶手的脸（剧透一下：并没有）。[35]然而，在另一个案件中，当警察告诉被指控的杀人犯，他们从死者的眼睛里看到了他的脸，犯人选择了供认不讳。[36]

摄影与艺术

摄影对艺术产生了何种影响，评论家各抒己见。一些人对艺术即将衰落深表忧心[37]，另一些人则认为，摄影对画家来说独具价值，因为他们可以从生活中提炼主题，既节约了时间，又省去了麻烦。但这些人没有意识到，现在就像18世纪时，女裁缝庆祝缝纫机的发明。包括达盖尔和塔尔博特在内的许多人，认为摄影可以让人们看到无法亲眼所见的场景，从而激发对艺术的兴趣。

最终，所有预言都或多或少地成真了。摄影出现后，画作数量确实减少了，人们也很少用绘画来记录信息了。几十年间，肖像画、地形图和科学插图都一一衰落。职业艺术家难以维持生计，转行成了摄影师，靠肖像画热潮大赚一笔，过上了优渥的生活。[38]对于才华横溢的知名画家而言，照片沦为摹画工具，尽管他们对此拒不承认。

在摄影出现的早期，为了避免审查，法兰西学院（French

Academy）将裸体照片正式注册为“艺术家的助手”（但正如我们所见，色情图片很快就在黑市上泛滥成灾）。后来，头脑精明的经销商设计出一整套摄影集，用来作为艺术家的“助手”。当代先锋艺术家，包括古斯塔夫·库尔贝（Gustave Courbet）和尤金·德拉克洛瓦（Eugene Delacroix）等人，大肆借鉴照片以获取灵感，尽管大众的批评声不绝于耳，但他俩毫无愧疚之情。[39]

与此同时，艺术机构依靠新媒介，提高了自身影响力。大英博物馆、卢浮宫、安特卫普博物馆（Antwerp Museum）和南肯辛顿博物馆［South Kensington Museum，维多利亚和阿尔伯特博物馆（Victoria and Albert Museum）的前身］都委托知名摄影师记录本馆收藏，并出版专辑出售给公众。[40]

成功的艺术家也会拍照记录画作，有时，他们会出售画作照片，来谋取另外的收入。相反，维多利亚国家美术馆（National Gallery of Victoria）委托摄影师，拍摄了欧洲艺术作品，将它们展示给公众，这在以前的澳大利亚可是闻所未闻、见所未见的。[41]

摄影艺术

比起摄影在艺术方面的应用，更有争议的是，摄影本身是否可以成为一种艺术形式。从早期实验中，塔尔博特探索了摄影的艺术魅力，并将摄影描述为“用光绘画”和“自然的画笔”。人们争先效仿，批评家则厌恶。法国诗人查尔斯·波德莱尔（Charles Baudelaire）谴责那些“太阳崇拜者”，因为他们将摄影等同于艺术。他认为，有的画家“穷困潦倒、为人懒惰”，荒废了学业之后只能转行摄影。[42]法国摄影师纳达尔（Nadar）试图创新摄影作品，遭受众嘲，而英国摄影师朱丽亚·玛格丽特·卡梅隆（Julia Margaret Cameron）在尝试拍摄柔焦人物时，人们说画作“不修边幅”。

诚然，早期艺术摄影既有荒诞离奇的奇闻逸事，又发生过愚蠢至极的闹剧。1857 年，奥斯卡·古斯塔夫·雷兰德（Oscar Gustave Rejlander）拍了幅照片——《两种人生》（*The Two Ways of Life*），照片以古典寓言为背景，描述了族长让两个年轻人在罪恶和美德之间做出选择。雷兰德采用 32 张底片拼放叠印，成就了一幅杰作，但不得不说，照片的题材和风格多少有些美中不足。

自然风景照在相较之下更吸引人的眼球。卡尔顿·E. 沃特金斯（Carleton E.Watkins）首次定格了加州约塞米蒂国家公园（Yosemite）的壮丽景象：宏伟的花岗岩教堂、穹丘、尖塔、奇山怪石。当时还无法放大底片，他采用大型相机，还有比车窗大的玻璃板，制成“巨型底片”，这一技术实用，却不好操作。[43]当时，评论家称他的照片是“完美艺术”，他的作品促使林肯总统立法保护约塞米蒂国家公园，并最终成立了美国国家公园管理局（the US National Parks Service）。

在 19 世纪 50 年代的欧洲，古斯塔夫·勒·格雷（Gustave le Gray）热衷拍海景照，无论是在艺术上还是技术上，他都是极具潜力的艺术典范。他拍摄到起伏的波浪，而当时需要很长的曝光时间，增加了成片难度。由于曝光时间不同，他将海洋与天空分开拍摄，冲洗时将底片结合，沿着地平线拼接，成功解决了这一问题。他是为了艺术，而不是为了纪录。因为有些照片融合了不同地方拍摄的海洋与天空。与此同时，照片更像是呈现了人眼所见的自然之景，比单张照片更“真实”。[44]

人们一直在纠结：摄影是否能作为艺术媒介呢？这种纠结心理一直持续到了 20 世纪。1950 年，恩斯特·贡布里希（Ernst Gombrich）写下开创性著作《艺术的故事》（*The Story of Art*）。书中只提到了摄影，却没有列举摄影艺术的例子，讽刺的是，所有的图版都是非摄影艺术作品的照片。直到第十五版出版，也就是原版出版的四十年后，亨利·卡蒂埃·布列松（Henri Cartier-Bresson）于 1952 年拍摄的街景照片，才被列入第 404 号图版。[45] 毫无疑问，如今的摄影绝对属艺术媒介，但即使摄影水平高超，它仍然与绘画有千差万别。拍卖会上，最贵的照片拍出了 2500 多万元人民币（另一场私人拍卖，据说拍出了接近 1300 万元人民币，但未经证实），而有史以来最贵的是达·芬奇的画——《救世主》（*Salvator Mundi*），成交额约 29 亿元人民币，比照片贵了 100 多倍。[46]

最后，摄影对艺术的间接影响是最大的。[47] 正如人们的预测，摄影取代了艺术家，用来记录日常生活，但在这个过程中，摄影也为艺术家开辟了道路，促使他们探索出更独特的方式去描绘世界。自印刷机出现后，中世纪学者就摆脱了四个世纪以来的辛劳，不用再抄写和记忆手稿，同样，摄影出现后，艺术家不再追求写实。

摄影出现之时，艺术家们正开始尝试新方法，来画出所见的东西。19 世纪早期，最初几十年时间里，康斯特布尔和透纳描绘了稍纵即逝的瞬间，但那并不是理想化的画面。在达盖尔摄影法发明前后，法国兴起了一场新的艺术运动，由画家古斯塔夫·库尔贝和“农民”让·弗朗索瓦·米勒（Jean-François Millet）领导，他们一个桀骜不驯，一个坚韧不拔。受透纳和康斯特布尔的影响，这些艺术家，后来被称为现实主义者，采用传统画法，选取了更宏大的主题，胸有丘壑，但画作内容多是呈现普通大众，或是平平无奇的景观。其他人传承了库尔贝（Courbet）的现实主义，专注于画出眼睛所见之物，而不在意参照物“应该”是何模样。在爱德华·马奈（Eduard Manet）的带领下，画家们走出了光线充沛的工作室，探索应当如何画出光与自然交融的景象，因为只有室外才有纯粹的自然光。1863 年，在他们的初展上，如今著名的落选者沙龙（Salon des Refuses，一个在其作品遭巴黎官方沙龙拒绝后愤然成立的组织）对新作品的风格和主题大为震惊。比如马奈的《草地上的风景》（*Dejeuner Sur l'Herbe*）。一位批评家嘲笑马奈，称他的后继者是“印象派画家”（*les impressionists*），但其人后来名垂艺术史。

胜过千言万语？

维多利亚女王加冕两年后，摄影进入大众视野，与电报、跨洋轮船和铁路一起经历了一场变革。这些技术突破了时间和空间的限制。在几分钟内，信息便可跨越大陆甚至海洋，人和事物可以在世界各地自由流动。这是前所未有的，但也是真实发生的。1840 年至 1850 年，近 300 万欧洲移民抵达美国，在随后的几十年里，还有数百万人来到美国，数百万欧洲人移居到南美、澳大利亚、南非和新西兰的新殖民地。在美国，成千上万的人搬离东海岸城市，迁移到中西部的可耕农田区；而在欧洲，工业化进程加快，作物歉收，人们不得不离开农村，蜗居在城市中，到大型煤气灯工厂工作。

大规模的人类迁徙正在上演。那么，摄影在其中扮演怎样的角色呢？照片点亮了彼端，留存了故乡的一切；挚爱之人会被定格，美好事物会亘古不变。但，这样会让离家的人们心里好受点吗？照片创造了一种幻觉，让人们觉得所爱之人就在眼前。当然，这种幻觉虚无缥缈。照片是冷冰冰的，没有人们独特的气息，没有人们活动的声响，最重要的是，没有他们的声音。但这幅画看得见、摸得着，将他们奇迹般呈现在眼前。不用害怕分离，因为我们还可以看到对方。

照片替代了不在身边的亲人，记录下来的影像被赋予了新的意义，甚至超过了他们的其他特征。随着时间的推移，人们可能会忘记爱人的声音、手掌的温度、脖颈的气息，但相片中的脸永远不会被遗忘，还是一如往常的容颜。

照片记录的似乎是未经掩盖的事实，因此许多人认为，照片所呈现的事物就是真理。1859 年，一部名为《八分之一黑人血统》（*The Octoroon*）的电影上映，摄影师手持器材，对别人说：

“这台机器不会出错的。我带着这台机器四处奔波拍照时，人们常常惊诧：‘嗨，先生，这不像我！’”

“夫人，我想说，仪器不会出错。”

“但是，先生，我的鼻子不长这样。”

“夫人，这是你鼻子的问题。”[48]

相机掩盖不了真相，正如这则久远的对话。直到今天，人们都还是普遍认为“相机不会撒谎”，尽管照片经常会有偏差。从一开始，为了特定的原因，或者为了增加戏剧效果，人们会伪造照片。1895 年，一篇新闻打趣道：“摄影师，尤其是业余摄影师，会告诉你相机不会说谎。但也仅限于摄影师，尤其是业余摄影师。”[49]

尽管对于“相机是否代表现实”这一说法有待商榷，但对大多数人来说，在很多时候，照片描述的就是现实，并定义了什么是“现实”。作为肖像照，它保留了普通人最美好的一面，并且永存于世。作为个人纪念品，它创造并定格了记忆，让所爱之人穿越时空。在新闻、政治和广告中（以前都是由书面或口头文字主导的）照片的作用，从说明文字演变成验证文字、缩写文字，最后完全取代了文字。

1911 年，一位记者在写新闻时，写下过这样一句话：“一张照片胜过千言万语。”十年后，一位媒体人写了篇广告，将其改进为“百闻不如一见”（A picture is worth a thousand words），他还自创了一个说法，即这句话是一句中国谚语，希望人们认真对待。[50] 鉴于广告都是以图片的形式呈现的，而且在现代世界中随处可见，所以人们普遍认为图片是真实的，他的策略奏效了。

亨利 · 福克斯 · 塔尔博特认为，摄影是一种现实魔法，人类一直深陷其中。

十三
超越想象：电影

现实超越想象。在银幕上，气息、光亮、活动映入眼帘，眼前之景，比梦境之所见更加珍贵。

——佚名，《苏格兰的光影生活》（*Lights and Shadows of Scottish Life*），1822

1915 年，美国佐治亚州

1915 年 12 月 6 日，一群人阔步行走在亚特兰大市桃树大街（Peachtree Street）上，他们身穿白色长袍，戴着白色尖顶头套，遮住整张脸，只露出眼睛，边走边向空中开枪。一周前，威廉·J. 西蒙斯（William J. Simmons）带领十几个人登上了附近的石山（Stone Mountain）。他是士兵出身，后来转行成为传教士，现在又当起了推销员。山顶上，西蒙斯举行了隆重的仪式，他准备了临时石祭坛、《圣经》、美国国旗和燃烧的巨木十字架，宣称自己是“三 K 党的骑士，隐形帝国的巫师”。因此，在 20 世纪，三 K 党卷土重来。

最初的三 K 党存在时间很短。它成立于 19 世纪 60 年代末，彼时，南方各州在内战中失败，在随后的重建时期也满是冲突和混乱。19 世纪 70 年代初，尤利西斯 · S. 格兰特（Ulysses S. Grant）总统通过联邦法律，沉重打击了三 K 党，但到了世纪之交，又放松了镇压。长期以来，西蒙斯一直梦想着复兴三 K 党，1915 年，三 K 党又一次出现在国民视野，他觉得机会来了。

1915 年 2 月，新型娱乐形式——电影出现了。所有看过电影的人都震撼无比。有一部史诗级的无声电影，名为《一个国家的诞生》(*Birth of a Nation*)，片长三个多小时，聘用了数千名演员，背景乐由 40 人的管弦乐队演奏。[1] 这部电影声称，它遵循了历史，讲述了内战期间和战后的生活故事，聚焦于冲突双方，也就是两个家庭的命运。电影中，内战结束后，刚获释的黑人和腐败的北方政客在南卡罗来纳州（South Carolina）胡作非为，抢劫财产，强奸白人妇女，滥用政府救济。政治家无法插手，或根本不愿介入。情况由此变得越发混乱，直到字幕上写道：“终于，出现了一个伟大的党派——三 K 党，它是名副其实的南方帝国，保卫着南方家园。”[2]

《一个国家的诞生》就是三 K 党的“复燃剂”。

该电影于洛杉矶首次上映，并在随后的几个月在全国进行上映，吸引了成千上万的观众，拿下数百万美元的票房。1915 年 12 月，这部电影终于在亚特兰大上映，西蒙斯和同伴正是在此地重组了三 K 党。这只是个开始。在接下来的五年里，三 K 党予以赞助，定期放映《一个国家的诞生》，还进行了特别招募活动，五千万人观看了这部电影。[3] 到 1925 年，复兴的三 K 党有数百万成员，同年 8 月，在华盛顿特区的街道上，五万名身穿白袍、头戴尖顶帽的三 K 党人，露着脸，进行游行。[4]

欧洲，1600—1850 年

在 17 世纪的欧洲，继望远镜和显微镜发明后，人们对光学设备产生极大兴趣。在当时的娱乐业，“幻灯机”（Magic Lantern）很流行，通常将天使、魔鬼或者其他神奇生物画在玻璃上，用灯或烛光照亮，然后用镜子和透镜放大。[5] 随着节目变得多姿多彩，人们尝试了各种方法，试图让角色动起来。

人们创造了各种光学设备，营造出图像运动的幻觉。设备包括西洋镜、转盘活动影像镜、动物实验镜、活动视镜、摩托镜、灯镜和电动镜等等。所有仪器都利用了视觉特性，即视网膜成像后，会有一秒的延迟。这种现象叫作视觉暂留（Persistence of Vision），也就是在看到一系列轻微变化的静态图后，人们会觉得图像仿佛在运动。或许，你已经会在书页边角上画简笔画，通过翻页来为图形“注入生命”，制作成“动画”。可以说，这是所有电影技术的基础。出现这种运动错觉的前提是，每秒出现大约 15 幅图像或帧数；如果少于这个数字，我们就会看到单张图像，或者非常不稳定的动态图像（现代电影的拍摄速度是每秒 24 帧）。瞬间的闪现是运动错觉的关键，因为它掩盖了图像间的转换，如果不闪现的话，直接用投影机放映出的电影很模糊。很多年之后，电影才消除了闪现间隔——当闪现速度超过人类的“闪变熔阈”（每秒 50 张图像）时，就会出现这种情况[①]。因此，产生了老式的电影术语：闪片（Flicks）。

欧美地区，19 世纪晚期

19 世纪下半叶，世界各地的人们都在竞相研究一种方法，可以制作和显示动态影像。挑战是双重的：需要设计出可以快速捕捉连续图像的相机，以及可以制作动图并查看它的设备。关键是，要有一种机械来控制影像播放的停动，或者说让它们做间歇运动，这样才能快速捕捉连续图像，并将其显示出来。1882 年，艾蒂安·朱尔·马雷（Jules Marey）改装了一把转轮枪，将其升级成一台连续捕捉图像的相机（他的前辈迈布里奇（Muybridge）曾使用一系列由绳子触发的独立相机，拍摄出了著名的马和人的运动影像）。大约在 1888 年，法国人路易斯·普林斯（Louis Le Prince）发明了一种相机，每秒可以拍摄好几帧画面。他记录了其家人在利兹市朗德海花园（Roundhay Gardens）漫步的画面，虽然只有几秒钟，却是公认的首次影像。但在技术公开之前，他神秘地消失了。[②]

---

① 顺便说一句，这可能就是狗不经常看电视的原因。犬类的闪变熔阈比人类高得多（它们更擅长检测活动），几年前高清电视问世，犬类会看到屏幕以每秒 60 帧的速度闪动，这对它们来说是讨厌的闪烁光。

② 1890 年，路易斯·普林斯自第戎（Dijon）乘火车去巴黎，途中离奇失踪。一直没有找到他的尸体。后来，其子阿道夫（Adolphe）就各自的摄影发明起诉托马斯·爱迪生，并最终获胜。1902 年，阿道夫在纽约猎鸭时，中枪身亡。据推测是自杀。有人认为，爱迪生是这两起事故的幕后黑手。在老普林斯失踪几天后，爱迪生写下：“事已至此，世上再无普林斯”，还提到他很反感“谋杀”这一说法。

同年，另一个法国人夏尔·埃米尔·雷诺（Charles-Émile Reynaud）申请了光学影戏机（Théâtre Optique）的专利。这个机器令图画条在卷轴之间滚动，以此呈现出动态图像的效果。链轮装置与条带边缘的穿孔啮合，确保每一帧都停在正确的位置上。虽然这一装置投射的是图画而非照片，但雷诺的链轮装置对电影技术做出了至关重要的贡献。

第二年，托马斯·爱迪生为电影摄影机（Kinetograph）和活动电影放映机（Kinetoscope，一种电影照相机和动态图像显示装置）申请了美国专利。这些机器结合了早期发明——在卷筒间移动的穿孔胶片卷、旋转圆盘快门、停动装置，还有新发明的赛璐珞胶片（Celluloid film）和其他发明，创造了世界上第一个影片显示器。活动电影放映机不是投影仪，而是一个窥孔装置，里面有一排独立的机器，用来放映短片。1894 年，活动电影放映机在纽约投入使用，很快在美国其他城市和欧洲占有了一席之地。

而在法国，一对兄弟开始开发电影系统。奥古斯塔·卢米埃尔（Auguste Lumière）和路易斯·卢米埃尔（Louis Lumière）设计了一种机器，将胶片摄影机、打印机和放映机组合起来，他们称之为活动电影机（Cinematographe）。这个机器模仿了缝纫机构造，利用间歇运动和旋转快门来放映影像。此设备几乎比爱迪生机器轻 99%，构造简单，更易于运输、维护，使用方便。[6]

1895 年 12 月 28 日下午，一群人来到巴黎卡普辛大街，人均花费一法郎，便可进入大咖啡馆（Grand Café）地下室，坐在一排排折叠椅上，观看卢米埃尔兄弟的写实主义电影。他们是世界首批付费电影的观众，身边满是盆栽棕榈树，看了十部无声短片，每部都不超过一分钟。电影包括《工厂大门》（*Workers Leaving the Lumière Factory in Lyon*），喜剧片《浇水园丁》（*The Gardener*）等，还有导演的孩子、孩童们从码头入水等镜头。这奇特的观影方式尽人皆知。（想象一下，在那个时代，真实的人物照片在眼前动来动去，多么惊人！）几星期后，在排队等候入场的人群中，警察开始站岗，演出每天能赚几千法郎。[7] 接下来一年，几十部新“影片”发布，包括著名的《火车进站》（*Arrival of a Train at La Ciotat*）。据传说，当这部电影放映时，银幕上火车迎面而来，有观众因害怕被火车碾压，落荒而逃。卢米埃尔兄弟建造了 200 台摄影机，还培训了一批操作员，让他们进行环球巡演，同时拍摄新影像。几年来，他们取得巨大成功，但仿制品大量出现，当没有新影片时，观众数量开始下降。将这种新的电影艺术带入 20 世纪的则是其他人。

美国，20 世纪初

没过多久，托马斯·爱迪生和其他对新媒介感兴趣的企业家开始模仿卢米埃尔兄弟的创意，自 1895 年开始，各种电影放映系统相继出现。作为杂耍节目的一部分，这些电影在专店或剧院放映，包括生活片段、喜剧小品或魔术表演，还有杂耍剧团可以表演的“把戏”，比如让人消失或现身。从很大程度上来说，这是一种新技术。影片情节源自生活，或者是出于想象。相机通常是固定的，一次性完成所有拍摄动作。

从1905年开始，在购物区和城市街区，出现了称为“五分钱戏院”（Nickelodeons）的专门影院，当时15分钟左右的节目，票价为5美分（A nickel）。到1910年，美国已有超过10 000个“五分钱戏院”，全国三分之一的人每周都会去看电影。[8]大西洋两岸的导演开始拍摄时间更长、更具故事性的电影，企业家们开始建造专业影院，以此来吸引更多中产阶级的观众。

好莱坞，1915年

1908年，一个名叫D. W. 格里菲斯（D. W. Griffith）的演员（后来成了编剧），开始为比沃格拉夫电影公司（Biograph Company）制作电影，这正是第一部好莱坞电影——1910年的《古老的加利福尼亚》（*Old California*）。1914年，他翻拍了小托马斯·狄克逊（Thomas Dixon Jr.）的小说《同族人》（*The Clansman*），小说讲述了在内战爆发后的一片混乱中，三K党成为稳住南方局势的“英雄”。狄克逊是老派的南方人，是奴隶主的儿子，也是三K党的首批成员。他的目标是“向世界证明，白人必须、且应该是至高无上的”。[9]九个月后，格里菲斯发布了一部长达三小时的无声电影，该电影是根据狄克逊的小说改编的，更名为《一个国家的诞生》。

这部电影的上映引发了巨大轰动。之前，也有电影拥有庞大的演员阵容和奢华的布景，但《一个国家的诞生》是独一无二的，因为格里菲斯使用了从未有过的电影制作技术。他使用了不同类型的镜头，镜头感十足，拍摄出远景、全景、中景，以及著名的特写。特写镜头在以前偶尔用过，但总体上，使用特写仍然是一个新奇的想法。几年后，电影主演莉莲·吉什（Lilian Gish）说，并不是每位参与者都能理解他们的良苦用心：

“投资方很不满意。他们来到片场说：‘观众花钱，不是为了看演员的头、手或肩膀。他们想看全身。我们要让观众的钱花得物有所值。’格里菲斯站得离他们很近，问道：‘你能看见我的脚吗？’当他们说看不见的时候，他回答：‘这就是为什么要用不同的镜头。我在拍眼睛所能看到的东西。’”[10]

从固定点开始，格里菲斯平移镜头跟拍人物，更厉害的是，在跟拍时，他会让整个相机随着人物一起移动。这就可以将观众带入画面，给人们营造出一种身临其境的真实感——与三K党并肩作战，或是跟他们一起策马奔腾。他改变了标准的正面镜头，使用灯光来营造气氛，引导观众的视线。他将不同场景下同时发生的事情，例如躲在地下室里的遇险少女，正在搜寻她们的反派，正在赶来的三K党救援队，进行了交叉剪辑。他采取了新颖的剪辑方式，扭曲了时间和空间，随着高潮的临近，画面交替时间越来越短，以渲染出紧张的气氛。

剪辑对《一个国家的诞生》来说十分关键。这部电影有1544个镜头，而类似时长的电影通常只有100个左右。必须精心剪辑，最大限度减少剪辑痕迹，使电影看起来尽可能“自然”。在设置场景时，他会先用广角镜头，然后切换到其他视角，进而引导观众视线。例如，当两个主角对峙时，他会在主角之间切换拍摄，这样观众就能将自己代入角色。这种新颖的剪辑风格在现代叫“连续性剪辑”或叫“好莱坞风格”。直到今天，大多数导演仍然会采用这种风格。

至关重要的是，格里菲斯将所有技术运用到电影中，这在当时是独一无二的。这些技术是为了操纵观众的情感，而不是创造视觉效果。这对观众来说是一种全新体验，他们乐在其中。

从艺术野心到宣传白人至上主义，人们认为电影内容充斥着格里菲斯的动机。但不可否认的是，电影有着很强的说服力。看了《一个国家的诞生》之后，《同族人》作者小托马斯·狄克逊将电影描述为“世界历史上最强大的舆论制造机”。[11]

狄克逊在言语间多少有些咄咄逼人，但分析是没错的。这部电影在感动观众的同时，具有说服力。明眼人一眼就能看出，这部电影轻松展示出了应当如何表达观点，连资深的修辞学家都羡慕不已。作为电影制作人，格里菲斯首先意识到，巧妙运用电影媒体“可以成功说服观众，甚至一个国家，并不需要依靠印刷，或者任何语言”[12]。格里菲斯以其独特的视觉表达形式，将电影确立为新的交流表达媒介，这一点超过了其他的电影先驱。

电影将图像的力量与文字的力量相结合，模拟现实，激发观众的想象力，吸引他们的注意力。与书面文字不同，观众不需要任何指导，也不需要耗费过多精力就能理解。相较于语言，电影可以更快地传达想法，例如，演员的一瞥其实意味深长，观众甚至在无意间就对此了然于心。

莫斯科，1919 年

在俄罗斯，新兴政府并没有忽视“电影语言”，反而很重视这种视觉形式的潜在说服力。在弗拉基米尔·列宁（Vladimir

Lenin）的领导下，布尔什维克党（Bolsheviks）经历了多年内战，且大多俄罗斯民众目不识丁，他们迫切地想要将分散的人们团结起来。他们在教育部（Department of Education）成立了电影委员会（Cinema Committee），由列宁的夫人娜杰日达（Nadezhda）领导，将整个俄罗斯电影业收归国有，建立了莫斯科电影学院（Moscow Film School），制作宣传电影以支持布尔什维克，即所谓的“Agitprop”①。[13]

美国电影人专注于电影票房，莫斯科电影学院的教员则主张自由探索电影制作理论。他们感兴趣的是心理效果，尤其是电影的感染力，以及创造不同的叙事和情感效果的剪辑技术。

列夫·库里肖夫（Lev Kuleshov）是电影学院的创始人之一，他进行了一系列实验。他向受试者展示了三个电影画面：首先是著名演员的脸部特写，接下来是一盘食物；同一个脸部特写，然后是棺材里的女尸；再是同一个脸部特写，最后是沙发上衣着暴露的女人。受试者称赞演员在银幕上依次演绎出了饥饿、悲伤和欲望。事实上，如你所料，演员的三张特写都是相同的。

库里肖夫以一种系统的方法确定了格里菲斯凭直觉感知到的东西。人们会自然地将连续镜头拼接在一起，不管这些镜头是不是单独拍摄，也不管它们之间是否有关系。他意识到，电影镜头的并置，也就是剪辑，和单个镜头一样重要。[14]他总结说，这是电影的独特魅力，也是新电影技术的基础，这种技术就是蒙太奇（Montage），将不相关的影像剪辑在一起，在观众的脑海中创造

① 意为“鼓动宣传”。

出新的意义[①]。最终，库里肖夫和同事们成功地让电影以全新的模式与观众实现交流，这比1927年有声电影的出现早了十年。

1925年，谢尔盖·爱森斯坦（Sergei Eisenstein）执导了电影《战舰波将金号》（*Battleship Potemkin*），这是一部宣传布尔什维克的杰作，这部电影对蒙太奇的应用达到顶峰。电影由1300多个镜头组成，每个镜头不过几秒钟，连续剪辑拼接，讲述了1905年沙皇水兵起义的真实事件，以及随后的敖德萨阶梯（Odessa Steps）大屠杀。英、美、法、德四国禁止这部电影上映，因为担心会激起人们的革命情绪。在英国，直到20世纪50年代，这部电影才面向大众上映，但那时人们已经不看无声电影了。

纳粹德国，1933年

纳粹宣传部部长约瑟夫·戈培尔（Joseph Goebbels）极其崇拜波将金（Potemkin）。他对一群德国电影人说："任何没有坚定政治信仰的人，在看了这部电影后，都可以成为布尔什维克。"[15]

没过多久，纳粹就开始效仿布尔什维克的做法。1934年纳粹出台了一项命令："从此以后，电影的创作权将归国家所有。只有加强监督管理，才能避免违背时代精神的电影问世。"[16]

莱尼·里芬斯塔尔（Leni Riefenstahl）是一位年轻女演员

① 历经一个世纪，现代主义和实验艺术相融合，看似不相关的想法碰撞出火花，尽管现在看来很平常，但在当时绝对是高度原创的。

兼电影制作人。1932年，她给阿道夫·希特勒（Adolf Hitler）写了一封赞美信。里芬斯塔尔以出演“高山电影”（Mountain films）而闻名，这是德国所特有的电影类型，右倾观众非常青睐，因为电影勾勒了德意志理想。此外，她执导了自己的电影。希特勒是一个电影迷，里芬斯塔尔因此踏进了纳粹世界。当时，纽伦堡将于次年夏天举行集会，希特勒邀她参加拍摄，为她提供了无限的资源。

后来，里芬斯塔尔执导了纪录片《意志的胜利》（*The Triumph of the Will*），她本人认为，这只是对1934年纽伦堡帝国代表大会的简单报道，但它的制作规模足以媲美任何好莱坞大片。她和纳粹建筑师阿尔伯特·斯佩尔（Albert Speer）合作，设计出震撼的电影效果。在1935年的一次采访中，她说道（尽管后来又否认了）：“典礼、游行、行军、列队、大厅和体育场，都是为了方便拍摄而设计的。”[17]

他们在舞台前挖了坑以供摄像机进行拍摄，在阅兵场周围和整个场地铺设了摄影车轨道，主讲台旁边安装了巨型电梯，以俯瞰的角度去拍摄人群。里芬斯塔尔指挥170名工作人员操作灯、摄像机、巨型起重机、移动式摄影车以及笨重的音响设备，尽可能地记录下这重要时刻。超过50万名“群演”参加了这次集会，其中包括数千名夜以继日排练的士兵，以及身穿德国传统服饰、金发碧眼的民众。在这座中世纪城市，塔楼和尖顶构成了华丽的背景，无数的焰火、横幅、枪支和旗帜，都成为道具。在这些道具的加持下，男主角展现出了非凡的魅力，成了电影史上无可争议的明星。当现实无法满足想象时，电影的魔力填补了空白：在事件发生后，某些场景在摄影棚重新拍摄，事件按时间顺序进行剪辑，戏剧性十足。[18]

《意志的胜利》是电影制作和电影宣传的胜利。希特勒被描绘成一个神话般存在的人物。开场第一幕，他乘坐飞机从云中俯冲下来，迎接等待的民众。他从飞机上现身后，整个镜头从极低的角度拍摄，头顶是德国的湛蓝天空，他俯视着越发激动的人群。[19]画面中有德国的古老神话，也有过往的辉煌，暗示着希特勒会让这个国家恢复应有的盛世局面。

事后看来，这部电影明显有一种令人不寒而栗的力量，但起初，西方大国低估了它的毁灭性影响。在著名的巴黎世界博览会（Paris International Exposition）上，里芬斯塔尔凭借这部电影成功获奖，她的下一部影片，即同样有力的宣传影片《奥林匹亚》（*Olympia*）在威尼斯电影节（Venice Film Festival）上获得金奖，该片记录了1936年的柏林奥运会（Berlin Olympics）。

1939年，伦敦

不仅仅是白人至上主义者和极权主义者会将电影作为武器，1939年，英国对德宣战，英国新闻部（British Ministry of Information）立即成立了自己的电影部门，制作“真实积极的电影来激励民众”[20]。1940年，英国电影票房超过10亿[21]，直到现在，人们主要的娱乐形式仍是去看电影，超过三分之二的人每周至少去看一次电影[22]。他们看娱乐片，也看新闻片和纪录片。战争时期，英国新闻部影片部（MOI Film Unit）为渴望电影的公众制作了专题片和纪录片。其中一部短片选取了《意志的胜利》的部分场景，搭配了一首流行舞曲，来讥讽希特勒和纳粹。1943 年，迪伦・托马斯（Dylan Thomas）将《意志的胜利》改编成一篇阴郁的长篇檄文，取名为《这些人》（*These are the Men*）。

华盛顿特区，1941 年

到 1941 年，美国参加二战时，好莱坞电影制片厂已经全面发展了 20 年。看电影是民众主要的娱乐方式，同时是民众获取新闻的主要来源。当时，几位著名导演，包括约翰・福特（John Ford）、弗兰克・卡普拉（Frank Capra）和约翰・休斯顿（John Huston）等人，离开好莱坞，入伍拍摄电影来鼓舞士气。看到纳粹电影被禁，卡普拉深感绝望。在后来的自传中，他写道："《意志的胜利》没有开枪，也没有投掷炸弹。但它是一种心理武器，旨在摧毁抵抗意志，与真枪实弹一样，同样具有杀伤力。"[23] 不过，他节选了里芬斯塔尔的电影片段，创作了鼓舞士气的系列电影——《我们为何而战》（*Why We Fight*）。像他的英国同事一样，他用纳粹的电影来宣传纳粹的邪恶思想。

当今社会

近几十年来，神经科学发现电影会吸引和感动观众。1991

年，意大利帕尔马大学（University of Parma）的研究人员开始研究运动神经元——大脑中负责不同类型运动的特定区域。在研究过程中，他们用导线连接了几只猕猴的大脑。某天，发生了一个令他们出乎意料的现象：当猴子看到研究人员伸手拿花生时，猴子的大脑会像自己拿花生一样兴奋。猴子的运动神经元"反映"了它们所观察到的运动，也就是研究人员的行为，即便猴子本身处于静止状态。

研究小组在猴脑中发现了"镜像神经元"（Mirror Neurons），这是一种神经元网络，当身体执行动作，或者眼睛看到该动作时，神经元会发出信号。[24] 随后研究人员使用功能性磁共振成像（fMRI）技术，证实人类也有所谓的镜像机制。当我们看到有人伸手拿杯子，或跑去赶公交车时，脑中控制肢体运动或跑步动作的区域就会自动激活。研究人员认为，这种现象包括感觉和情绪，例如，如果我们看到某人痛苦不已，或者表现出厌恶情绪时，人脑中的相关部位会兴奋起来。

不言而喻，镜像机制与人体感官并不相同，正如在科学领域所常见的，学者们对镜像机制在人类大脑中的范围、影响和作用存在分歧。[25] 不过，维托里奥·加莱斯（Vittorio Gallese，发现猴子镜像神经元的帕尔马科学家）认为或许可以用镜像机制，来解释我们对电影和电视的热爱。他认为，我们看电影时，就像是正在亲自体验电影中的情节。加莱斯认为，当我们看电影时，我们是在用整个身体"观看"。他将这种现象定义为具身模拟（Embodied Simulation）。当我们观看一段影片时，我们看到画面、听到声音，但自身反应超越了视听，即镜像神经元将我们看到的形体动作（行动、情节、痛苦、快乐等）转化成仿佛是亲身经历过一样。这种大脑或身体反应可以在无意识之间发生，也就是说，大脑可以在我们不自知的情况下做出反应。因此，电影场景可以触发内心深处的反应，而同样的场景，若是以书面形式呈现（进行阅读），然后大脑进行有意识的处理，是无法出现同样效果的。

最近的另一项研究表明，我们对电影场景的感知，与我们在生活中看待事物的方式，存在很大相似性。[26] 格里菲斯开发的“好莱坞风格”剪辑技术，与引导人类注意力的方式，以及我们对时空和情节的感受是一致的。也就是说，电影剪辑反映了我们感知世界的方式。

在观察事物时，我们倾向于关注周围环境，或者是场景中的特定细节，却不会注意到两者之间的过渡机制。同样地，剪辑电影通常会从一个特定镜头开始，然后切换成中景和特写。我们就像相机一样看着场景移动，并自觉地将视线切换到不同场景中——想象一下看书时抬头，或者看完汽车仪表盘，再看前方道路。这项研究表明，人脑很容易理解电影，因为影片模仿了我们天生的视觉系统，而且电影中的元素原本就是对现实生活的映射。电影情节相当于在我们周围发生的事情，镜头运动相当于身体运动，剪辑更是我们时时刻刻都要关注的事情。[27]

在最近一项研究中，受试者分别观看了剪辑的好莱坞电影（选自《黄金三镖客》，*The Good, the Bad and the Ugly*），以及用固定摄像机拍摄的、未经剪辑的日常生活场景，然后研究人员针对两次的眼球运动和大脑反应进行比较。结果显示，当观看“真实生活”影片时，受试者的视线散落在场景中的各处。相比之下，在观看好莱坞电影时，他们的视线落点几乎相差无几，这表明导演巧用电影技术来严格地把控观众的视线。当观察日常场景时，每位受试者的大脑活动都有所不同，人与人之间只有 5% 的相似性。然而，当他们观看好莱坞电影时，大脑活动有 45% 的相似性。[28] 好莱坞电影人不仅控制了观众的目光，还成功地控制了他们的思想①。

这些研究在一定程度上回答了评论家史蒂文·沙维罗（Steven Shaviro）的问题：虚构的电影，如何才能有如此强大的"现实效应"[29]？电影制作技术与自然视觉相似，这使得电影制片人可以精准把控观众的注意力，感染观众的情绪，调动他们的生理以及情感反应。电影画面（动作、运镜和剪辑的结合）和大脑的镜像机制结合起来，让观众的身心沉浸在电影之中，这是其他任何媒介都无法做到的。

20 世纪 40 年代，第二次世界大战后

1841 年，就在达盖尔发表声明的几年后，苏格兰钟表匠亚历山大·贝恩（Alexander Bain）提交了一种图像扫描仪的专利申请，这种仪器可以传输电子图像，为电视的发明打下了基础。各种类似的发明接踵而至，但直到 1926 年，另一位苏格兰人约翰·洛吉·贝尔德（John Logie Baird）才成功传输了第一批电视图像。最早的机械式电视机的画面质量很差，而且需要配

---

① 在一项对照研究中，受试者观看了 1961 年的《希区柯克剧场》（*Alfred Hitchcock Presents*），大脑相似性竟然高达 65%，这为希区柯克（Hitchcock）被誉为"悬疑大师"提供了充足依据。

备大型笨重的摄像机。20 世纪 30 年代，这些系统被使用阴极射线的电子系统所取代，但在第二次世界大战爆发后，系统的发展受到阻碍，电视发展或多或少地处于了停滞状态。[30]

20 世纪 40 年代中期，电视节目的制作和传输开启了新征程。在政府的授意，以及出于对新媒体的期望，各国对电视采取了不同的产业结构建设方案。在英国，电视节目是由公有（政治上独立）的英国广播公司（British Broadcasting Service）独家制作并播出的，该公司已经垄断了无线电广播。每年，拥有电视机的家庭需要支付电视许可费给英国广播公司，直到今天也是如此。直到 1955 年，英国出现了电视广告，独立电视管理局（Independent Television Authority，后来的 ITV）建立了一批地区性公司来提供电视服务。在美国，电视始终是一项主要的商业活动①。私人电视台在各个城市中兴起，或者更确切地说，建立了各个市场。从 20 世纪 40 年代末开始，全国广播公司（NBC）、美国广播公司（ABC）和哥伦比亚广播公司（CBS）等国家广播公司就成立了电视网，并很快蔓延至全国。20 世纪 80 年代，在有线电视兴起之前，这三大电视网一直处于主导地位。

早期的电视业借鉴了大量的广播和戏剧，开创了情景喜剧和综艺节目等形式。电视上有新闻、智力竞赛和聊天等节目，戏剧就像早期电影一样呈现在电视上，用固定镜头记录画面，和电影院无异。另外，从电影中衍生出了短片和卡通片。按照今天的标准来看，当时的电视机屏幕是很小的，有 20 多厘米宽，图像和声音质量参差不齐。图像是黑白的，画面频闪，设备是个笨重的

---

① 一些城市有教育性公共电视机构，美国公共电视网（Public Broadcasting Service）于 1969 年开始放送。

大木箱。

但是如此笨重、伤眼的电视机几乎供不应求！在 20 世纪 50 年代的美国，每两个月就会售出一百万套。到 20 世纪 60 年代时，有 4600 万用户，也就是近 90% 的家庭，拥有整套电视设备。[31] 在资金短缺、实行定量配给制度的英国，电视机的销量增长缓慢，但电视台在 1953 年转播了伊丽莎白女王的加冕典礼，而且在 1954 年放宽了消费信贷条例，电视机销量很快就赶上来了。到 1960 年，英国有三分之二的家庭拥有了电视，到 20 世纪 70 年代，这一数字超过了 90%。人们倾向于购买电视，而不是电话、冰箱或配置卫生间。[32] 其他英联邦国家也安装了电视：到 20 世纪 60 年代中期，澳大利亚和加拿大的电视普及率超过 90%。[33] 战后重建中的法国和联邦德国，推广速度相对较慢，但到 20 世纪 60 年代末，三分之二的法国家庭和四分之三的联邦德国家庭都配备了电视。[34]

显而易见，电视将对社会产生重大影响，尽管无人能预料到这种影响会有多深远。虽然这些电视机尚不完美，但事实证明，没人能抵抗它们的诱惑。一旦家里有了电视机，人们的日常生活就会发生改变。无论男女老少，他们每天都会花上好几小时，坐在电视机前，津津有味地看着屏幕中呈现的一切。

电视时代

人们有了电视机，自然就会观看节目。早期的播送时长非常有限，例如，在英国每天只有一个半小时，在美国则会长一点，但是随着播送时长的增加，观看时长也在增加。曾几何时，美国家庭每周都会看十小时的电视，但这一数字很快就翻了一番——人们每天看电视的时间就达到了五小时。欧洲人看得少一点，每天大约四小时。直至今天，人们都很喜欢看电视。

这就引出了一个问题：现如今，人们每天都会看四五小时的电视，那他们以前是怎么打发这段时间的呢？

对孩子来说，他们和朋友玩耍的时间减少了[35]，在户外待着的时间也相应地减少了，看电影、读书和无所事事的时间也有所减少。但电视给孩子们生活带来的最大变化是，放学后和周末的活动范围从户外转移到了客厅。

沉迷电视后，女性晚上做家务的时间有所减少，所有人的户外活动时间也相应减少。公民和社会组织、协会（如分会和学会）、体育联盟、手工艺活动圈、家长教师小组，还有宗教、教育和慈善组织等，以及领导童子军（boy scouts）和女童军（girl guides）运动的志愿者，在电视播出后的几十年里，参与人数都出现了显著下降。那些不需要组织的社交活动，诸如拜访和招待朋友，去酒吧、舞厅、咖啡馆、电影院和剧院等，也受到了一定的影响。[36] 众所周知，在随后的几十年中，这些场所慢慢销声匿迹了。1969 年至 2000 年代中期，大约 15000 家英国酒吧关闭，当时发布的禁烟令进一步加速其衰落。[37] 如今，法国的咖啡馆数量还不到 1960 年的三分之一。[38]

与以往一样，这些变化是否由电视导致，学者们各持己见。但这些变化的确是随着电视的诞生而出现的，而且有电视的家庭参与集体活动的减少程度，比没有电视的家庭更大，看电视较多的家庭亦然。[39] 同样不可否认的是，在 20 世纪下半叶，人们消磨时间的主要方式变成了看电视。

这一切都表明，虽然电视可能不是唯一的因素，但随着人们越来越沉迷于电视，彼此间的会面越来越少。

1996年，哈佛大学社会学家罗伯特·帕特南（Robert Putnam）将这些变化归结为：在过去的三四十年间，美国“社会资本”的侵蚀。帕特南将社会资本定义为：在“我”转变为“我们”过程中，社会各个方面的总和。具体来说，社会资本包括让人们更容易合作的“网络、规范和社会信任”；它是凝聚社会的黏合剂。帕特南认为，社会资本正在下降，无论是在其投入（如上文所述的集体活动）还是在其产出（社会内部的公民参与度及相互信任程度），而且他给出了证据，即选民投票率下降，人们对政府及彼此间的信任的下降。1960年至1993年，认为“大多数人都可以信任”的美国人，比例几乎减半（从58%降至37%）。[40]

帕特南认为，造成这些变化的原因有几个，包括职业女性增多、家庭和经济结构发生变化等，但在他看来，到目前为止，扰乱社会资本最大的因素是：科技导致的休闲时间的“个性化”衍变。他指的“科技”，简单来说，就是电视①。[41]

看电视

早期，人们担心电视可能损害儿童的视力。“老看电视是会

① 后来的研究表明，虽然电视总收视率确实与公民的低参与度相关，但观看新闻节目与公民的高参与度相关。

失明的”，是人们经常对孩子说的话，还有人因为担心屏幕辐射，让孩子坐得离电视机远一点。自电视出现以来的几十年里，近视患者的数量在全球范围内稳步上升。父母说的到底正确与否？不一定。几十年的眼科研究已经证实，看电视和近视之间没有联系。相反，最近的研究证明，户外活动时间的长短和视力的好坏关系明显。[42] 即使天气不好，户外光线的亮度也比最亮的人造光强 10 倍，孩子们就算在户外待很久，都不会近视。另一项研究发现，每周户外活动增加一小时，近视的概率就会降低 2%。[43] 孩子们平均每周看 30 小时的电视，若是改成在户外活动，够玩闹很久很久了。以前，我总是从学校赶回家看《吉利根岛》（*Gilligan's Island*），而不是骑自行车和朋友在街区里转悠，多希望我那时就能知道这一点。

电视上有什么？

20 世纪中叶，电视入侵了日常生活，改变了人们的日程安排，这一转变可谓迅速而持久，并引发一个问题：人们到底在电视上看些什么？

虽然电视总在播放新闻和纪录片，但无论是过去还是现在，人们的绝大多数时间都在看娱乐节目。情景剧、戏剧、综艺、闲谈、才艺、智力竞赛、生活方式、改造和真人秀等，从一开始就是主流节目。在大多数情况下，除了娱乐节目，还有广告。

电视娱乐节目，包括节目和广告，为观众展示了近乎完美的画面，或者说是人们渴望的画面：人物唇红齿白、花容月貌、头发浓密、身形姣好，有着圆满的家庭，家里有最新款的电器和工具，爸爸身着西装下班回家，妈妈穿着围裙，惹人喜爱的孩子簇拥着他们，一片岁月静好。

电视和电影一直是截然不同的媒体。电视不仅仅是在屏幕尺寸上比电影院的银幕小，在本质上也是——电视节目的预算比电影低得多，所以使用的摄像机较为简单，剪辑工作也相对轻松。数百万小时的电视节目，是用两三个固定镜头实时录制的。在电影天马行空时，电视更亲民、更贴合生活实际。相较于银幕上的诸神，电视明星更平易近人，电视布景比好莱坞的壮丽场景更亲切。电视根植于亲密的家庭环境中。它是家庭的一分子。时间流转，电视上一直呈现出亲切的脸庞和地方，布景赋予了电视独特的地位……与电影相比，虽然电视"体格"较小，但两者的效用同样强大，更进一步说，电视影响着观众的世界观。

在电视上，像你我一样的普通人（更有趣、更好看）可以拥有一切。电视向人们展示了如何成为好公民、好家庭主妇、好男人、好母亲、好男孩或好女孩，全世界数以百万计的人沉迷于电视上所呈现出的理想世界。电视吸引了大多数人，在经历了二战的动荡和贫困后，他们乐于接受电视打造出的理想社会。因此，电视不仅打造了20世纪50年代的消费社会，还将其呈现了出来——在生活和经济方面，这都是深刻而持久的变化。

但不是所有人都能上电视。多年来，电视上几乎都是白人面孔，英国广播公司的《黑白吟游诗人秀》（*Black and White Minstrel Show*，1958—1978）除外，非白人居住区的生活常态要么无法呈现在电视上，要么就是讽刺效果居多，如英国喜剧流行台词：汉弗莱斯先生，您有空吗？[1]从某种程度来看，这是电视作为传播媒介的自然结果。当家里只有一台电视机，而且只有几个频道时，电视不可避免地要满足大多数人的需求，全员看电视的前提是大家都能接受播放的节目。

英国广播公司从不依赖广告，但即使是像这样的公司，也得屈从于大众的压力，节目难免乏味平庸。除了特例，直到几十年后，那些少数人感兴趣的电视节目，才有在有线电视和卫星网络电视的小众频道上出现的机会。

戏剧化的世界……

还有一种更微妙但更玄奥的结果，那就是人们多年来一直在收看虚拟节目。

虽然娱乐节目不如电影复杂，但它以类似方式影响着观众的情绪。看电视是种天生的被动活动，图像入眼，声音入耳，给观众的大脑造成虚构之感。连续看一晚上电视，可能引发一系列的情感：恐惧、愤怒、悲伤、喜悦、厌恶、惊讶、信任、期待、羞耻、嫉妒、怜悯、爱。即使我们知道这是虚构的，但幻觉仍然存在。

随着时间的推移，电视观众开始期待每次看电视时都要有情感寄托，节目制作人则要满足观众，因为他们担心观众会换台。用于制作娱乐节目的技术被应用到其他类型的节目中，于是所有

---

① 出自20世纪70年代英国电视节目《百货店奇遇记》（*Are You Being Served*），用来讽刺剧中角色汉弗莱斯。

类型的节目都面临压力。他们力求在每一档节目中，都要使观众达到“感同身受”的效果。自然纪录片向观众展示了动物（甚至植物）王国，并鼓励观众去感受野外生活的考验和磨难。历史不再由历史学家所定义，而是更多地根据制片人的想法，呈现出各种啼笑皆非的戏剧效果，目的是让观众不会感觉疲乏和无趣。体育节目本身就自带难以预测的属性，但仍需要激发看者的情感，所以在报道体育时，要和报道最终比分一样，更多地关注球员的心路历程，还有球迷的感受。情感融入了本应最理性、最契合实际的体裁——新闻。现在，直接报道新闻不再是主流，因为几乎每一篇新闻报道，都包含了特定情感或个人故事，最好是两者兼而有之[①]。

多年来，娱乐电视技术已经脱离想象，进入了现实世界。为了满足节目日程安排，电视节目开始涉及政治、体育和其他公共活动，刚开始时一切如常。但是，时间一久，现实事件融进了电视节目。今天，戏剧和故事不再局限于理性分析和抽象观念。政治、教育、商业，任你所想，一切都能融合电视的娱乐技术。毋庸置疑，在各行各业中，理性已经慢慢让位于戏剧性和情感。

20 世纪 50 年代的电视观众也会在电视上购物和消费，在后来的几十年里，这种情况发生了变化和延伸：现实世界复刻了电视上的光鲜亮丽。

---

① 参阅《王牌播音员》(*Anchorman*)系列电影，了解新闻报道中这种转变的精彩写照。

芝加哥，1960 年 9 月

1960 年，距离总统大选还有六周的时间，时任副总统的理查德·尼克松（Richard Nixon）是共和党候选人，他接受了对手的挑战，进行了一系列电视辩论，这是首次电视辩论。众所周知，尼克松是一位自信的辩论天才。在第一场辩论的前一周，尼克松因膝伤感染住院。于是在辩论当晚，在电视演播室刺眼的灯光下，尼克松看起来苍白憔悴、汗流浃背、胡碴满面。他的灰色西装下垂着，融入了摄影棚的背景。

尼克松的对手是马萨诸塞州的参议员约翰·F. 肯尼迪（John F. Kennedy），在第一场辩论那天，肯尼迪上午晒太阳，下午打盹。当晚的节目中，小麦肤色的肯尼迪，身着干净的白衬衫和深色西装，尽管他只比尼克松小 4 岁，而且长期身体抱恙，但他看上去年轻又强健。

有超过 7000 万人观看了这场辩论，观众量创历史新高。收音机的听众要少得多。当时，据广播听众的民意调查显示，尼克松肯定会胜利。然而，电视观众偏爱肯尼迪，他后来认为，是电视为他赢得了总统大选，就像在整整一个世纪前，亚伯拉罕·林肯认为照相为他赢得了胜利一样。[44]

在政治领域，电视的前途一片光明。在肯尼迪和尼克松举行电视辩论的 20 年后，美国迎来了第一位电影明星总统。在经历了 35 年的电视时代后，第一位真人秀明星入驻白宫。

十四
武器化的视觉：智能手机

盖世功业，敢叫天公折服！此外无一物。

——珀西·比希·雪莱（Percy Bysshe Shelly，1792—1822），《奥西曼迭斯》（*Ozymandias*），1818

旧金山，2007 年

适值正月的寒冷清晨，在旧金山市中心，数千人在宏伟的莫斯考尼西（Moscone West）会议中心外排队等候。有些人已经在此等候了整整一夜。当天上午会举行年度麦金塔世界（Macworld）大会，苹果首席执行官（CEO）史蒂夫·乔布斯（Steve Jobs）将发表主旨演讲，对此，他的忠实粉丝们都翘首以盼。

瘾科技网站（Engadget.com，电子消费网站）的明星记者赖安·布洛克（Ryan Block）位列其中。他对活动现场进行了实况报道：

上午 8 点 56 分，可以进入大厅了！和上次的座位相差无几。

上午 8 点 57 分，人头攒动，乔布斯的家人刚刚路过。当警戒线撤下来时，观众疯狂冲向电梯，人群拥挤。

上午 9 点 06 分，乐队开始演奏苹果公司的经典曲目：奈尔斯·巴克利（Gnarls Barkley）乐队、酷玩乐队（Coldplay）、街头霸王（Gorillaz）。我猜这些曲子会循环播放。

上午 9 点 12 分，“女士们，先生们，早上好，欢迎来到 2007 年麦金塔世界大会主旨演讲”。然后又过了几分钟。

上午 9 点 14 分，大会开始。背景音乐播放的是詹姆斯·布朗（James Brown）的歌。在热烈的掌声中，史蒂夫登场，身着经典的职业服装——深色高领毛衣，下摆塞进了牛仔裤，外加白色运动鞋。

上午 9 点 15 分，观众从座位起身。“今天，我们将携手创造历史。”

演讲进行了半小时，布洛克一直在抄录并发布乔布斯的话：

上午 9 点 41 分，“这一天，我已经期待了 2 年零 6 个月。每隔一段时间，就会有革命性产品腾空而出，改变世界。如果能够终其一生从事某项工作，可以说是人生一大幸事。苹果就是如此幸运，能够将自身产品推广至全世界。1984 年，我们推出了苹果电脑（Macintosh）。它不仅改变了苹果公司，还改变了整个行业。2001 年，我们推出了首款苹果播放器（iPod），它不仅改变了听音乐的方式，也促使整个音乐行业发生变革”。

上午 9 点 42 分，“今天，我们要发布三款革命性新产品。第一款是宽屏可触控播放器，”观众开始躁动起来，“第二款是新型移动手机”。

上午 9 点 43 分，“第三个则是突破性的互联网通信设备”。最后一句话听起来似乎没那么激动人心，但全场仍旧一同起立，观众都热烈地鼓起掌来。

“一个播放器，一部手机，一款移动互联网通信器。三者合为一体！”

在乔布斯身后的大屏幕上，一张照片缓缓出现，观众开始欢呼雀跃起来。

“苹果手机（iPhone）诞生了！”[1]

第一季度售出一百万部苹果手机，次年售出一千多万部。[2] 2009 年，销量翻了一番，第二年再次翻番，2015 年售出 2.31 亿部，达到销售峰值，然后每年稳定售出大约 2.15 亿部。2018 年 8 月，苹果成为历史上首家市值超 1 万亿美元的公司，这很大程度上基于苹果手机的贡献。2020 年 8 月，公司市值达到了两万亿美元。

在 2007 年的麦金塔世界大会上，时任谷歌（Google）总裁的埃里克·施密特（Eric Schmidt）上台，对乔布斯的苹果手机表示祝贺。其实，这家大型搜索引擎公司正在秘密研发智能手机，而乔布斯对此毫不知情。在苹果手机发布一年后，首款智能安卓手机上市，它的价格便宜一点，到 2011 年，其销量已远超苹果手机。截至 2018 年年底，全球约有 30 亿部智能手机（苹果和安卓），用户数量超过全球人口的三分之一。[3] 在先进的市场，逾 90% 的人拥有智能手机。[4]

当今社会，无处不在

无论身在何处，环顾四周，你都能看到人们目不斜视地盯着手机。在短短十多年的时间里，我们已深陷于这神奇的“世界之窗”。如今，智能手机已不再局限于通话、听音乐和浏览互联网。手机里有各类软件：时钟、日记簿、手电筒、扫描仪、照相机、世界地图、路线图、计算器、指南针、计步器、信用卡、账簿、录音机、测量标尺、跟踪器、电视、收音机、电脑、记事本、图书馆、相册、水准仪和游戏机等。如今，手机的功能还在不断增加。

如今，智能手机已涉及生活的方方面面。购物、办理银行业务、安排旅行、预约、搬家、申请工作等活动都可以在手机上进行，不再需要面对面沟通，也不再需要电话联系。与此同时，一些大型公司及其行业链提供的产品和服务完全依赖于智能手机。

所有这一切使得我们有必要随时随地把智能手机带在身边——如果我们暂时忽视手机不用，它很快会亮屏、振动，发出提示音，迫使我们将它重新拿起。

英国通信管理局（Ofcom）称，如今，英国年轻人用智能手机和平板电脑上网的时间，至少与其父母几十年来看电视的时间一样多。而且对于成年人来说，上网总时间超过了看电视的时间的总和。对大多数人来说，睡醒后的第一件事就是看手机，睡前的最后一件事也是看手机，五分之一的人甚至会定时起来看看手机。[5] 英国通信管理局称，年轻人的父母辈对手机的痴迷不遑多让，甚至连他们的祖父母辈也开始玩起手机来。[6]

在乔布斯看来，通话是移动设备中的“杀手级应用”，但此一时，彼一时。2017 年，人们的手机通话时长出现了首次下降，大多数人开始认为玩手机比打电话更重要。[7]

通过手机，无论何时何地，用户可以看到最文明的行为，但也可以看到人性的险恶，各类信息形形色色。我们可以浏览全球最宏伟的博物馆和画廊，不费吹灰之力就能检索到各种知识，娱乐时间可以玩游戏、看电影和电视节目，观看各种各样的猫咪视频，我们的大脑能够接收来自任何地方的建议和意见，关注新闻事态的发展。

除却所有积极内容，也有我们不想看到，更不想让孩子们看到的：暴力图片、仇恨言论、色情文学，以及宣扬自残和自杀的网站。过滤器无法阻挡全部的消极内容，这促使人们呼吁立法，让相关公司及时删除这些内容。到目前为止，较大的公司，谷歌和脸书（Facebook）及其子公司 YouTube 和 Instagram，以及其他大型科技公司，辩称自己只是平台，不是出版商，因此不对网站上的内容负责。他们成功使自己免于责难。但随着政府和消费者的不断施压，尤其是个人悲剧的报道不断被公之于众，在不久的将来，这种情况很可能发生改变。

社交社群？

随着智能手机的普及，社交媒体也在全球范围内迅猛发展。20 世纪 70 年代，出现了“非正式在线网络”这一概念，它起源于聊天室和公告板。1997 年，名为“六度空间”（SixDegrees）

的网站可以将个人主页、好友列表及好友的关注列表结合起来[8]，其他网站纷纷效仿。一些网站将这一做法坚持了下去，包括2002年成立的商务网站领英（LinkedIn），现在属于微软。其他网站则土崩瓦解，比如交友网（Friendster）。早期的MySpace、Bebo和Friends Reunited等社交网络，在21世纪初以数亿美元的价格出售，对其创始人来说，这价格看似不菲，但与后来互联网企业家赚得的数十亿美元相比，这笔钱实在微不足道。如今，只有MySpace幸存了下来，并沿用着以前的功能。[9]

脸书诞生于2004年，缘起于马克·扎克伯格（Mark Zuckerberg）的宿舍，当时被应用于哈佛大学（Harvard University）的学生通讯录。到2006年，脸书面向所有人开放会员资格，以迅猛之势发展了起来。乔布斯在发布会上展示苹果手机的次日，脸书推出了优化移动网站。用户数量和智能手机拥有率一起上升，两者相辅相成。到2008年，脸书拥有1亿用户，四年后超过了10亿。如今，每月活跃的脸书用户超过27亿[10]，绝大多数用户都是通过智能手机访问该网站的[11]。世界上其他的主流社交媒体网站也可以通过智能手机进行访问，活跃用户累计有数十亿之多。[12]

旧金山，2010年

2010年6月，在旧金山发布会上，史蒂夫·乔布斯身穿同样服装，再次吸引了数千名忠实的技术爱好者。这次，他发布了第四代苹果手机。最引人注目的创新点是视频通话功能，他称之为 FaceTime。在台上，乔布斯和好友乔纳森·伊夫（Jony Ive）进行了视频通话，两人激动地聊起了 20 世纪 60 年代的电视剧《杰森一家》（*The Jetsons*），说当时自己看完剧后，是多么渴望视频通话。他们对着新手机的前置摄像头聊着天，这样在拨打视频电话时，就可以在屏幕上看到彼此。

事实证明，这款新手机的用途不仅仅是视频通话。人们使用前置摄像头可以看见自己，还能自拍。紧随其后，人们开始在社交媒体上发布自拍，这是别开生面的现象。就像一个半世纪以前，人们痴迷于达盖尔摄影法和名片一样，当今的世界在为自拍而疯狂。每个人都想看到自己，似乎也想让别人看到自己。有人在太空中自拍，有人在战争和自然灾害中不忘自拍，有人在猴子和电影明星旁自拍，还有人在教皇和总统身边自拍。数十人在尝试“极限”自拍时不幸丧生。[13]2013 年，《牛津词典》（*Oxford Dictionary*）将“自拍”评为年度词汇。

社交媒体一直在给自拍热潮推波助澜：发帖是核心环节。2013 年，超过 90% 的美国青少年都会在网上发布自拍，这一趋势持续升高。聊天软件色拉布（Snapchat）可以发送自拍，如今，用户每天发送的快照总数超过了 40 亿。

那么，什么才算是一张完美的自拍呢？英国时尚摄影师兰金（Rankin）为 15 名十几岁的女孩拍了写真，她们因此在社交媒体上收获了更大的名气。通常，只要光线合适，摄影师会把任何一个女孩“拍”得漂亮：大大的眼睛，精致的鼻子，丰润的嘴唇和光亮的肤色。尽管早已因拍摄名人照而闻名，但兰金还是对自己这次的作品震惊不已。如今，大众都习惯于将照片进行后期处理。现在也有多种应用程序可供人们使用，任何人都可以在手机上对图片进行编辑，这在以前是只有专业人士才会用的技术。问题是，正如兰金所发现的那样，这些工具经常被滥用，被用来曲解而不是修饰照片，以此创造出现实生活中不可能存在的图像。[14]

有评论者声称，在 21 世纪，自拍热导致了社会中自恋的流行。有人称它为“另一种现代流行病”，还有一种是肥胖。[15] 虽然其他学者对这一观点提出疑问[16]，但成千上万的社交媒体账户上，还是会出现无数精心编辑和修饰的照片——曲线分明的腹肌、翘臀和粉饰完美的嘟嘟脸，足以证明他们的自恋倾向。但自恋是个宽泛的术语。它包括正常人的自尊、令人生厌的虚荣，以及严重的人格障碍。

社交媒体或许为自恋者提供了平台，通过自恋人格问卷（narcissistic personality inventory）① 调查，心理学家发现，年轻人的自恋程度在过去 30 年里稳步上升。没有人知道这一增长背后的确切原因，但在社交媒体出现的几十年前，增长就已经出现了。然而，2018 年，研究人员对一群大学生进行了为期四个月的研究，发现那些有网络使用困难②，且同时使用 Facebook 和 Instagram 等视觉社交媒体平台的人，在受观察期间的自恋程度有所增加。研究人员无法确定是什么导致了自恋率的上升，但值得注意的是，对于上网习惯相似的学生，若只使用推特

---

① 自恋人格问卷包括一系列受试者广泛接受的问题，用来确定自恋的相对程度。可通过网站“opensychmolometrics.org/tests/NPI”完成问卷，来了解自己的自恋程度。

② 病理性网络的概念（PIU），根据耐受性随时间增加、强迫性行为、戒断症状等因素来界定。

（Twitter，以消息为主的社交媒体网站），在这段时间内，自恋率并不会上升。[17]

“线下”（IRL①，年轻人的专属说法）证据表明，对视觉媒体的痴迷已蔓延到了个人空间。各行各业的人士花在装扮上的开销（时间和金钱），比以往任何时候都大。据一项惊人的统计数据，英国女性每年花在修眉上的费用为23亿英镑，全身美容的开销则高达3000亿英镑[18]，修眉只占很小一部分。就连男性也无法逃脱来自外表的压力。如今，男性整理仪容已经远不止刮胡子和理发。[19]年轻男子经常打蜡、除毛、保湿，掩盖以前可能从未在意的瑕疵。他们不只买遮瑕膏，全球男性美容产品的市值近600亿美元。[20]

对于那些不满足于护肤保湿的爱美人士，蓬勃发展的整容业似乎是一劳永逸之举。2018年，全球整形外科医生进行了2 400多万次整容手术，是2010年的一倍多，另有数百万人在无资质医生那里注射肉毒杆菌，植入了填充物。隆胸是最受欢迎的外科手术，而增长最快的是阴道修复术，2017年比2016年增长了23%。[21]由于网络色情内容的泛化，以及年轻人分享的“性信息”，人们的“性美学”意识逐渐增强。“性信息”来源于自拍，是人们发现智能手机摄像头的意外用途。

年轻人除了做头发、化妆之外，还会装饰身体。对于30岁以下的人来说，文身和穿孔几乎司空见惯。[22]人们会找好角度，摆好姿势、拍照、修片并发布，成为每天网上产生的数百万张自拍中的一张。

---

① in real life，意为“现实生活”。

当今社会，世界各地

智能手机正以前所未有的姿态束缚着我们的眼睛。在日常生活中，手机的实际用途很多：购物、办理银行业务和查找信息，但令人欲罢不能的往往是社交媒体平台。因为人们通过这些平台可以满足被关注、被认可的内心需求。这些是原始的需求，自从人类围坐在篝火旁以来，就在心中生根发芽了。可以说，在现代社会中，这些需求并没有得到满足，因为每个人都蜗居在室内，看着电视，和外界几乎不联系——或许可以追溯到更早之前，比如当人类从农村社区搬到无名城市的时候。不管怎样，目前，社交媒体无处不在，人们不自觉地被它所吸引着。

社交媒体不仅具有内在吸引力，而且在过去的十年里，脸书和其他社交媒体网站一直埋头苦干，通过调整自身产品，吸引到了大量用户。第一个重大创新是引入了“信息流”（News Feed），这是一个不断更新的列表，可以显示朋友的最新动态。这使得用户不再需要逐个查找好友，而且在网站上签到也很吸引人。由此，用户玩脸书的时间增加了一倍。[23] 同时，脸书会直接在用户的“信息流”中插入广告，而不是出现在侧边栏。另外，吸引用户的创新点是，用户可以在信息流中添加评论和回复。

2009 年 2 月，脸书推出“点赞”（Like）按钮，这又是一个重大创新。点赞为用户提供了一种简单的方式，来确认朋友的动态并与其互动，这极大地增加了人们对好友帖子的反应。点赞很容易上瘾，因为它既可以满足心理学上个体对外界联系和对社会认可的需求，又是大脑中化学物质运作的正常反应。正如肖恩·帕克（Sean Parker）和其他脸书前高管所说，点赞和评论会刺激大脑分泌多巴胺，增加愉悦感。这种化学物质会让人感觉良好，当人们享用美食、做爱或吸食可卡因时也会释放出来。它鼓励积极的行为，但会让人上瘾。每当社交媒体用户的帖子被点赞，身体就会释放多巴胺。大脑的接受速度很快，而且它喜欢多巴胺的刺激。所以，用户在受到鼓励后，会发布更多引人注目的照片，越来越频繁地查看手机，希望能再次获得刺激。

“点赞”还能调整脸书用户看到的内容，这样一来，他们最感兴趣的内容就会出现在首页。用户获得的赞越多，他们的帖子在朋友的信息流中出现的频率就越高，从而获得更多的赞。发帖、点赞、浏览、被点赞、评论、打卡签到等，是一个称为“多巴胺反馈循环”的奖励机制。脸书和其他公司设计了各种巧思，让用户能够对手机爱不释手。其中一种方法是通知，手机通过提示音、蜂鸣声和灯光来提示用户有待查看的新内容。当用户想知道手机因何振动时，脑内就会分泌多巴胺。这就是为什么应用程序会频繁地给你发送通知，哪怕是像“友谊纪念日”这样“无用的信息”，除非你把它关掉。这些都是精心设计的，以将其对神经系统的影响最大化；它采用与赌场相同的“可变奖励”策略，不断诱惑着用户。研究人员发现，大脑更喜爱未知奖励，所以脸书通常会先将获得的赞保留一段时间，然后再打包发送，以增强多巴胺效应。[24]

年轻人的线上生活

一个多世纪以来，社会学家一直认为，年轻人大多根据与同龄人的关系来定义自己，特别是根据别人对自己的看法来定义自己。[25] 年轻人对自己的看法来自别人眼中的“他自己”。[26] 因此，社交媒体所提供的社会联系和认可机制，尤其吸引着年轻人。社交媒体根植于年轻人，所以它在年轻人中会流行起来，这在情理之中。

然而，这对年轻人和社会来说是个潜在的问题。社会学家表示，人在从青年到成年的过程中，至关重要的部分就是不要用别人的眼光来定义自己，而是独自掌控自己的生活。[27] 研究人员担心，社交媒体使得年轻人沉迷网络，让他们单纯地按照别人的眼光来看待自己，无法培养稳定的自我意识，无法用自己的方式来定义自我。

更为普遍的担忧是，年轻人天生倾向于通过他人的眼光来定义自己，因此特别容易将自己与他人进行比较。社交媒体为年轻人之间的相互比较提供了前所未有的机会——事实上，一旦引入点赞功能，比较就成了社交媒体的核心。

早在智能手机出现之前，人和人之间的对比就会让人心里不舒服。2005 年，理查德·莱亚德（Richard Layard）出版经典之作《幸福的社会》（*Happiness*），此书研究了社会中幸福的来源及其本质，是一项极具影响力的研究。在书的开头，莱亚德引用了哈佛大学著名实验，在这个实验中，学生们需要在两个设定场景中做出选择。在第一个场景中，他们得到了 5 万美元，其他人得到了 2.5 万美元。第二个场景中，他们得到了 10 万美元，而其他人得到了 25 万美元。在两种情况下，1 美元的购买力相同。大多数学生倾向于第一种选择。也就是说，如果能够比同龄人获得的钱多，他们宁愿选择相对少的钱①。[28]

这个实验说明了人性的奇妙之处。无论我们处在什么水平，经济上、物质上、身体上和情感上都是如此，如果与周围的人处于同一水平线，我们就会快乐。如果能比邻居过得稍好一点，感觉上甚至会更幸福。但一旦发现别人比我们强，幸福感就会下降。戈尔·维达尔（Gore Vidal）一针见血："好朋友的成功，往往让我们更难过。"

从媒体的角度来看，在电视出现之前，社会比较仅限于社区内部。当电视出现后，人们开始在电视节目和广告中看到他人的美好生活，看起来比自己好得多。一开始，当人们看到某样东西，别人有而自己没有时，偷窃行为就会频发。[29] 但随着时间的推移，人们逐渐习惯了这一点，因为他们知道，电影和电视中的世界大多是虚构的，甚至连所谓的真人秀也出自刻意安排。

在进入社交媒体的世界后，人们如今所看到的，是好友完美生活的真实写照。他们不但看起来状态很棒，而且过着多姿多彩的生活：有更多的朋友，穿着名牌衣服，有发达的腹肌、翘臀、丰唇、柔发，还有开销不菲的奢华假期。即使知道好友会筛选、编辑并美化个人资料和帖子，但人们看到这些信息时，心里依旧会不高兴。这种影响必然是负面的，特别是对年轻人来说，社会给他们带来的影响往往是巨大的。

---

① 研究对象为公共卫生学院（School of Public Health）的学生。如果他们来自哈佛商学院，结果是否会有不同？

关于社交媒体对年轻人心理健康的影响，学术界已经进行了一系列研究，但结果不容乐观。一项又一项研究表明，社交媒体与情绪低落、身体意识增强、幸福感下降和心理健康普遍下降等因素有关。[30] 圣地亚哥大学（University of San Diego）心理学家让·特温格（Jean Twenge）引用了一系列统计数据证明，如果年轻人花在手机和社交媒体上的时间增加，将会导致青少年出现心理健康问题（甚至是自杀）的可能性大幅增加。[31]

然而，并非所有人都同意这些观点。[32] 当涉及智能手机时，年轻人也在为这款备受指责的设备发声。2018 年，权威机构皮尤研究中心（Pew Research Center）发布了一项调查结果，他们发现，大多数青少年认为社交媒体对生活产生了积极影响，让他们感觉与朋友的生活联系紧密，更能了解朋友的感受。与此同时，近一半的人抱怨社交媒体上的信息不够真实；40% 的人表示，他们深感压力，因为自己只发布那些看起来不错的内容，或者可能得到很多评论或点赞的内容；25% 的人认为社交媒体有损自尊；4% 的人认为社交媒体让自己觉得生活糟糕透了。[33] 当然，与其他活动（比如打电话或逛商场）相比，现代青少年一直沉浸在社交媒体中，无法评估自己与朋友之间的关系有多亲密。

无论导致这些的潜在原因是什么，也的确有统计数据表明，自智能手机和社交媒体出现以来，人们的心理健康问题有所增加，尤其是年轻人。据英国国家医疗服务体系（NHS）统计，因抑郁和焦虑等疾病寻求帮助的人数正在不断增加[34]，而英国国家统计局（ONS）的数据显示，2010 年至 2017 年，10 ～ 29 岁的年轻妇女和女孩自杀率增加了 45%。[35] 2017 年发表在《英国医学杂志》（*British Medical Journal*）上的一项研究称，2011 年至

2014 年，13 ～ 16 岁女孩的自残行为增加了三分之二。[36]

另外，发表在《美国医学会杂志》（JAMA，*The Journal of the American Medical Association*）上的一项报告称，从 2001 年至 2008 年，自残水平没有发生显著变化，但在 2009 年至 2015 年，年轻女孩的自残水平上升了两倍。[37] 美国另一项研究发现，在 2005 年至 2014 年，12 ～ 20 岁青少年的重度抑郁症发作率有所上升；[38] 还有一项研究显示，1999 年至 2014 年，青少年自杀率上升了 24%，2006 年后开始出现了更大的增幅，首当其冲的是 10 ～ 14 岁的女孩。[39]

虽然这些数据未明确指出原因，但毫无疑问，在过去十年里，的确有事物让年轻人变得沮丧，情绪不稳定。

非社交社群？

人们坐下就可以看电视，所以智能手机要提供五花八门的内容才能吸引到用户。对于电视广告商和高管来说，市场竞争已经够激烈了，而互联网内容提供商和广告商又要来分一杯羹。在网络空间里，看到图像仅仅只是个开始。从商业角度来看，它需要被赞、喜欢、分享、点击、链接、订阅、评论、标记，或者以其他方式进行互动。如果脸书上的广告做不到这一点，就会被迅速移除，因为他们担心会打断用户更加个性化、更加愉悦（阅读成瘾）的体验。

广播电视也想要吸引更多观众，但其内容往往乏善可陈，而在线内容恰恰相反。在线内容以参与感为噱头来煽动用户，无论是正面还是负面。电视公司的高管们依靠那些不活跃的观众，电视放什么他们就看什么，然而，在线内容提供商则会提供精彩内容，刺激观众上网，继而获取丰厚收益。这引发了人们普遍的担忧，因为广泛传播的极端观点往往会导致社会的两极分化和分裂。

客户还是产品？

人们免费看电视的代价是看广告。玩社交媒体时也要看广告，同时广告也在审视着我们。大约在 2012 年，脸书首次公开募股（IPO），在新任首席运营官雪莉·桑德伯格（Sheryl Sandberg）的指导下，脸书开始分析用户产生的大量数据。桑德伯格此前为谷歌工作，已经是收集和分析用户数据的专家，而且找到了一个新方法去实践哈佛大学教授肖莎娜·祖博夫（Shoshana Zuboff）所说的“行为盈余”。[40]

这是数字公司在提供基本服务的过程中，收集的所有额外信息，比如时间、位置和放弃购买。实际上，脸书存在很多潜在的行为盈余。他们知道用户在什么时候互动最多，与谁互动，喜欢什么，对什么内容的反应最激烈，使用什么样的语言，政治观点如何，还有通过社交媒体资料进行了怎样的互动等一系列个人信息。彼时，这些信息大多被忽视或丢弃，但桑德伯格意识到，这或许是脸书最有价值的资产。脸书开始悄悄地通过一种新方式去收集并分析用户数据，并将其与通过秘密渠道获得的数据相结合。

如今，所有的数字活动都包括数据收集和共享。从在线搜索和社交媒体，到智能手机上所有的实用工具，这些看似无害的应用程序，会适时将你我的个人信息发送给大型科技公司。社交媒体用户不仅是平台提供商的客户，同时也是产品。[41]

大型科技公司现在定期跟踪用户的一举一动，收集其日常习惯、态度和活动等大量数据。这些信息很平常，但仍然私密，比如人们什么时候做什么、在哪里购物、什么时候睡觉，他们的政治和宗教信仰、人际关系和健康状况等内容。社交媒体用户一般看不到被收集的信息，但他们都同意了冗长的用户协议。他们从未认真阅读过这些协议，在点击“确认”后，便开始分享自己的生活。用户信息由专门的算法组合并处理，使广告商能够精确锁定潜在客户，并根据个人偏好定制内容，以发挥最大的效应。他们的目的是要比你更了解你自己。已经有传闻证据表明，这种情况确实存在[42]，很多人都经历过网上那些说不清道不明的巧合，这无疑表明了设备比我们更了解自己。

但问题是，不止是消费品公司想借此让我们购买更多产品。左右翼政党和利益团体也开始利用社交媒体影响英美近日的选举，而不再受限于传统且受监管的政治广告。与俄罗斯有联系的互联网研究机构（Internet Research Agency）利用社交媒体工具，同样影响了西方选举，最近又纯粹为了制造混乱和扰乱民主理念，加剧了美国和其他地区的紧张局势。

其实，政府资源、企业广告，甚至游说团体来利用这些算法，根本没有必要。假信息、假新闻和仇恨言论早已在网上广泛传播，这与政治或意识形态完全无关，纯粹出于一定的商业动机。2016 年，在马其顿（Macedonia）一个不起眼的城镇韦莱斯（Veles），一家私人企业以制造虚假新闻为生，传播淫秽的故事。在美国大选前夕，这家企业希望通过谷歌相关广告算法（AdSense）自动赚取广告费。其中最成功的，算是韦莱斯假新闻企业家鲍里斯（Boris），他在脸书上建立了几个支持特朗普的群聊，将其链接到自己的网站，每天发布从美国另类右翼（Alt-right）网站下载的支持特朗普的言论。他使用数十个虚假的脸书账号来点赞并分享自己的帖子，并通过脸书的算法在系统中推广这些帖子。鲍里斯勤于打理网站和脸书群组，在几个月内赚了数千美元，直到大选前网站被谷歌封杀。[43] 这是一笔不义之财，一个失业年轻人为了能轻轻松松赚钱而妨碍了美国领导人的选举。

对于谷歌和脸书等大型科技公司的商业模式，祖博夫教授认为这是“监视资本主义”，并在《监视资本主义时代》（*The Age of Surveillance Capitalism*）[44] 一书中详细记录了用户和商家之间的不平等。祖博夫断言，工业资本主义是为了营利而剥削自然，监视资本主义则是对人性的剥削。她呼吁政府和公民反击硅谷的强盗行为，他们为了自己的利益悄悄挖掘用户的私生活和思想，尽管在很大程度上，消费者和监管机构并不知晓这些行为。

我们该如何看待这一切呢？不是所有用户都愿意成为实验品，参与大型全球实验，通过才刚刚熟悉起来的手机被观察、被监测。我们心急火燎地看着屏幕，在大量针对性的定制广告中，殷切希望找到几个赞或积极评论；我们的行动被跟踪（也许出于被赞的渴望），系统输入这些数据并分析，确保我们会更快、更积极主动地访问下个页面。

这一趋势似乎正在转变，政府的重大研究和法庭案件提上了日程，可能限制大型科技公司的权力。2018 年 7 月，欧盟出台

《通用数据保护条例》(*General Data Protection Regulations*)，英国政府发布了一份关于互联网安全的白皮书，并做出回应，建议采取各种措施，其中包括任命英国通信管理局为“在线危害监管机构”(Online Harms Regulator)。然而，一个愿打一个愿挨，面对集体患有斯德哥尔摩综合征(Stockholm Syndrome)的社会，这场变革可能很难进行。大型科技公司会获取、出售甚至丢失个人信息，尽管有大量报道和文章表示担忧，担心这些人为了利润或更邪恶的意图去操纵用户，还担心将来可能发生剑桥分析公司(Cambridge Analytica)这样的丑闻，但人们对社交媒体的热情几乎没有减退。对于那些试图不再使用脸书的人来说，他们发现它早已与自己的生活紧密相连，说起来容易做起来难。[45] 脸书之类的软件越是渗入我们的生活，我们就越难从中解脱。许多人早已离不开脸书和 friends 等网站了。

十五
世界，尽收眼底

唯有感知可以救赎灵魂，正如唯有灵魂可以治愈感知。

——奥斯卡·王尔德（Oscar Wilde，1854—1900），《道林·格雷的画像》（*The Portrait of Dorian Gray*），1890

屏幕以前所未有的方式将现代世界展现于眼前。从清晨睁开双眼的那一刻起，我们的眼睛就没停下来过，因为我们总有可看的东西。不只是看手机，电子屏幕本就无处不在，家里、办公室里有，公共汽车、出租车、电梯、购物车、广告牌、厕所门和墙壁上也有，甚至连脚底下也有。它们完全剥夺了我们的注意力。

除了屏幕以外，也还有其他东西吸引着我们的眼球。广告无处不在，商店橱窗不断上新。公司花大价钱设计包装、打造品牌，力图吸引顾客购买产品。即使是水果和蔬菜，也必须看起来新鲜可口，但由于现代食品都有包装，所以想让我们像祖父母那样直接闻到新鲜食品的味道是不太可能的，更别提用手捏和品尝食品了。

21 世纪是视觉的世界。与此同时，我们的其他感官正逐渐被边缘化，退居到娱乐休闲领域。值得思考的是，由于人们在大多数时候只依赖视觉，生活体验会趋于越来越平淡。倘若所有感官共同进行作用，会对生活有何影响呢？

曾几何时，听力甚至可以帮助人类逃生。即使距离较远，耳朵也可以听到来自四面八方的声音，能够比眼睛更快地发现危险或敌人。数十万年来，声音曾是人类主要的交流方式，直到 15 世纪，印刷术和文字开始传播；再到 200 多年前，工业革命爆发，机器噪声开始入侵生活领域，自那时起，我们就开始尽量屏蔽噪声。如今，人们在娱乐时经常用到听觉，但耳朵的实用性越来越低。人们整日待在隔音建筑里，听不见（也不想听）自然之声——鸟鸣、风声、雨声，包括路人的声音，因为声音通常喧嚣，令人深恶痛绝。

在人类历史中，人际交流是一种多感官活动，主要依靠听觉。如今，科技出现后，人们直接交流的机会越来越少。打开数字地图后，哪还有问路的必要？公交车上的屏幕显示站点信息，也不需要询问其他乘客。在商店里可以自助结账，更好的方法是网购——完全避免了面对面的交际往来。

现在，与他人直接交流时，许多人发现无声交流的效率更高。我们可以在社交媒体上发布文字和图片，来分享新闻或讨论当日实事。甚至不需遣词造句来回复朋友的帖子，一个赞或一个表情符号就足矣。

即使是一对一的交流，也变得默无声息。人们开始从口头言语交流，转向了纯粹的文字交流。总体来说，通话时间在下降。在英国，对于 16 ～ 24 岁的年轻人来说，发短信的时间是通话时长的10倍[1]，在世界各地都是如此[2]。其实，大家都经历过用短信交流而不是面谈，即使交流对象就在隔壁房间。

但是用文字交流与口头交谈并不相同。言语和声音是人类古老而原始的沟通方式，而文字只有几千年的历史。写作并不像发声那样与生俱来，所以在婴儿时期，我们会发声，但无法学会写作。我们还是要学习阅读和写作，因为这是人类的高级技能。

在2011年的一项实验中，受试者为一组年龄在7～12岁的女孩，每人都面临巨大压力——向陌生人做演讲。随后，四分之一的女孩可以与母亲面对面交流，另四分之一的女孩可以与母亲通电话，第三组女孩能够与母亲短信交流，第四组女孩则是独自静坐。研究人员测量了女孩们压力荷尔蒙的实时变化。与母亲通电话的女孩和与母亲面谈的女孩都逐渐放松了下来。但是，与母亲短信交流的女孩和独自静坐的女孩一样，依旧紧张不已。出于严谨，研究人员并不打算将结论扩展到样本组之外，但他们论文的副标题给出了核心结论“……为什么我们仍然需要聆听彼此的声音”①。[3]

几千年来，社区交流和宗教实践都少不了“有节奏的噪声”。在足球比赛中，球迷高呼口号正体现了这一传统。同时，大脑释放内啡肽，获得十足的愉悦感，但这种集体活动正在消亡。在激励团体时，游行、吟诵和唱歌等活动十分有效，但往往会受到限制，甚至在某些情况下会被明令禁止，虽然这只是基本的一种激励方式。英国全国学生联合会（British National Union of Students）不提倡在活动时鼓掌、欢呼和喝彩，他们倾向于用

① 顺便说一句，为创作本书，我读过几十篇相关研究，此篇论文较为显著地改变了我的感觉与行为。

无声的“爵士手势”来表示赞同，就像英国手语（british sign language）一样。一些初中生在庆祝时，会采用“棉花糖式鼓掌”，也就是双手不接触。这些措施旨在顾及残疾人士的感受。虽然行之有效，但生活中发自内心的快乐消失了。

众所周知，除了所爱之人的声音能让人心平气和，风吹雨打声、流水波涛声等自然之声同样可以。对于无法接触到实景的人来说，互联网上满是录制的自然天籁，它们经过精心剪辑，以抚慰人们的心灵。音乐也是种很有益的原始活动，能唤醒满足感、促进感情，帮助人们记忆，现在却被归为了娱乐领域。另外，社交媒体上出现了一种新型合成音频，也可以帮助人们放松下来。ASMR，即自发性知觉经络反应（Autonomous Sensory Meridian Response），指人体发生于头部和背部的刺激感，由某些声音引起，一些人称之为“颅内高潮”。YouTube 上有大约 1 300 万个此类视频，其中一些的浏览量高达数百万。大多数声音犹如耳语。虽然抽象，然而是真实的声音。比如指甲的轻击声、轻微的刮擦声、杯子推过桌面的声音，或弄皱纸张的声音等。这些对我没有丝毫帮助，但我的孩子告诉我，他们的朋友发现，当自己在学校压力很大时，这些音频非常有助于平心静气，同时有助于入睡。因此，孩子们是否应该打开窗户，关闭电子设备，仍待商榷。

嗅觉是人类祖先的另一个重要警报系统。嗅觉帮助人们分辨食物和配偶，远离敌人和危险。人类的嗅觉高度发达，在某些情况下，甚至强于犬类。[4] 更重要的是，人类大脑中的嗅觉区与负责记忆和情感的区域有直接联系，其他感官则不具备这一条件。[5] 嗅觉虽然很重要，但在现代生活中，它却被大大地忽视了。除了陈腐的社会风气难以清除，生活中所有臭气都被一驱而散，我们会给自己和周围环境除臭，还使用强力风扇来吹散顽固性气味。我们闻到的气味大多是人造的，包括肥皂、香水、蜡烛、房间喷雾剂、织物柔软剂等等。多种多样，但相差无几。

过去几十年间，随着产品的包装、塑封和冷藏越来越严密，人们很少能直接闻到食物的味道。但有偏激行为出现，专业气味营销员会散布人工气味，意在吸引消费者。2011 年，《时代周刊》（*Time*）刊登了一篇文章，此文一出引发了轩然大波，这篇文章揭露了布鲁克林的一家杂货店，为了吸引顾客驻留，刺激消费行为，在空气中注入了人造巧克力和面包的味道。[6] 这绝不是特例。玛氏朱古力豆（M&M）全球连锁店都充斥着人造巧克力味，但所有巧克力都密封在包装中，怎么会散发出气味？英国公司芳香大师（Scentmaster）在官网上放话，他们会生产出带香味的塑料，这将导致有异味的塑料被淘汰，带香味的塑料则会占领市场。[7]

2016 年的一项研究发现，失范症（丧失嗅觉）与抑郁症之间联系密切。抑郁症患者往往嗅觉能力下降，同样，嗅觉能力下降的患者很有可能抑郁。随着嗅觉的退化，抑郁症会恶化。[8] 嗅觉和抑郁之间的联系变得密切，或许是因为现代社会远离自然，久违祖先所处的原始气息。人们对土壤、青草、雨水、大海、动物、新鲜食物，甚至自身的气味阔别已久，这可能导致心情苦闷。有个关于气味安抚情绪的故事：每当我的小女儿悲伤或不安时，她会把脸塞进狗狗的耳朵里，深深地吸一口气。

如今，味觉也是一种负担。我们的味觉进化到足以轻松分辨最有营养的食物。对于食不果腹的祖先来说，这意味着可以拥有很多的食物。这就是为什么我们偏好甜食、淀粉和脂肪，还有提味的化学盐。但在一个食物充沛、工业生产充裕的世界里，这些都不是什么新鲜味道。食品生产商深谙其道，在食品中加入人体无法抵抗的糖、脂肪和盐，导致了全球范围的肥胖症。最近兴起一波美食热潮，《纽约时报》（*The New York Times*）美食编辑将其称为“纯爷们美食”（Dude Food），泛指“一切咸、油、脆、甜、辣的食物”。[9]没人能够拒绝！另外，现代人喜欢吃辣，或许是感官堡垒的最后防线。辣椒有强大的抗菌性能，这就是为什么气候温润的国家偏爱辛辣菜肴。[10]

若是能坚持低脂、少盐、少糖，变苗条只是其中一种结果。澳大利亚的一项研究表明，多吃水果和蔬菜，会显著提高快乐感、生活满意度和幸福感。研究人员发现，每天多吃八份水果和蔬菜，可以提高生活满意度，“体会到失业人员重新就业的快乐”[11]。这样一来，就能够不断提升幸福感，同时让我们远离糖、盐和脂肪。

除了点击和滑动屏幕之外，我们的第五感触觉同样受到了影响。各种可触摸的物体，诸如钥匙、水龙头和开关等，如今用屏幕便可操控。日常活动中，我们经常会触碰各类物体，如今却正在被技术所取代。你最后一次摇下车窗或被针扎伤，是什么时候？读这本书时，你看的是纸质版还是电子版？

触摸屏在教育界也是屡见不鲜，但教育者对其利弊一直争论不休。写字是个特别热门的话题。最近，芬兰宣布取消儿童写字课，在美国，核心课程标准（Common Core Standards）不再要求学校教写字，但也有许多学校置若罔闻。与此同时，澳大利亚的职业治疗师报告说，越来越多的孩子在上学时已经不会拿铅笔了。[12] 多国教育工作者表达了自己的担忧，即一些儿童在小时候就没有学习运动技能，因为他们花大把时间玩手机，而不是玩真正的玩具，或者用蜡笔涂写。[13]

我们逐渐忽视全身的触觉。现代服饰多用柔软的弹性布料，触感光滑。根据薄厚来适应环境温度，调节其大小来适应腰围。现代服饰比古代服饰舒服得多，我们不会感到束缚，也不会被刮伤。

穿着舒适、有弹性的衣服，我们不会受其干扰，每天的工作生活会更加高效。在平坦的道路上，空调车往返各地，取代了步行和骑车。拂过发梢的风、拍打到脸上的雨、突降的温度以及耀眼的阳光，这些自然之感只能在假期中体验到，要么就是在历史小说中出现，这些事物往往会给日常生活带来不便，人们便想尽办法去远离它们。

每个人都知道，人们喜欢（也需要）被感动。当然，这是有证可考的。2016 年的一份研究报告发现，深情抚摸会促进成年人的关系、心理和身体健康。研究人员发现，触摸不仅能解压，还能提高健康状况。[14]

尽管有这些常识和学术性知识，但人们彼此间的身体接触越来越少。在西方，无论是在文化上还是法律上，人与人之间的身体接触逐渐被禁止。这是因为曾经发生过如猥亵、强奸之类的惨剧，但大多数人还是认为身体接触属于正常现象。但过度“保持距离”，可能引发一些社会问题。养老院的老人和独居者可能在去世时都接触不到他人。心理学家甚至创造出相关术语——“皮肤饥饿”（Skin Hunger），来形容缺乏接触的感觉。这种感觉在很多人身上都有——还有比这更绝望的说法吗？[15]

我们拥有五感，但用得最多的还是视觉，如今被用于人类本能的活动，比如战争和性。如今，在网上便可进行这两种活动，人们不再需要直接接触，而且隔着屏幕会更安全可控。在虚拟世界中，图片有形，声音可选，但嗅觉、触觉和味觉无处可寻，杀戮和爱变得同样平淡无奇。

整体幸福

以下内容会很活跃，有嬉皮士（Hippy）的感觉。到户外去吧！闻闻玫瑰花香！拥抱邻居！和孩子聊聊天！但还是要认真分析一下，通过所有人体感官，我们的身体和大脑是如何与自然环境相互作用的。在我看来，现代社会中，人们看到的日常生活千篇一律，没有新意，因此感到枯燥沮丧。如我们所见，每一种非视觉感官和幸福感之间联系甚密。感官体验中的巨大差异可能让我们变得沮丧。当然，这种可能性值得进一步探讨。

视觉巅峰？

当然，仍有许多人依赖于高度发达的非视觉感官，而且效果非凡。数以百万计的盲人和视障人士过着幸福、积极的生活，即使他们弱视或根本看不见，但认真生活，就是为社会做出了充分贡献。

尽管如此，在智能手机和社交媒体领域，视觉冲击仍旧占据了主导地位，尤其是对于发达国家的年轻人来说。我们通过智能手机看世界，在面临巨大机遇的同时，承受着巨大的风险。由此产生了一个新的问题：谁又在看着我们呢？

《人类从何出现》（*How Did We Get Here？*）

这本历史书告诉我们，早在智能手机、电视或电力出现之前，视觉就已经占据了主导地位。21 世纪繁杂的视觉文化来自一百万年前，人类祖先借用火，得以在黑暗中看清东西。4 万年前，当人们开始在墙上画图、用木石雕刻人物时，他们确立了文化的开端，最终，视觉文化占据了主导地位。5 000 年前，美索不达米亚的抄写员发明了文字，人们可以更高效地描述事物，导致口口相传的文化逐渐衰竭，以致最终销声匿迹。其他人造视觉技术，从根本上改变了人们看待自己和世界的方式。每种技术都对人类心理和社会产生了深远影响，并以当时无法预见的方式改变了历史。我们的视力达到巅峰状态了吗？也许早就到了。电子屏幕会发出蓝光，而我们又长时间盯着屏幕，眼睛受到伤害在所难免。眼科医生担心，过度接触蓝光会导致黄斑营养不良，增加白内障发病率，甚至导致过早发病，这两种疾病都可能致使视力下降，有时还会导致失明[①]。蓝光还会抑制褪黑素的分泌，缺乏褪黑素会导致睡眠机制紊乱，还可能导致抑郁症、阿尔茨海默氏症、肥胖症和其他癌症。[16]

---

① 像 F.Lux 这样的应用程序，可以过滤电脑屏幕的蓝光，现在一些手机设置中也有蓝光过滤器。

这并不是在反对数字技术、社交媒体或现代文化。如今，个人、团体和社会的方方面面都比以往更加充实。无论怎样，电子产品的出现已成既定事实。各类屏幕都在浪费人们的大把时间，我同样难以抗拒，沉迷于大大小小的屏幕。如果没有这些屏幕，我无法进行相关研究，更写不出这本书。

我想从自己的视角，来讲述人类直到今天的历程。人类极其足智多谋，但也相当缺乏耐心。与生俱来的眼睛满足不了求知的欲望，于是，人类一次又一次地突破渺小的自身，渴望看见更多东西。随着每一次视觉发明和创造，人类得以用全新方式看世界，现实世界也就随之大变。这些发明创造或许是出于偶然，但视觉也因此变得更为重要。

在视觉的历史长河中，革新已上演多次，智能手机是其中最新的一环。在人类的历史进程中，人类所见之物和视物方式不断地发生着改变。我认为，我们需要谨慎看待未来与视觉技术之间的关系，至少得学会明辨是非。但首先，我们需要爱护自己珍贵的眼睛。关闭屏幕，走出家门吧！自然光能够安抚情绪，促进健康，这是任何人造光都无法比拟的。只要眼睛不盯着屏幕，几分钟就能得到休息，看看远处的物体，眼睛会更放松。

同时，我们要关注其他感官，每天多谈话，多使用触觉、味觉和嗅觉。毕竟，虽然它们不如视觉用得多，但它们仍然处于正常工作的状态。我相信，适时给眼睛放个假，会让生活更快乐、更充实，会使我们更幸福、更健康。

更重要的是，我们需要全身心接纳彼此间的具体关系，也就是说，要运用我们天生具备的人类感官：与人交谈、群体活动、肢体接触，甚至嗅到他人的气息，只为享受生活的乐趣。

最后，希望我们能有更多时间，以一种全新而古老的方去式拥抱视觉：双目放空，对一切视若无睹，让思绪游离，带我们去向往的地方。谁知道我们会在那里看到什么呢？

结　语
2019 年

2015 年 2 月，话题“那件裙子”爆红，这不仅仅是社交媒体上一时的轰动，世界各地的视觉科学家也对此产生了巨大兴趣，引出了数十项学术研究和诸多论文。事实证明，这幅图片罕见，因为恰好缺乏可靠信息，所以造成了巨大的视觉差异。[1]这是因为当大脑分辨颜色时，会将接收到的信号与周围颜色进行对比，根据人的经验和记忆，下意识矫正背景亮度、阴影和高光等因素。这被称为“颜色恒常性”，属于视觉感知特性。对这件裙子来说，周围没有其他颜色，几乎没有视觉对比来分辨光源，从而迫使大脑做出了无意识的假设。

2017 年，《视觉杂志》（*Journal of Vision*）发表了一项研究[2]，调查了 13000 余名参与者，询问他们关于裙子的看法，同时统计了其家庭人口和生活方式，比如他们是否花大量时间在户外，是“早起鸟”还是“夜猫子”。从经验上看，这项调查证实了研究人员的假设。在没有任何视觉对比的情况下，一些人下意识认为这件裙子位于强烈蓝光（如日光）的阴影下，因此自动矫正了图片的蓝色调，认为这件衣服是白金相间的。其他人认为裙子处于暖色的人造光下，大脑便自动矫正照片中的黄色色调，因此他们看到的裙子就是蓝黑相间的。

此外，研究表明，人的生活方式对这些无意识的假设有显著的影响，这也是人们会看到不同颜色的依据。喜欢早起的人们，通常会暴露在日光下，会自然地认为照片是在户外树荫下拍摄的，在这些人眼里，这件裙子就变成了白金相间的。晚睡的人会认为裙子位于灯光下，在他们看来，裙子是蓝黑相间的。

历史一再表明，如果用不同的眼光看待世界，世界会迥然不同。因此，本书的结论是：每个人周围的世界，其实都是自己眼中的世界。水中月镜中花，所见即所存，所存即所见，世界不过是眼中的无限倒影罢了……

后　记

2020年4月，英国南唐斯国家公园（South Downs National Park）。

我每天都会花45分钟，到家后面的山丘上走走。入眼的景色日日变换，一望无际的乡村中，农田间有树林点缀，还有一片片野生灌木丛。经过羊群时，黑脸小羊羔蹦蹦跳跳，跑回母亲身边，咩咩叫着。碧草如茵，奶牛群安静地咀嚼着青草，幼牛神情忧伤，注视着我。云雀在头顶盘旋，叫声清脆婉转，催促着我速速向前。有时，猛禽会在头顶盘旋，来势汹汹。偶尔，会遇到其他人从另一条路迎面而来。我们彼此相顾无言，他们转向小路的另一边，目光游移、躲闪。

我从未见过如此湛蓝的天空：深邃的蓝绿色，似生命在奔腾。盖特威克机场（Gatwick Airport）位于20英里外，空中交错的飞机尾气已难觅踪迹。

登高望远，北面的景色一览无余，以前却从未注意过。远处有起伏的山丘，矗立着尖塔，远近各一座，高楼大厦的剪影在地平线浮现，阳光闪烁……世事渐远。这一切，既令我感到耳目一新，又感觉一切都是那么不同，变化莫测，最终归于永恒。自然之声也无法驱散深沉的宁静。

如今，我身处家中。孩子们放学回家，在家里学习在线课程，他们或许认为这是一种“正常”情况。现在，我们家每顿饭都一起吃，这是近年来不曾有的，现在已成了例行公事。

我的感官感觉增强了，却怪异地迟钝：身边满是自然之声，我却感到寂静；空气清爽新鲜，我却感觉沉重；周围环境极其平静，我却惴惴不安；周而复始的春天令我兴奋，但我为自己和家人的未来感到担忧，未来根本难以预测。

2020 年 11 月

一切回到原点。寒冬依旧，我们的生活再次发生巨变，准确地说是天翻地覆，因为我们又一次被困在家中。全球已有一百万人死亡，甚至还会有更多。几项疫苗试验有望取得成功，人们满怀期望，但要普及这些疫苗，让一切恢复正常，仍需要好几个月。

严重急性呼吸系统综合征冠状病毒 2 型（Severe Acute Respiratory Syndrome Coronavirus 2，SARS-CoV2）是新型冠状病毒，导致了新型冠状病毒肺炎（COVID-19），它已经摧毁了数百万家庭、多个国家的医疗保健系统，严重影响了全球经济。新冠肺炎对人类感官造成了严重破坏，数百万人感染了该病毒，还有数十亿人因采取措施遏制其传播而受到影响。

2020 年 2 月初，有报道称，感染者通常会失去嗅觉和味觉。

今年4月，世界卫生组织（WHO）和美国机构认为这是新冠肺炎的典型症状，一个月后，就连英国当局也承认了该说法。高达88%的病例出现了这些症状，虽然大多数患者的嗅觉和味觉能在几周内恢复正常，但大约10%的人历经一个月也未能恢复，一小部分人的症状在几个月后仍反复无常。还有些人的嗅觉或味觉发生了变化，比如灵敏度提高，将令人愉悦的气味变得难以忍受，而且滋生出可怕的幻觉气味。

呼吸道病毒引起的感冒会导致鼻腔阻塞或发炎而暂时丧失嗅觉，有时会丧失味觉。相比之下，新型冠状病毒似乎直接作用于感觉系统，破坏味觉和嗅觉。感觉系统包括嗅觉系统、味觉系统和体感系统等，体感系统属于触觉，对直接接触某些化学物质做出反应，这一过程被称为化学感觉（Chemesthesis）。化学物理觉（Chemesethy），如人体能感觉到辣椒的辣味（由辣椒素引起）和牙膏的清爽（由薄荷醇引起）。这种感觉主要发生在口腔，当然，也可以发生在其他部位[1]，比如切辣椒后揉眼睛，眼睛会有灼痛感，用热敷或冷敷来缓解肌肉疼痛等。

新冠病毒阻断了传递至大脑的部分或全部信号，导致口鼻和其他神经元受损，或者直接破坏了神经元机制。和视觉神经元一样，味觉和嗅觉神经元将特定化学信号传递给感受器，以此形成知觉。还记得第一章中提到的猫吗？它的脑细胞对对角线阴影做出反应，对感知到的嗅觉或味觉，就像管弦乐队演奏的音乐——由数十种不同的乐器演奏指定的部分，以完成一首协奏曲。当新冠病毒扰乱感觉系统时，产生的嗅觉或味觉可能像乐队在演出前进行了失败的调音，混乱不堪。丧失嗅觉和味觉是一种奇怪的、令人不安的体验，往往与焦虑和抑郁情绪的感觉相一致，相较于发热和呼吸短促，此类频发症状更危险。[2]研究人员发现了这种联系，将其与新冠病毒导致的神经症状联系起来，比如焦虑、激动、意识模糊和癫痫等。他们假设，这可能是因为病毒通过口鼻的感觉神经元，进入了中枢神经系统。

在更罕见的情况下，新冠病毒会影响更多感官。据报道，新冠病毒会让患者突然失明[3]，导致病毒性结膜炎，这是一种眼部感染疾病[4]。也有报道称，一旦患病，视力会变得模糊。英国首相的最高顾问违反封锁规定，和家人一起驱车60英里以“测试视力”，这一事件臭名昭著。视力模糊可能是新冠肺炎的偶发症，但这一说法没有获得广泛认同。

除了新冠肺炎病人①，还有数亿人的日常感官体验受损。人们需要采取各类行动，如注意社交距离、个人防护、自我隔离、全面封锁、居家隔离、暂时休假、限制接触、居家办公、检疫隔离和清洁双手等，以抑制冠状病毒的传播。在学习到新词语的同时，这些措施还从根本上改变了我们的日常习惯，改变了人际关系，改变了周围的环境，甚至改变了我们自己。但在这样做的过程中，我们的感官需求被剥夺，人们一直认为“感觉”是件理所当然的事，直到被剥夺后才幡然醒悟。看见他人，读懂人们脸上的表情，触摸所爱之人的手和脸颊，拥抱朋友和同事，握手表达问候或认同彼此，与善意的陌生人共享空间，在公共和私人场合唱歌跳舞，聚集在一起，庆祝或哀悼——防疫措施使得这一切日常生活变得怪异而又陌生，迫使我们改变从前的习惯，转而适应新习惯。

① 在编写本书时，全世界约有5500万确诊病例，但可能有许多病例还未经正式诊断。

新冠肺炎对人们造成的影响差异很大。成千上万的人身染恶疾，也失去了亲人，当然也会有人幸免于难。“防疫工作者”经历了非常艰难的时期，而其他人只是暂时离开了工作岗位。一些行业蓬勃发展，另一些行业面临着巨大的困难，就像一些人在某些政府政策下艰难求生一样。

与这些截然不同的体验相比，新冠病毒对感官（尤其是对触觉），产生了巨大影响。最基本的感觉是触觉，这本是件稀松平常的事。我们通过身体各处来感觉万物，无论是内在还是外在。在新冠肺炎流行之前，你会在开门时、购物时或火车邻座旁有意识地停下来吗？疫情暴发后，我们提倡无接触交流，但日常接触又不可避免，这就导致我们感到不安和混乱。如果我们增强自我意识，会感觉自己无法融入环境，进一步加剧混乱和孤立之感。[5]

也有人认为，保持适当的社交距离、使用个人防护用品，以及习惯随之而来的零接触，会给他们带来解脱。据报道，美国前总统特朗普（Trump）称：“也许新冠肺炎是件好事……这样我就不必和那些讨厌的人握手。”[6]但是对于成千上万的人来说，他们无法握住垂死亲人的手，也无法拥抱病中的父母、伴侣或朋友，而且不得不在家隔离，无法接触外人，当真是痛苦不已。我们在第五章十五节中提到了“皮肤饥饿”，如今，这种可悲的情况来自新冠肺炎，它会影响情绪、心理和身体健康，而且对病毒的免疫力也会下降。[7]宠物的销量直线上升，流行杂志建议用“亲密独处”来缓解“皮肤饥饿”，但除非解除防疫规定，否则“皮肤饥饿”症很难缓解。

尽管屏幕有缺点，但毋庸置疑的是，在疫情期间，对那些可以接触到屏幕的人来说，这算是不幸中的万幸。根据国际能源署

（International Energy Agency）提供的数据，2020 年 2 月至 4 月中旬，全球互联网流量激增了 40%。[8] 视频会议软件 Zoom 和 Houseparty 的用户数量大幅增长，2020 年年初仅有数十万，几个月过后便增加到数百万（在工作会议或社交活动中，面对面会谈总是尴尬的一件事）。每周视频通话总量翻了一番，65 岁以上的人增加了两倍。[9]

屏幕让世界保持运转，让人们彼此间可以保持联系，工作和学习都在继续，社交、购物也没有停下，以前的线上活动仍在进行。新冠肺炎大流行可能导致“屏幕大流行”，最终印证了第五章十四节中的结论。不可避免的是：在新冠肺炎大流行之前，屏幕在生活中占据主导地位的利弊已经显而易见，但自疫情暴发以来，这些利弊被更加凸显出来了。此外，人们也更加担忧过度使用屏幕会导致近视等相关问题。[10]

我们无法预测疫情何时结束。假设我们能够根除或永久遏制疫情，我们会拥抱“新常态”，还是满怀感激地重回疫情暴发之前的生活？我们的人际关系、情感健康和经济发展，会从疫情的巨大打击中得以恢复吗？我们会重获疫情暴发之前的感觉，还是承认这些感觉将一去不复返？2020 年是非凡的一年，它会被列为人类历史的转折点，还是单纯是人类历史上众多坎坷中的沧海一粟？

对于以上问题，唯一的答案是：让我们拭目以待吧！

注　释

前言

1. Jones, C., *Paris: Biography of a City* (London: Penguin Books, 2006).

前言：2015 年

1. Tumblr 上原帖已删除，但可在网站上浏览话题 # 那件裙子中的图片，可访问 www.en.wikipedia.org/wiki/ The_dress.

第一节

1. 2015 年，玛格丽特 · 利文斯通（Margaret Livingstone）在美国密歇根大学所做的演讲《关于大脑，艺术所告诉我们的》。可访问

www.youtube. com/watch?v=338GgSbZUYU, 13 August 2016.

2. Livingstone, 2015, p.218.

3. Chau, H.F., Boland, J.E., Nisbett, R.E., Cultural variation in eye movements during perception, Proceedings of the National Academy of Sciences, USA, 2005,Vol.102, No.35, pp.12, 629–33.

4. Livingstone, M., *Vision and Art:The Biology of Seeing* (New York, NY: Abrams, 2014, Second Edition)

5. 类似实验视频可参阅 www.theinvisible- gorilla.com.

6. Mongillo, P. Bono, G., Regolin, L., Marinelli, L., Selective attention to humans in companion dogs, *Canis familiaris, Animal Behaviour*, 2010,Vol.80, No.6, pp.1057–63.

7. Livingstone, 2015, 出处同上。

8. Sugovic, M.,Turk, P.,Witt, J.K., 'Perceived distance and obesity: it's what you weigh, not what you think' , *Acta Psychol* (Amst). March 2016;Vol.165: pp.1–8, accessed 6 February 2016.

9. Roberson, D., Davidoff, J., Davies, I.R.L., Shapiro, R.L., 'Colour categories and colour acquisition in Himba and English' , in Pitcham, N., Biggam, C.P., *Progress in Colour Studies:Vol. II. Psychological Aspects*, (Amsterdam: John Benjamins Publishing, 2006).

第二节

1. Darwin, C., *On the Origin of Species* (First Edition) (London: Murray, 1859).

2. Fossil gallery, Burgess Shale website, Royal Ontario

Museum, burgess-shale.rom.on.ca/en/fossil-gallery/index.php.

3. www.newscientist.com/article/dn19916-oxygen-crash-led-to- cambrian-mass-extinction.

4. Walcott, C.D., Field Diary Notes, 1909, accessed via Royal Ontario Museum website, burgess-shale.rom.on.ca/en/history/discoveries/02-walcott.php.

5. Zhao, F., Bottler, D.J., Hu, S.Yin, Z., Zhu, M., “Complexity and diversity of eyes in Early Cambrian ecosystems” , *Scientific Reports*, Vol.3, 2013, No.2751.

6. Nilsson, D.-E., “The functional basis of eye evolution” , *Visual Neuroscience*,Vol.30, 2013, accessed at journals.cambridge.

7. Nilsson, D-E., Pegler, S., “A pessimistic estimate of the time required for an eye to evolve” , *Biological Sciences*, 2004,Vol.256, pp.53–58.

8. Halder, G., Callaerts, P., Gehring, W.J., “Induction of ectopic eyes by targeted expression of the eyeless gene in Drosophila” , *Science*, New Series, 1995,Vol.267, No.5205, pp.1788–92.

9. Barinaga, M., “Focusing on the eyeless gene” , *Science*, 1995,Vol.267, pp.1766–67.

10. Gehring, W., Ikeo, K., “Pax6: mastering eye morphogenesis and eye evolution” , *Trends in Genetics*, 1999,Vol.15, No.9.

11. Parker, A., *In the Blink of an Eye: How Vision Sparked the Big Bang of Evolution* (New York, NY: Basic Books, 2003).

12. Lamb, T.D., Collin, S.P., Pugh, E.N., “Evolution of the vertebrate eye: opsins, photoreceptors, retina and eye cup” , *Nature Reviews Neuroscience*, 2007,Vol.8, pp.960–76; Lamb, T.D., “Evolution of phototransduction, vertebrate photoreceptors

and retina”, Progress in Retinal and Eye Research, 2013, Elsevier,Vol.36, pp.52–119.

13. Xu,.Y., Zhu, S-W., Li, Q-W., “Lamprey: a model for vertebrate evolutionary research”, *Zoological Research*, 2016,Vol.37, No.5, pp.263–69.

14. Nikitina N., Marianne Bronner-Fraser M., Sauka-Spengler T., “Sea Lamprey Petromyzon marinus: a model for evolutionary and developmental biology”, *Cold Spring Harbor Protocols*, 2009.

15. *Blood Lake: Attack of the Killer Lampreys*, www.imdb.com/ title/ tt3723790.

16. Lamb, 2007, 出处同上。

17. Banks, M.S., Sprague, E.W., Schmoll, J., Parnell, J.A.Q. Love, G.D., “Why do animal eyes have pupils of different shapes?”, *Science Advances*, 2015, Vol.1, No. 7.

18. Bowmaker, J.K., “Evolution of colour vision in vertebrates”. *Eye,* 1998,Vol.12 (3b): pp.541–47.

19. Ross, C.F., Kirk, E.C., “Evolution of eye size and shape in primates”, *Journal of Human Evolution*, 2007, Vol.52.

20. Tomasello, M., Hare, B. Lehmann, H., Call, J., “Reliance on head versus eyes in the gaze following of great apes and human infants: the cooperative eye hypothesis”, *Journal of Human Evolution, 2007*, Vol.52, pp.314–20.

21. 托马塞洛（Tomasello）等人，出处同上。

第三节

1. Frazer, J.G., *Myths of the Origin of Fire: An Essay* (London:

Macmillan and Co. Ltd, 1930).

2. OED, accessed 13 September 2017 at www.oed.com/view/Entry/47 317?redirectedFrom=darkness&

3. Ekirch, A.R., *At Day's Close: A History of Nighttime* (London: Phoenix, 2005).

4. Frazer, J.G., *Myths of the Origin of Fire* 1930.

5. Darwin, C., 1871, *Descent of Man*, p.45.

6. Pausas, J.G., Keeley, J.E., “A burning story: the role of fire in the history of life” , *BioScience*, 2009,Vol.59, No.7 pp.593–601, accessed at www.biosciencemag.org.

7. Wrangham, R., *Catching Fire: How Cooking Made us Human* (New York, NY: Basic Books, 2009).

8. Gani, M.R. and Gani N.D.S., *Geotimes*, 2008,Vol.1, accessed at www. geotimes.org/jan08/article.html?id=feature_evolution.html, May 2016.

9. Gani and Gani, 2008.

10. NASA map of cumulative lightning strikes, 1995–2013.

11. Wrangham, 2009, p.3.

12. Goodman, K., McCravy, K.W., “Pyrophilious insects” ; entry in *Encyclopaedia of Entomology*, 2008, pp.3090–93. Capinera J.L. (ed.), The Netherlands: Springer.

13. Archaeologists have found evidence of butchering forelimbs – a superior meat source normally consumed early by primary hunters – among fossilised remains from 2.6 mya and possibly as long as 3.4 mya. Thompson, J.C. et.al. “Taphony of fossils from the hominin-bearing deposits at Dikika, Ethiopia” , *Journal of Human Evolution*, 2015,Vol.86, pp.112–35; Dominguez-Rodrigo, M. et. Al. “Cut marked bones from Pliocene archaeological sites at Gona” , Afar, Ethiopia, 2005, *Journal of*

Human Evolution,Vol.48, pp.109–21.

14. Wrangham, 2009.

15. Wrangham, 2009.

16. Aiello, L., Wheeler, P., “The expensive-tissue hypothesis: the brain and the digestive system in human and primate evolution” , *Current Anthropology, 1995,* Vol.36, pp.199–221.

17. Wrangham, 2009.

18. Burton. F.D., *Fire:The Spark that Ignited Human Evolution*(Albuquerque, NM: UNMP, 2009), p.10.

19. Dunbar, R.I.M, Gowlett, J.A.J. (eds), “Fireside chat: the impact of fire on hominin socioecology” , *From Lucy to Language:The Benchmark Papers* (Oxford: Oxford University Press, 2014).

20. Dunbar, R.I.M, Gowlett, J.A.J. (eds), “Fireside chat: the impact of fire on hominin socioecology” , *From Lucy to Language:The Benchmark Papers* (Oxford: Oxford University Press, 2014).

21. Dunbar, R.I.M., “The social brain hypothesis and its implications for social evolution” , *Annals of Human Biology,* 2009,Vol.36, No.5, pp.562–72.

22. Dunbar, Gowlett, 2014.

23. 可浏览在线牛津英语词典www.oed.com/view/Entry/85090?rskey=I FXdH5&result=1&isAdvanced=false#eid.

24. Weissner, P.W., “Embers of society: firelight talk among the Ju/ Ohansi Bushmen” , *Proceedings of the National Academy of Sciences of the United States of America*, 2015,Vol.111 No.39, pp.14027–35.

25. Dunbar, Gowlett, 2014.

26. Sandgathe, D.M., Dibble, H.L., Goldberg, P., McPherron,

S.P., Turq, A., Niven, L., & Hodgkins, J., "Timing of the appearance of habitual fire use" , *Proceedings of the National Academy of Sciences of the United States of America*, 2011,Vol.108, No.29.

27. Burton (2009), Wrangham (2009), Dunbar (2009), Dunbar and Gowlett (2014), Aiello and Wheeler (1995), Weissner (2015), Clark, J.D., Harris, J.W.K. (1985) "Fire and its roles in early hominid lifeways" , *African Archaeological Review*,Vol.3, No.1, pp.3–27, Springer.

28. Roebroeks, W., & Villa, P., "On the earliest evidence for habitual use of fire in Europe" , *Proceedings of the National Academy of Sciences of the United States of America*, 2011,Vol.108, No.13, pp.5209–14; Shimelmitz, R., Kuhn, S.L., Jelinek, A.J., Ronen, A., Clark, A.E., Weinstein-Evron, M., "Fire at will: the emergence of habitual fire use 350 000 years ago" , *Journal of Human Evolution*, 2014, Vol.77, pp.196–203.

29. Gowlett, J.A.J., Wrangham, R.W., "Earliest fire in Africa: towards the convergence of archaeological evidence and the cooking hypothesis" , *Azania: Archaeological Research in Africa,* 2013, Vol.48, No.1, pp.5–30.

30. Burton (2009), Weissner, P.W. (2015), "Embers of society: firelight talk among the Ju/Ohansi Bushmen" , *Proceedings of the National Academy of Sciences of the United States of America*,Vol.111 No.39, pp.14027–35.

第四节

1. This account is based on the book written by the cave's discoverers, Brunel, Elliette, Chauvet, Jean-Marie, Hillaire, Christian, *The Discovery of the Chauvet-Pont d'Arc Cave* (Saint-Remy-de-Provence: Editions Equinoxe, 2014), as well as observations taken from the documentary *Cave of Forgotten Dreams*, Werner Herzog (Dir.), 2017, viewed at www.youtube/dlIEfNbcz7g.

2. Chauvet, J.-M., Brunel Deschamps, E, Hillaire, C. *Chauvet Cave:The Discovery of the World's Oldest Paintings* (London: Thames and Hudson, 1996).

3. Dunbar, R.I.M., "The social brain: mind, language, and society in evolutionary perspective" , *Annual Review of Anthropology*, 2003,Vol.32. pp.163–81.

4. Bruner, E., Lozano, M., "Extended mind and visua-spatial integration: three hands for the Neanderthal lineage" , *Journal of Anthropological Science*, 2014,Vol. 92, pp.273–80.

5. Morriss-Kay, 2010.

6. Guthrie, R.D., *The Nature of Paleolithic Art* (Chicago, IL: Chicago University Press, 2006).

7. Clottes, J. *Cave Art* (London: Phaidon, 2008).

8. Hodgson, D., Watson, B., "The Visual Brain and the early depictions of animals in Europe and South-East Asia" , *World Archaeology*, 2015, Vol.47, No. 5, pp776–91.

9. Hodgson, D., Watson, B., "The visual brain and the early depictions of animals in Europe and South-East Asia" , *World Archaeology*, 2015, Vol.47, No.5, pp776–91.

10. Shipman, P., *The Invaders, How Humans and Their Dogs Drove*

Neanderthals to Extinction (Boston, MA: Harvard University Press, 2005).

第五节

1. Carpenter, E.S., “The tribal terror of self-awareness, in Hockings” , P. (ed.), *Principles of Visual Anthropology* (The Hague: Mouton, 1975), p.455.

2. Ovid (A.S. Kline’s version), *Metamorphoses Book III*, accessed at ovid. lib.virginia.edu/trans/Metamorph3.htm, 15 January 2016.

3. Mellaart, J. (19), “Catal Hoyuk: a Neolithic town in Anatolia” , p.27.

4. Cashdan, E.A., “Egalitarianism among hunters and gatherers” , *American Anthropologist*, 1980, 82 1, pp.116–20, Wiley, London.accessed at onlinelibrary.wiley.com/doi/10.1525/aa.1980.82.1.02a00100/full, 1 February 2016.

5. Anadolu Agency, “Çatalhöyük excavations reveal gender equality in ancient settled life” , *hurriyetdailynews.com*, citing interview with Ian Hodder, 2014.

6. Hodder, I., “Catalhoyuk: the leopard changes its spots. A summary of recent work” . *Anatolian Studies*, 2014,Vol.64, pp.1–22.

7. Carpenter, E.S., “The tribal terror of self-awareness, in Hockings” , P. (ed.), *Principles of Visual Anthropology* (The Hague: Mouton, 1975).

8. Prins, H.E.L., Bishop, J., “Edmund Carpenter: explorations in media and anthropology” , *Visual Anthropology Review*, 2002,Vol.17, No.2, pp.110–31.

9. Carpenter, E.S., “The tribal terror of self-awareness, in Hockings” , P. (ed.), *Principles of Visual Anthropology* (The Hague: Mouton, 1975).

10. www.freud.org.uk/2018/07/23/self-reflection-mirrors-in-sigmund- freuds-collection.

11. Chandler, J., “Little common ground as land grab splits people” , *Sydney Morning Herald*, Australia, 15 October 2011, accessed at www.smh.com.au/world/little-common-ground-as-land-grab-splits-a- people-20111014-1lp09.html, 1 February 2016.

12. Carpenter, E.S., *Oh, What a Blow That Phantom Gave Me!* (New York, NY: Holt, Rinehart and Winston, 1972), p129.

13. Bianchi, R.S., “Reflections in the sky’s eyes” , *Notes on the History of Science*, 2005, Vol.4, pp.10–8, Figs. 1–3.

14. Laërtius, Diogenes, Lives of Philosophers, II, 33, quoted in Sinisgalli, Rocco, *Perspective in the Visual Culture of Classical Antiquity* (Cambridge: Cambridge University Press, 2012).

15. Seneca, *Naturales Quaestiones*, I, 17, 4, quoted in Sinisgalli, 出处同上。

16. Toohey, P., *Melancholy, Love and Time*, Chapter 8 (Michigan, MI:University of Michigan Press, 2004).

17. Diener, E. and Wallbom, M., “Effects of self awareness on antinormative behaviour” , *Journal of Research in Personality*, 1976, Vol.10, pp.107–11.

18. Beaman, A.L., Klentz, B., Diener, E., Svanum, S., “Self-awareness and transgression in children” , *Journal of Personality and Social Psychology*, 1979,Vol.37, No.10, pp.1835–46.

19. Cooley, C., *Human Nature and the Social Order*, 1902.

20. Gallup, G.G. Jr, “Self awareness and emergence of mind in primates” , *American Journal of Primatology*, 1982,Vol.2,

pp.237–48.

21. Taylor Parker, S., Mitchell, R.W., Boccia M.L., “Self awareness in animals and humans” , *Developmental Perspectives* (Cambridge: Cambridge University Press, 1994).

22. Mortimer, Ian, “The mirror effect: how the rise of mirrors in the fifteenth century shaped our idea of the individual” , *Lapham's Quarterly*, 2016, accessed at www.laphamsquarterly.org/roundtable/ mirror-effect.

23. Hockey, D., *Secret Knowledge: Rediscovering the Lost Techniques of the Old Masters* (New York, NY:Viking Studio, 2006).

24. fandomania.com/tv-review-mythbusters-8-27-presidents-challenge

25. Pohl, A., McGuire, J., Toobie, A., “P6 9 laser diode another day” , *Journal of Physics Special Topics*, 2013, accessed at journals.le.ac.uk/ ojs1/index.php/pst/article/download/2153/2057.

26. Hist. *Cienc. Saude-Manguinhos*, 2006,Vol.3 suppl. 0, Rio de Janeiro.

27. Alexandra A., “Reflections from the tomb: mirrors as grave goods in late classical and Hellenistic Tarquinia” , *Etruscan Studies*, 2008,Vol.11, No.1, accessed at scholarworks.umass.edu/ etruscan_studies/vol11/ iss1/1.

28. Harkness, D.E., “Alchemy and eschatology: exploring the connections between John Dee and Sir Isaac Newton” , in Force, 1999; J.E., Popkin, R.H. eds “Newton and religion, Context nature and influence” , *Springer-Science and Business Media*, 1999.

29. www.latin-dictionary.net/search/latin/mirare, 于 2016 年 2 月 1 日访问。

第六节

1. Schmandt-Besserat, D., Writing systems. [Online] . In D. Pearsall (ed.). *Encyclopedia of Archaeology*, 2008, Oxford, United Kingdom: Elsevier Science & Technology. Available from: 0-search. credoreference.com.wam.city.ac.uk/content/entry/estarch/writing_ systems/0 [Accessed 15 March 2016] .

2. Lapidus, I.M., Cities and Societies: A Comparative Study of the Emergence of Urban Civilisation in Mesopotamia and Greece, *Journal of Urban History*, 1986,Vol.12 No.3, pp.257–92, Sage Publications. Accessed 10 March 2016.

3. Englund, R.K., The Ur III Collection of the CMAA, *Cuneiform Digital Library Journal* 2002:1 cdli.ucla.edu/pubs/cdlj/2002/001.html

4. Powell, B. *Writing:Theory and History of the Technology of Civilisation* (Hoboken, NJ: Wiley, 2012).

5. Damerow, P., "The Origins of Writing as a Problem of Historical Epistemology" , *Max Planck Institute for the History of Science*, 2006, Berlin.

6. Leeming, D., "Flood" entry, *The Oxford Companion to World Mythology* (Oxford: Oxford University Press, 2004), p.138.

7. blog.britishmuseum.org/who-was-ashurbanipal/?_ga=2.217768542.950196694.1540219698-2130113507.1539634091.

8. Oed.com, 访问于 2018 年 10 月 21 日。

9. www.independent.co.uk/news/uk/this-britain/the-big-question-what-is-the-rosetta-stone-and-should-britain-return-it-to-egypt-1836610.html, retrieved 21 October 2018.

10. Robinson, A., *The Last Man Who Knew Everything:Thomas*

Young (Oxford: Oneworld, 2006).

11. Young, T., An Account of Some Recent Discoveries in Hieroglyphical Literature, and Egyptian Antiquities (London: John Murray, 1823) pp.xiv–xv.

12. Robinson, A., "Thomas Young and the Rosetta Stone" , *Endeavour*, 2007, Vol.31 No.2, Elsevier. Accessed at via sciencedirect.com, 12 March 2016.

13. Adkins, L.A., *Empires of the Plain*, 2004, citing Borger, R. (1975–78) from the RAS archive.

14. Quinn, J., *In Search of the Phoenicians* (Oxford: Oxford University Press, 2017).

15. "Phoenician" entry, Oxford English Dictionary, accessed at www.oed. com, 21 October 2018.

16. "adjab" entry, Oxford English Dictionary, accessed at www.oed.com, 21 October 2018.

17. Powell, B., *Writing:Theory and History of the Technology of Civilisation* (Hoboken, NJ: Wiley, 2012).

18. Powell, B., "Why was the Greek alphabet invented? The epigraphical evidence" , *Classical Antiquity*, 1989,Vol.8, No.2, University of California Press, p.346, www.jstor/stable/25010912.

19. RGS Archives, Rawlinson, *Personal Adventures*, cited in Adkinds (2004).

20. Powell, 1989, p.2.

21. Plato, Phaedrus, (trans. B. Jowett), Project Gutenberg eBook #1636, accessed at www.gutenberg.org/files/1636/1636-h/1636-h.htm, 29 October 2018.

22. *The Athenaeum*, No.3515, 9 March 1895, p.314.

第七节

1. 电子版可参阅 www.bl.uk/manuscripts/Viewer. aspx?ref=harley_ms_585_f130r, 2018 年 11 月 1 日访问。

2. Herbert, K., *Looking for the Lost Gods of England* (Cambridgeshire: Anglo Saxon Books, 1994), pp.36–37, and translation of the Nine Herbs Charm accessed at www.heorot.dk/woden-notes.html#en52, 1 November 2018.

3. Gordon, T. (trans. from the original), “Tacitus on Germany” , 1910, via Project Gutenberg accessed 5 November 2017 at www.gutenberg. org/files/2995/2995.txt.

4. www.oed.com/view/Entry/168900?rskey=ToobKm&result=2#eid.

5. Tacitus, 出处同上。

6. 格雷戈里（Gregory）致阿尔伯特·默利图斯（Abbott Mellitus）, 76 号书信 , PL77 1215–1216, 于 2017 年 10 月 17 日访问 sourcebooks.fordham.edu/source/ greg1-mellitus.txt.

7. Taylor, J.E., *Christians and the Holy Places* (Oxford: Oxford University Press, 1993), 引用于 www.independent.co.uk/arts-entertainment/ history-hiding-pagan-places-david-keys-reports-on-research-which- casts-doubt-on-the-authenticity-of-1468786.html.

8. Bonser, W., “The cult of relics in the Middle Ages” , 1962, *Folkore*, Vol.73 No.4, pp.234–56.

9. Mommsen, T.E., “Petrarch’s conception of the ‘Dark Ages’” , *Speculum, 1942*, Vol.17, No.2 (April 1942), pp.226–42, 于 2018 年 11 月 1 日 访 问 www.jstor.org/stable/2856364 1 November 2018.

10. Chaochao G. 等　人 ., "Reconciling multiple ice-core volcanic histories: The potential of tree-ring and documentary evidence, 670–730 ce", *Quaternary International*, 2016,Vol.394, pp.180–93.

11. Lester, L.K. (ed.), *Plague and the End of Antiquity* (Cambridge: Cambridge University Press, 2007).

12. Whipps, H., "How smallpox changed the world", *Live Science*, 2008,　于 2017 年 10 月 15 日　访　问 www.livescience.com/7509-smallpox-changed-world. html.

13. Eco, U., *Art and Beauty in the Middle Ages* (New Haven, CT:Yale University Press, 1986), p.16.

第八节

1. Baragli, S., *Art of the Fourteenth Century* (Los Angeles, CA: Getty Publications, 2007).

2. Ilardi,V., *Renaissance Vision: from Spectacles to Telescopes*, 2007, American Philosophical Society, p.42.

3. Sines, G., Sakellarakis,Y.A., Lenses in Antiquity, *American Journal of Archaeology*, 1987,Vol.91, No.2, pp.191–96,　于 2018 年 11 月 7 日访问 www.jstor. org/stable/505216.

4. Temple, R., *Crystal Sun: Rediscovering a Lost Technology of the Ancient World* (London: Century, 2000).

5. Greenblatt, S., *The Swerve: How the World became Modern* (New York, NY: Norton Books, 2001).

6. Einhard, *The Life of Charlemagne*, trans., 1880, Turner (New York, NY: S.E. Harper & Brothers, 1880), accessed at Fordham

University Medieval Sourcebook, sourcebooks.fordham.edu/basis/einhard.asp#Charlemagne%20Crowned%20Emperor.

7. Saengar, P., *Space Between Words:The Origin of Silent Reading* (Stanford, CA: Stanford University Press, 1997).

8. 英国广播公司电台，“The Carolingian Renaissance”，*In Our Time*, 2006, accessed at www.bbc.co.uk/programmes/p003hydz.

9. 布卢姆（Bloom）对此持异议，J., *Paper Before Print:The History and Impact of Paper in the Islamic World* (New Haven, CT:Yale University Press, 2001).

10. Wilkinson, E., *Chinese History: A New Manual* (Cambridge, MA: Harvard University Press, 2002).

11. 布卢姆，出处同上。

12. Lindberg, D., *Theories of Vision from Al Kindi to Kepler* (Chicago, IL: University of Chicago Press, 1976), p.60.

13. Smith, A.M., “Alhacen on refraction: a critical edition, with English translation and commentary, 2010, of Book 7 of Alhacen's ‘De Aspectibus’”，the Medieval Latin version of Ibn al-Haytham's “Kitāb al-Manāzir”.Vol.2. English Translation, *Transactions of the American Philosophical Society*,Vol.100, No.3, Section 2.

14. Al Kahlili, J., news item, 2009, BBC News, accessed at news.bbc. co.uk/1/hi/sci/tech/7810846.stm.

15. Lefèvre, W., ed., “Inside the camera obscura: optics and art under the spell of the projected image”，2007, *Max Planck Institute for the History of Science*, Berlin, contribution by Abdelhamid I. Sabra, Alhazen's *Optics in Europe: Some Notes on What It Said and What It Did Not Say*, 于2018年11月访问www.mpiwg-berlin.mpg.de/preprints/p333.pdf 11, 第二段及第三段。

16. Lefèvre, W., ed., “Inside the camera obscura: optics and

art under the spell of the projected image” , 2007, Max Planck Institute for the History of Science, Berlin, contribution by Abdelhamid I. Sabra, Alhazen’s *Optics in Europe: Some Notes on What It Said and What It Did Not Say,* 于 2018 年 11 月 访 问 www.mpiwg-berlin.mpg.de/preprints/ p333.pdf, 脚注 3。

17. Lindberg, p.80.

18. Whitehouse, D., *Glass: A Short History*, 2012, British Museum.

19. Suger, 1140, translation of original manuscript accessed at www.learn.columbia.edu/ma/htm/ms/ma_ms_gloss_abbot_sugar.htm.

20. Suger, 出处同上。

21. www.smithsonianmag.com/smart-news/the-first-nativity-scene-was- created-in-1223-161485505.

22. Schiller, G., *Iconography of Christian Art*, Vol.II, 1972（德译英）, Lund Humphries, London,179 页 –181 页 , 图 622– 图 639。

23. Erickson, C., *The Medieval Vision: Essays in History and Perception* (Oxford: Oxford University Press, 1976), p.36.

24. 1257 年至 1281 年，与维帖洛（Witelo）光学著作出版同期，佩查姆（Pecham）和培根（Bacon）也出版了相关著作。同一时期，三位学者都曾出访宫廷 (Ilardi, p.27)。

25. Bacon, R., *Opus Major*, 1267, Introduction and trans. Bridges, J.H. (London: Williams and Norgate, 1900).

26. Frugoni, C., trans. McCuaig, W., *Inventions of the Middle Ages* (London: The Folio Society, 2007).

27. From Friar Bartolomeo da San Cordio, *Ancient Chronicle of the Dominican Monastery of St Catherine in Pisa*, 1313, cited in Frugoni, p.2.

28. From Friar Bartolomeo da San Cordio, *Ancient Chronicle of*

the Dominican Monastery of St Catherine in Pisa, 1313, cited in Frugoni, above, p.2.

29. Whitehouse, D., *Glass: A Short History* (Washington, DC: Smithsonian Institutions, 2012), p.45.

30. Ilardi, 2007, p.9.

31. Ilardi, 2007, p.51.

32. Holden, B.A. et al., "Global prevalence of myopia and high myopia and temporal trends from 2000 through 2050", *Ophthalmology*, 2016, Vol.123, No. 5, pp.1036–42, 于2018年10月5日访问全文www.aaojournal.org/article/ S0161-6420%2816%2900025-7/

33. Gombrich, E.H., *The Story of Art* (London: Phaidon, 1950).

34. Gombrich, p.152.

35. 乔托及其他文艺复兴早期意大利有关光的绘画技法，详见Hills, P., *The Light of Early Italian Painting* (New Haven, CT, and London:Yale University Press, 1987).

36. Ilardi, p.190.

37. Hills, 1987, p.65, footnote 4.

38. Ilardi, 2007, p.60; also Riva, M.A., Arpa, C., Gioco, M., "Dante and asthenopia: a modern visual problem described during the Middle Ages", *Eye*, 2014, London,Vol.28, p.498, published online 14 January 2010.

39. Ilardi, p.190.

40. Hockney, David, *Secret Knowledge; Rediscovering the Lost Techniques of the Old Masters* (London: Thames and Hudson, 2006), pp.66–67. 40. 论文相关的信息和链接，请参阅查尔斯·法尔科（Charles Falco）的网站 wp.optics.arizona.edu/falco/ art-optics/

41. For example, the matter was the subject of an entire issue of the journal *Early Science and Medicine*, 2005,Vol. 10, No. 2,

"Optics, instruments and painting, 1420–1720: reflections on the Hockney- Falco thesis" .

42. Steadman, P., *Vermeer's Camera* (Oxford: Oxford University Press, 2001).

43. Falco, C., "Optics and renaissance art" , in *Optics in Our Time*, 2006.

第九节

1. Hughes, B., 2017, *Istanbul: A Tale of Three Cities* (London: Weidenfeld and Nicholson, 2017).

2. Helmasperger Notarial Instrument, 1455, accessed at www. gutenbergdigital.de/gudi/eframes/index.htm, 6 April 2018.

3. 有资料说 158 本，也有的说 180 本。

4. Defoe, D., *History of the Devil* (Boston, MA: CD Strong, 1726).

5. Magno, A.M., *Bound in Venice.The Serene Republic and the Dawn of the Book* (New York, NY: Europa Editions, 2013) pp.27–28.

6. Helmasperger Notarial Instrument, 1455, accessed at www. gutenbergdigital.de/gudi/eframes/index.htm, 6 April 2018.

7. DeFoe, 1726, 出处同上。

8. Meltzner, M., *The Printing Press,* accessed via Questia at www.questia. com/read/122746489/the-printing-press.

9. Eisenstein, E.L., *The Printing Revolution in Early Modern Europe* (Cambridge: Cambridge University Press, 1983), p.13.

10. www.history.com/news/ask-history/what-is-the-origin-of-the- handshake.

11. 1229号图卢兹议会法令（正典第14章）：禁止普通人拥有《旧约》全书和《新约》全书；除非出于虔诚，用《诗篇》或《祈祷书》来做神务，但严禁对这些书进行翻译。

Accessed at en.wikipedia.org/ wiki/Council_of_Toulouse#cite_note-9.

12. Carothers, J.C., "Psychiatry and the Written Word" , *Psychiatry*, 1959, pp.304–18.

13. McLuhan, M., *The Gutenberg Galaxy:The Making of Typographical Man* (Toronto: University of Toronto Press, 1962).

14. Ong, W., *Orality and Literacy:The Technologizing of the Word* (Abingdon: Routledge, 1982, Thirtieth Anniversary Edition), p.117.

15. Act II, Scene ii, Line 535. "Follow him friends, we'll hear a play tomorrow" .

16. 英国莎士比亚学者加布里埃尔·伊根（Gabriel Egan）分析了1550年到1650年间的英国文学作品，发现"看戏剧"的使用频率高达92%，而"听戏剧"的使用频率仅为8%（gabrielegan.com/publications/Egan2001k.htm, accessed 27 March 2018）。

17. Walsh, J.J., *The World's Debt to the Irish* (Tradibooks, 1926, 2010 edition).

18. British Library blog accessed at blogs.bl.uk/digitisedmanu- scripts/2017/02/old-english-spell-books.html.

19. 这三门学科构成了教育的第一阶段，即三位一体（trivium），接着是四位一体（quadrivium），包括算术、几何、音乐和天文学。

20. "Pythagorus" , *Stanford Encyclopaedia of Philosophy* (2005); "Socrates" , *Internet Encyclopedia of Philosophy*, accessed at www.iep.utm.edu/ socrates; "Jesus Christ" , *Ancient History Encyclopedia*, 2013 www. ancient.eu/Jesus_Christ.

21. Ong, W., *Orality and Literacy:The Technologizing of the Word*

(Abingdon: Routledge, 1982, Thirtieth Anniversary Edition).

22. Camille, M., *Mirror in Parchment:The Luttrell Psalter and the Making of Medieval England* (Chicago, IL: University of Chicago Press, 1997).

23. Camille, M., *Mirror in Parchment:The Luttrell Psalter and the Making of Medieval England* (Chicago, IL: University of Chicago Press, 1997).

24. Bewernick, H., *The Storyteller's Memory Palace: A Method of Interpretation Based on the Function of Memory Systems in Literature* (Bern: Peter Lang AG, 2010), p.39.

25. Yates, F.A., *The Art of Memory* (London: Routledge, 1999).

26. Yates, 1999, pp.20–22.

27. Baxandall, M., *Painting and Experience in Renaissance Italy* (Oxford: Oxford University Press, 1972), p.47.

28. Foer, Joshua, *Moonwalking with Einstein:The Art and Science of Remembering Everything* (London: Penguin, 2011).

29. *Jeremy Norman's History of Information*, accessed at www. historyofin- formation.com/expanded.php?era=1450.

30. Translation of memo by Martin Bormann accessed at en.wikipedia. org/wiki/Antiqua–Fraktur_dispute.

31. Ivins, W., *Prints and Visual Communication* (Boston, MA: MIT Press, 1953).

32. Alexander [ed.] *The Painted Page: Italian Renaissance Book Illumination 1450–1550* (London: Royal Academy of Arts, 1994).

33. Blunt & Raphael, *The Illustrated Herbal* (London: Frances Lincoln Ltd, 1979), pp.113–14.

34. www.historyofinformation.com.

35. Hirsch, *Printing, Selling and Reading 1450–1550* (Wiesbaden: Otto Harrossowitz, 1967), accessed at www.historyofinformation.

com/ expanded.php?id=3691.

36. Hirsch, *Printing, Selling and Reading 1450–1550* (Wiesbaden: Otto Harrossowitz, 1967), accessed at www.historyofinformation.com/ expanded.php?id=3691.

37. Eisenstein, 1983, p.65.

38. Rouse & Rouse, "Backgrounds to Print: Aspects of the Manuscript Book in Northern Europe of the Fifteenth Century" , *Authentic Witnesses: Approaches to Medieval Texts and Manuscripts*, 1991, pp.465–66.

39. Uhlendorf, A., *The Invention of Printing and its Spread Until 1470* Michigan, MI: Michigan University Press, 1932.

40. Eisenstein, E., *Divine Art: Infernal Machine* (Philadelphia, PA: University of Pennsylvania Press, 2011.

41. Parkes, M.B., Introduction to Peter Ganz (ed.) *The Role of the Book in Medieval Culture* (Turnhout: Brepols, 1986), pp.15–16.

42. Harford, T., "50 things that made the modern economy" , BBC World Service, 2017, accessed at www.bbc.co.uk/news/business-41582244 2 April 2018.

43. Harford, 出处同上。

44. Eisenstein, E.,1983.

45. Oxford English Dictionary, via eInformation in Library app.

46. Greilsammer, Myriam, "The midwife, the priest, and the physician: the subjugation of midwives in the low countries at the end of the Middle Ages" . *The Journal of Medieval and Renaissance Studies*, 1991,Vol.21: pp.285–329.

47. Karma Lochie, *Covert Operations:The Medieval Uses of Secrecy* (Philadelphia, PA: University of Pennsylvania Press, 1999), pp.199–201.

48. Eamon, W., *Science and the Secrets of Nature: Books of Secrets in Medieval and Early Modern Culture* (Princeton, NJ: Princeton University Press, 1994).

49. Eamon, 1994.

50. Bacon, F., *The Great Instauration*, (1620) Lindberg, p.344.

51. Bacon, F, "New Organon" , Lindberg, 1990, p.344.

52. *Eye-Witness Account of Image-Breaking at Antwerp, 21–23 August 1566*, University of Leiden, accessed at dutchrevolt.leiden.edu/english/ sources/Pages/15660721.aspx.

53. "The Chronicle of the Grey Friars: Edward VI" , in *Chronicle of the Grey Friars of London,* Camden Society Old Series:Vol. 53, ed. J.G. Nichols (London, 1852), pp.53–78. *British History Online*, www. british-history.ac.uk/camden-record-soc/vol53/pp53-78, accessed 5 April 2018.

54. Order by Thomas Crowell as the King's Viceregent in September 1538, accessed at historicaltexts.org.

第十节

1. Accessed online at douglasallchin.net/galileo/library/1616docs.htm

2. Blackwell R.J., *Behind the Scenes at Galileo's Trial* (Notre Dame, IN: University of Notre Dame Press, 2006).

3. de Santillana, G., *The Crime of Galileo*, 1955 (Chicago, IL: University of Chicago Press, pp.312–13).

4. Accessed online at bertie.ccsu.edu/naturesci/cosmology/galileopope. html.

5. For example. Fujino, S. et al., "Job stress and mental health among permanent night workers" , *Journal of Occupational Health*, 2001,Vol.43, pp.301–06.

6. Kronfeld-Schor, N., Dominoni, D., de la Iglesia, H., Levy, O., Herzog, E.D., Dayan, T., Helfrich-Forster, C., Chronobiology by moonlight, 2013, Proc R Soc B.

7. Kronfeld-Schor, 2013.

8. Richardson, R., "Why do wolves howl?" , *slate.com*, 2014, accessed at www.slate.com/blogs/wild_things/2014/04/14/why_do_wolves_ howl_wolves_do_not_howl_at_the_moon.html on 14 May 2018 also www.nationalgeographic.org/media/wolves-fact-and-fiction accessed on 14 May 2018.

9. Zimecki, M., "The lunar cycle on human and animal behaviour and psychology" , *Postepy Hig Med Dosw*, 2006, accessed at www.phmd.pl/ api/files/view/1953.pdf.

10. V. Gaffney et al., "Time and a place: a luni-solar 'time-reckoner' from 8th millennium bc Scotland" , *Internet Archaeology*, 2013,Vol.34, accessed at intarch.ac.uk/journal/issue34/gaffney_index.html, 14 May 2018.

11. Leverington, D., *Babylon to Voyager and Beyond: A History of Planetary Astronomy* (Cambridge: Cambridge University Press, 2003) p.3.

12. Asimov, I., *Eyes on the Universe: A History of the Telescope* (London: Andre Deutch, 1976).

13. Heath, Sir T. (trans.), *Aristarchus of Samos* (Oxford: Clarendon Press, 1913), p.302. Cited in Gingerich, O., "Did Copernicus Owe a Debt to Aristarchus?" , *Journal for the History of Astronomy*, 1985,Vol. 16, No. 1, pp.37–42, accessed at adsabs.

14. 例如，在《约书亚记》第 10 章，第 12 节至 13 节，约书亚命令太阳和月亮静止不动，它们就服从了命令。第十章，第4节至6节提到太阳在天空中移动，而《历代记》和《诗篇》都认为世界（地球）是静止的，永远不会移动。

15. Chapman, A., *Stargazers: Copernicus, Galileo, the Telescope and the Church* (Oxford: Lion Hudson, 2014), p.34.

16. Rabin, S., "Nicolaus Copernicus", *The Stanford Encyclopedia of Philosophy*, 2015, Edward N. Zalta (ed.), plato. standford.edu/archives/ fall 2015/entries/Copernicus, accessed 16 May 2018.

17. Chapman, 2014, p.34.

18. Copernicus, N., *Commentariolus,* 1415, trans. Rosen, copernicus. torun.pl/en/archives/astronomical/1/?view=transkrypcja&lang=en accessed via themcclungs.net/physics/download/H/Astronomy/ Commentariolus%20Text.pdf, 16 May 2018.

19. 出处同上。

20. Owen Gingerich, "Did Copernicus owe a debt to Aristarchus?", *Journal for the History of Astronomy*,Vol.16, No.1, February 1985, pp.37–42 suggests he may have come across Aristarchus's ideas, whereas Dava Sobel argues that these works were not available in Latin at the time in Sobel, D., *A More Perfect Heaven: How Copernicus Revolutionized the Cosmos* (New York, NY: Walker & Company, 2012) accessed at adsabs.

21. Swerdlow, N M., "Copernicus's derivation of the heliocentric theory from Regiomontanus's eccentric models of the second inequality of the superior and inferior planets", *Journal for the History of Astronomy*, 2017,Vol. 48, pp.33–61, accessed at journals.sagepub.com/doi/ abs/10.1177/0021828617691203, 17 May 2018.

22. Bible, book of Joshua 10:12.

23. 这一说法被广泛引用，但未找到直接引用。

24. Chapman, 2014, p.49.

25. Chapman, 2014, p.50.

26. Full text of Copernicus, N., *de Revolutionibus*, 1543, Preface by Andreas Osiander, accessed at www.geo.utexas.edu/ courses/302d/Fall_2011/Full%20text%20-%20Nicholas%20Copernicus,%20_De%20Revolutionibus%20%28On%20the%20Revolutions%29,_%201.pdf, 30 May 18.

27. Singham, M., “The Copernican myths” , *Physics Today*, 2007,Vol.60, No.12, p.48.

28. Van Helden, A., “The invention of the telescope” , *Transactions of the American Philosophical Society,* 1977,Vol.67, No.4, pp.1–67.

29. Reeves, E., *Galileo's Glassworks:The Telescope and the Mirror* (Cambridge, MA: Harvard University Press, 2008), p.117, accessed via Questia at www.questia.com/read/119165310/galileo-s-glassworks-the-telescope-and-the-mirror, 15 April 2018.

30. Van Helden, A., “The invention of the telescope” , *Transactions of the American Philosophical Society,* 1977,Vol.67, No.4, pp.1–67.

31. Van Helden, 1977.

32. Bacon, R., *Opus Majus*, 1267, cited in Reeves, E., 2008.

33. Van Helden, 1977, p.19, citing the magi Giambatista Della Porta.

34. The Galileo Project>Chronology>Timeline, galileo.rice.edu/chron/ galileo.html

35. Galileo, *The Starry Messenger*, 1610.

36. Galileo, 1610.

37. Dunn, R.,*The Telescope: A Short History* (London: National

Maritime Museum, 2009), p.30.

38. Chapman, A., 2014, p.165.

39. Galileo, *Letter to the Grand Duchess Christina of Tuscany*, 1615, accessed online at sourcebooks.fordham.edu/mod/galileo-tuscany.asp 12 June 2018.

40. Chapman, 2014, p.174.

41. Holy Congregation for the Index, *Decree of the Holy Congregation for the Index against Copernicanism*, 1616, accessed online at inters.org/ decree-against-copernicanism-1616, 12 June 2018.

42. Galileo, G., *The Assayer*, 1623, accessed at web.stanford.edu.ujsabol/ certainty/readings/Galileo-Assayer.pdf.

43. Descartes, R., *Discourse on Method*, 1637.

44. Andrade, E.N. da C., "Galileo" , *Notes and Records of the Royal Society of London*, 1964,Vol.19, No.2, pp.120–30, p.128, accessed at www.jstor. org/stable/3519848, 20 May 2018.

45. Diary of Samuel Pepys, accessed at www.pepysdiary.com/ diary/1667/05/26, 1 June 2018.

46. www.visioneng.com/resources/history-of-the-microscope.

47. See a photographed copy of *Micrographia* online at archive.org/ stream/mobot31753000817897#page/210/mode/2up.

48. Gest, H., "The discovery of microorganisms by Robert Hooke and Antoni van Leeuwenhoek, Fellows of The Royal Society" , *Notes Rec. R. Soc*. 2004, London,Vol.58 pp.187–201.

49. 例如，1651 年，耶稣会天文学家西奥利（Riccioli）写了一篇论文，全面支持布拉赫的宇宙论。

50. Jonson, B., *News from the New World Discovered in the Moon*, 1620, play accessible at www.maths.dartmouth.edu.

51. Wilkins, J., *The Discovery of the World in the Moon*, 1638, play accessible at www.gutenberg.org/files/19103/19103-h/19103-h.htm.

52. Hooke, R., *Micrographia, or, Some Physiological Descriptions of Minute Bodies made with Magnifying Glasses, with Observations and Inquiries made Thereon* (London: Royal Society, 1665).

53. www.smithsonianmag.com/science-nature/Galileos-Revolutionary- Vision-Helped-Usher-In-Modern-Astronomy-34545274.

54. www.space.com/18704-who-discovered-uranus.html.

55. www.britannica.com/place/Neptune-planet/Neptunes-discovery.

56. theplanets.org/distances-between-planets.

57. Asimov, 1976, p.90.

58. Asimov, 1976, p.97.

59. NASA website, www.nasa.gov/mission_pages/hubble/science/ star-v1.html.

60. NASA website, exoplanets.nasa.gov/the-search-for-life/life-signs.

61. www.space.com/40831-future-mars-rovers-search-alien-life.html.

第十一节

1. De Beaune, S., Palaeolithic Lamps and Their Specialization: A Hypothesis. *Current Anthropology,* 1987,Vol.28, No.4, pp.569–77. Retrieved from 0-www.jstor.org.wam.city.ac.uk/

stable/2743501. De Beaune, S., White, R., “Ice Age lamps” , *Scientific American*, 1993, March issue, accessed at www.academia. edu/416951/Ice_Age_ Lamps.

2. Elrasheedy, A, & Schindler, D., “Illuminating the Past: Exploring the Function of Ancient Lamps” , *Near Eastern Archaeology*, 2015,Vol.78, No.1, pp.3–42.

3. National Candles Association website, candles.org/history accessed 16 July 2016.

4. Stowe, H.B., *Pogaunc People:Their Lives and Loves* (New York, NY: Fords, Howard and Hulbert, 1878), p.230, quoted in Brox, p.13.

5. Guild of Scholars website, gofs.co.uk/dynamicpage. aspx?id=84

6. Schivelbusch, W., *Disenchanted Night:The Industrialization of Light in the Nineteenth Century* (Berkeley, CA: University of California Press, 1995), p7.

7. Ekirch, A.R., *At Day's Close: A History of Nighttime* (London: Phoenix, 2005).

8. Ekirch, p.303.

9. Ekirch, p.302.

10. For example, Weissner, P.W., “Embers of society: firelight talks amongs the Ju/Hoansi Bushmen” , *Proceedings of the National Academy of Sciences*, 2014,Vol.111, No.39, pp.14027–35, accessed at www.pnas. org/cgi/doi/10.1073/pnas.1404212111.

11. Ekirch, p.304.

12. Chadwick, Richard, “Who were the skywatchers of the ancient near east?” , *Bulletin of the Canadian Society for Mesopotamian Studies*, 1988, Iss.39, pp.5–14.

13. Brox, Jane, *Brilliant:The Evolution of Artificial Light* (London:

Souvenir Press, 2010).

14. George, A.R., “The gods Išum and Ȟendursanga: night watchmen and street-lighting in Babylonia” , *Journal of Near Eastern Studies,* 2015, Vol.74, No.1.

15. Brox, Jane, p.23.

16. Ekirch, p.129.

17. Ekirch, p.132.

18. Shakespeare, *A Midsummer Night's Dream*, 1600, Act III, Scene 2.

19. According to blind theologian John Hull, whose audio diaries are presented in *Notes on Blindness*, feature documentary, 2016.

20. Ekirch, p.73.

21. royalparks.org/history, accessed on 16 July 16.

22. www.historyoflamps.com.

23. Griffiths, J., *The Third Man:The Life and Times of William Murdoch, Inventor of Gaslight* (London: Andre Deutsch, 1992).

24. Matthews, W., *An Historical Sketch of the Origins and progress of Gas Lighting* (London: Simpkin and Marshall, 1832). Cited in Griffiths, p.250.

25. Griffiths, 1992, p.257.

26. Matthews, W., *An Historical Sketch of the Origin, Progress and Present State of Gas-Lighting* (London: Rowland Hunter, 1827). Cited in *The London Magazine*, 1827, Hunt and Clark, London,Vol.9, p.515.

27. Goldfarb, S.J., “A Regency gas burner” , *Technology and Culture*, 1971, Vol.12, No.3, p.476.

28. Clark, G. *A Farewell to Alms: A Brief Economic History of the World* (Princeton, NJ: Princeton University Press, 2008).

29. Gilbert, W. trans Mottelay, 1893, *De Magnete,* ibid, p.liii.

30. Morse, R., *The Collected Writings of Benjamin Franklin and Friends*, 2004, Wright Center for Innovation in Science Teaching, Tufts University, Medford www.tufts/edu/as/wright_center/personal_ pages/bob_m/franklin_electricity_screen.pdf.

31. Priestley, J., 出处同上 , pp.180–81.

32. Brox, p.105.

33. *La Lumiere Electrique*, 1885, cited in Shivelbusch, 1995, p.124.

34. Whipple, F.H., *Municipal Lighting, Detroit*, 1888, p.157, cited in Schivelbusch, p.127.

35. Wells, H.G., *When the Sleeper Wakes*, 1910, cited in Shivelbusch.

36. Stevenson, R.L., A plea for Gas Lamps, *Virginibus Puerisque and Other Papers* (New York, NY: Charles Scribner's Sons, 1893), pp.227–78, cited in Brox, p.104.

37. Howell, J.W., Schroeder, H.,1927, pp.30–35.

38. Spear, B., "Let there be light! Sir Joseph Swan and the incandescent light bulb" , *World Patent Information*, 2013,Vol.35, No.1, Elsevier, pp.38–41.

39. McPartland, D.S., *Almost Edison: How William Sawyer and Others Lost the Race to Electrification*, 2006, Doctoral thesis UMI No. 3231946, p.20; accessed via ProQuest on 25 July 2016.

40. Marshall, D., *Recollections of Edison*, 1931, Christopher Howe, Boston, p.60, cited in McPartland, D.S., *Almost Edison: How William Sawyer and Others Lost the Race to Electrification*, 2006, Doctoral Thesis UMI: 3231946 accessed 23 July 2016.

41. McPartland, 2006, p.22.

42. McPartland, 2006, p.26.

43. "In the Stores", *New York Herald*, cited in Brox, ibid, p.123.

44. 例如，在英国，英国天文协会组织了“黑暗天空”运动，可访问 www.britastro.org/dark-skies and in the USA the International Dark-Sky Association at www.darksky.org.

第十二节

1. Boring, E.G., “Dual role of the Zeitgeist in scientific creativity” , *Scientific Monthly*, 1950, 80, pp.101–06.

2. Ford, B.J., “Scientific Illustration in the Eighteenth Century” , Chapter 24 in Porter, R. (ed.), 2003, *The Cambridge History of Science*, Cambridge University Press.

3. Museum of the History of Science, Oxford University, MHS Collection Database Search, accessed at www.mhs.ox.ac.uk/ collections/imu-search-page/record-details/?TitInventoryNo=62524 &querytype=field&thumbnails=on////////&irn=3704

4. Fiorentini, E., “Camera obscura vs. camera lucida: distinguishing nineteenth century modes of seeing” , 2006, *Max Plank Institute for History of Science*,Vol. 307, p.7, accessed online at www.researchgate. net/publication/41125012_Camera_obscura_vs_camera_lucida_-_ distinguishing_early_nineteenth_century_modes_of_seeing, 11 July 2018.

5. Fiorentini, 2006, p12.

6. Galassi, P., *Before Photography: Painting and the Invention of Photography* (New York, NY: Museum of Modern Art, 1981), p.11.

7. Galassi, etc.

8. Benjamin, W., *The Work of Art in the Age of Mechanical*

Reproduction (London: Penguin Great Ideas, 1936).

9. Sperling, J., “Multiples and reproductions: prints and photographs in nineteenth century England – visual communities, cultures and class” , in Kromm J. (ed.), (2010), *A History of Visual Culture*, Berg, Oxford.

10. 1902 年，有关他的传记中写道：忧郁症连续发作，有时一连几个星期。

Litchfield, R.B., *Tom Wedgwood:The First Photographer; An account of his life, his discovery and his friendship with Samuel Taylor Coleridge, including the letters of Coleridge to the Wedgwoods and an examination of accounts of alleged earlier photographic discoveries* (London: Duckworth and Co., 1903), p.24, accessed at archive. org/stream/ tomwedgwoodfirst00litcrich#page 20 July 2018.

11. Davy, H., “An account of a method of copying paintings upon glass, and of making profiles, by the agency of light upon nitrate of silver, with observations by Humphrey Davy. Invented by T. Wedgwood, Esq.” , *Journals of the Royal Institution*, 1802,Vol. 1, London.

12. Litchfield, 1902, p.198.

13. Litchfield, 1902, notes that Edward Fox-Talbot, eventually a successful pioneer in photography, remarked that a chemist friend of his had been put off by Davy’s account, and that he may have been too had he read it before undertaking his own experiments, p.201.

14. Quoted in Buckland, G., *Fox Talbot and the Invention of Photography* (London: Scolar Press, 1980), p.38.

15. Quoted in Buckland, 1980, p.38.

16. Buckland, 1980, p.38.

17. Fox Talbot, H., *The Pencil of Nature*, 1844, Longman,

Brown, Green and Longmans, London, accessed via Gutenburg.org at www. gutenberg.org/files/33447/33447-pdf.pdf, 20 July 2018.

18. Fox Talbot, 1844, p.4.

19. Buckland, 1980, p.30, quoting from Talbot's notebook of February 1835.

20. Unknown, "Fine Arts. The Daguerre Secret" , *The Literary Gazette; and Journal of the Belles Lettres, Arts, Sciences, &c,* 1839, (London) No.1179 (Saturday, 24 August 1839), pp.538–39.

21. Wood, D.W., "The arrival of the Daguerreotype in New York" , monograph for The American Photographic Historical Society (New York), 1995, accessed at www.midley.co.uk/daguerreotype/ newyork.htm, 25 July 2018.

22. Unknown Editor, "New discovery" , *Blackwood's Edinburgh Magazine*, 1839, Edinburgh and London, 45:281 (March 1839): pp.382–91. Accessed via Gary W. Ewer, ed., *The Daguerreotype: an Archive of Source Texts, Graphics, and Ephemera,* www.daguerreotypearchive.org

23. Rung, A.M., "Joseph Saxton, inventor and pioneer photographer" , *Pennsylvania History Journal,* 1940,Vol.7, No.3 (July, 1940), pp.153–58, Pennsylvania University Press, accessed at www.jstor.org/ stable/27766416.

24. Meredith, R., *Mr. Lincoln's Camera Man: Mathew B. Brady* (New York, NY: Dover, 1974), p.68.

25. Douglass, F., *Narrative of the Life of Frederick Douglass* (Boston, MA: Anti Slavery of fice, 1845, 2013 Amazon edition), p.5.

26. Douglass, 1845, p.34.

27. Douglass, 1845, p.89.

28. Stauffer, J., Trodd, Z., Bernier, C-M., *Picturing Frederick Douglass* (New York, NY: W.W. Norton and Company Inc., 2015, Revised Edition), p.xvi.

29. Stauffer et al., 2015, p.xvi.

30. Douglass, F., “Lecture on Pictures” , 1861.

31. Stauffer, J., Trodd, Z., Bernier, C-M., 2015, p.ix.

32. For example, Baudelaire, Salon of 1859, from Mayne, J. (ed.), *Charles Baudelaire:The Mirror of Art*, 1955, Phaidon Press Limited, London, accessed at www.csus.edu/indiv/o/obriene/art109/readings/11%20 baudelaire%20photography.htm.

33. Stauffer, et al., 2015, p.247.

34. 参见《纽约时报》作家埃罗尔·莫里斯（Errol Morris）的长篇大论，可访问 opinionator.blogs.nytimes.com/2007/09/25/ which-came-first-the-chicken-or-the-egg-part-one.

35. André Rouillé, A, Lemagny, J.-C., *A History of Photography* (Cambridge: Cambridge University Press, 1988).

36. Ings, S., *The Eye: A Natural History*, 2007 (London: Bloomsbury Publishing, 2007).

37. Maas, J., *Victorian Painters* (London: Barrie and Jenkins, 1978).

38. McCouat, P., “Early influences of photography on art, part 2” , *Journal of Art in Society*, 2012, vaccessed at www.artinsociety.com/ pt-2-photography-as-a-working-aid.html.

39. McCouat, P., 2012.

40. Gossman, L., “The important influence of paintings in early photograph” , referencing his book *Thomas Annan of Glasgow: Pioneer of the Documentary Photograph*, 2015, accessed at brewminate.com/ the-important-influence-of-paintings-in-early-photography.

41. Cromby, I., “The madonna of the future” , *Art Journal*, 2004, 43, National Gallery of Victoria, accessed at www.ngv.vic.gov.au/essay/ the-madonna-of-the-future-o-g-rejlander-and-sassoferrato.

42. Baudelaire, Salon of 1859, from Mayne, J. (ed.), *Charles Baudelaire: The Mirror of Art*, 1955, Phaidon Press Limited, London, accessed at www.csus.edu/indiv/o/obriene/art109/readings/11%20 baudelaire%20photography.htm, 28 November 2018.

43. 长 22 英寸，宽 18 英寸，Carletonwatkins.org.

44. Victoria and Albert Museum, *Sea and Sky: Photographs by Gustave Le Gray 1856–1857*, 2003, exhibition notes, accessed at www. vam.ac.uk/content/articles/s/gustave-le-grey-exhibition, 3 December 2018.

45. Gombrich, E.H., *The Story of Art* (London: Phaidon, 1989, Fifteenth Edition). The original edition included a Muybridge sequence showing the movement of a galloping horse as an example of how photography showed artists what the eye couldn't discern.

46. www.telegraph.co.uk/news/2017/11/16/leonardo-da-vincis-salvator-mundi-sells-450-million-342-million, accessed 2 December 2018.

47. See for example de Font-Reaulx, D., *Painting and Photography: 1839–1914* (Paris: Flammarion, 2012).

48. Boucicault, D., *The Octoroon*, 1859, accessed at archive.org/stream/ octoroonorlifein00bouc/octoroonorlifein00bouc_djvu.txt referenced in www.phrases.org.uk/meanings/camera-cannot-lie.html, accessed 10 December 2018.

49. www.phrases.org.uk/meanings/camera-cannot-lie.html accessed 10 December 2018.

50. en.wikipedia.org/wiki/A_picture_is_worth_a_thousand_words#cite_note-1.

第十三节

1. *Birth of a Nation* film poster accessed at commons.wikimedia.org/w/ index.php?search=birth+of+a+nation&title=Special:Search&go=G o&searchToken=qrkxlrnmpsmpozhhwximo2bg#/media/File:Birth_ of_a_Nation_-_Academy.jpg.

2. Subtitle from *Birth of a Nation* attributed to Woodrow Wilson, selectively quoted from his five-volume series *History of the American People*; film accessed at ia902702.us.archive.org/29/items/dw_ griffith_birth_of_a_nation/birth_of_a_nation_512kb.mp4.

3. D'Ooge, C., *Symposium on "Birth of a Nation"* , 1994, US Library of Congress, accessed at www.loc.gov/loc/lcib/94/9413/nation.html

4. Rothman, J., "When bigotry paraded through the streets" , *The Atlantic*, December 2016, accessed at www.theatlantic.com/politics/ archive/2016/12/second-klan/509468, 29 December 2018.

5. Rossell, D., The Magic Lantern, Published in von Dewitz et al. (ed.), *Ich Sehe was, was du nicht siehst! Sehmaschinen und Bilderwelten* (Cologne: Steidl/MuseumLudwig/Agfa Fotohistoram, 2002), accessed at www.academia.edu/345943/The_Magic_Lantern.

6. Williams, A., *Republic of Images* (Cambridge, MA: Harvard

University Press, 1992), p.24.

7. Williams, 1992, p.27.

8. Bowser, E., *The Transformation of Cinema* (Berkeley, CA: University of California Press, 1994); Butsch, W. (2000) "The making of American audiences", *International Labor and Working-Class History*, No. 59, Workers and Film: As Subject and Audience (Cambridge: Cambridge University Press, 2001), pp.106–20.

9. Quoted in "'Art [and history] by lightning flash' :The birth of a nation and black protest", Roy Rosenzweig Center for History and New Media website, chnm.gmu.edu/episodes/the-birth-of-a- nation-and-black-protest, accessed 7 January 2014.

10. Lekich, J., "Lillian Gish: First Lady of the silent screen", *Globe and Mail* (Vancouver), 24 October 1986.

11. Benbow, M., "Birth of a quotation: Woodrow Wilson and 'like writing history with lightning'", *The Journal of the Gilded Age and Progressive Era*, 2010, Vol.9, No.4, pp.509–33. Published by Society for Historians of the Gilded Age & Progressive Era.

12. Cook, D.A., Sklar, R. History of the Motion Picture, *Encyclopaedia Britannica*, www.britannica.com/art/history-of-the-motion-picture/ The-silent-years-1910-27, 12 January 2019.

13. Levaco, R., "Censorship, ideology, and style in Soviet cinema", 1984, *Studies in Comparative Communism*,Vol.XVII, Nos.3 and 4, pp.173–83 accessed at JSTOR.

14. Prince, S. Hensley, W., "The Kuleshov effect: recreating the classic experiment", *Cinema Journal*,Vol.31, No.2 (Winter, 1992), pp.59–75, accessed at JSTOR.

15. Welch, D., *Propaganda and the German Cinema, 1933—1945* (London: IB Tauris, 1983) pp.12–13.

16. Welch, 1983, p.15.

17. Riefenstahl, L., 1935, cited in Sontag, S., *Fascinating Fascism*, 1975, accessed at docs.google.com/ viewer?a=v&pid=sites&srcid=Z- GVmYXVsdGRvbWFpbnxmYXNja XNtYW5kbWFzY3VsaW5pd Hl8Z3g6NDAxMjhmNmEzN2M1OTM3, 3 January 2019.

18. Welch, D., 1983.

19. Hagopian, K.J., (undated), Film notes, New York State Writers' Institute, www.albany.edu/writers-inst/webpages4/ filmnotes/ fns07n6.html, and Pierpont, C.R. (2015), review of Wieland, K. (2015) "Dietrich & Riefenstahl: Hollywood, Berlin, and a Century in Two Lives" , Liveright accessed at www. newyorker.com/ magazine/2015/10/19/bombshells-a-critic-at-large-pierpont.

20. Woolley, S., promotional material for his film *Their Finest* about the Film Unit in the Second World War, 2017, based on Lissa Evans' novel *Their Finest Hour and a Half* London: Black Swan, 2010) accessed at www.pressreader.com/uk/daily-express/20170413/28173 2679350947.

21. Richards, J., "Cinemagoing in worktown: regional film audiences in 1930's Britain" , *Historical Journal of Film, Radio and Television*, 1994, Vol.14 No.2, p.147.

22. Kuhn, A., *An Everyday Magic: Cinema and Cultural Memory* (London: IB Tauris, 2002) p.3.

23. Capra, F., *The Name above the Title* (New York, NY: Bantam Books, 1971).

24. Gallese,V., Guerra, M., "Embodying movies: embodied simulation and film studies" , *Cinema*, 2012,Vol.3, pp.183–210, accessed at core. ac.uk/download/pdf/96698686.pdf.

25. See, for example, Hickok, J., "Eight Problems for

the Mirror Neuron Theory of Action Understanding in Monkeys and Humans”, *J Cogn Neurosci*, 2009,Vol.21, No.7, pp.1229–43, accessed at www. mitpressjournals.org/doi/ full/10.1162/jocn.2009.21189?url_ ver=Z39.88-2003&rfr_ id=ori%3Arid%3Acrossref.org&rfr_dat=cr_ pub%3Dpubmed.

26. Smith, T.J. et al., “A window on reality: perceiving edited moving images”, *Current Directions in Psychological Science*, 2012,Vol.21, No.2, pp.107–13, accessed at journals.sagepub.com/ doi/abs/10.1177/0963 721412437407?journalCode=cdpa.

27. Deleuze, G., *Cinéma I: L'image-mouvement* (Paris: Les Éditions de Minuit, 1983). (Trans. 1986, *Cinema 1:The Movement-Image*).

28. Hasson, U. et al., “Neurocinematics: The neuroscience of film”, *Projections*, 2009,Vol.2, No.1, Summer 2008: pp.1–26.

29. Shaviro, S., *The Cinematic Body* (Minneapolis, MN: University of Minnesota Press, 1993).

30. 早期电视博物馆，可访问 www.earlytelevision. org/prewar. html.

31. 1950 年到 1978 年间，美国有电视的家庭数量，可访问 www. tvhistory.tv/facts-stats.htm, 5 January 2019.

32. Moran, J., *Armchair Nation* (London: Profile Books, 2013).

33. 有电视的地区, web.archive.org/web/20070831035110/ www.freetv.com.au/Content_Common/ pg-History-of-TV.seo.

34. Turner, H.A. Jnr., *Germany from Partition to Reunification* (New Haven, CT:Yale University Press, 1992), p.98; Kuhn, R., *The Media in France* (Abingdon: Routledge, 1995), p.99.

35. Campbell, et al., *Tuning In,Tuning Out Revisited: A Closer Look at the Causal Links Between Television and Social Capital*, 1999, citing studies from the US, UK, Australia and South Africa, accessed

at sites.hks. harvard.edu/fs/pnorris/Acrobat/TVAPSA99.PDF, 15 January 2019.

36. Putnam, R. "Bowling alone: America's declining social capital", *Journal of Democracy,* Vol.6, No.1, January 1995, pp.65–78.

37. Snowdon, C., *Closing Time: Who's Killing the British Pub?*, report for the Institute of Economic Affairs, 2016, accessed at www.iea.org.uk/ sites/default/files/publications/files/Briefing_Closing%20time_web. pdf.

38. Stephens, M., *The Rise of the Image and the Fall of the Word* (Oxford: Oxford University Press, 1998).

39. Campbell et al., 1999.

40. Putnam, 1995.

41. Putnam, 1995.

42. See, for example, Xiong, S. et al., "Time spent in outdoor activities in relation to myopia prevention and control: a meta-analysis and systematic review", *Acta Ophthalmol., 2017,* Vol.95, No.6, pp.551–66, accessed at www.ncbi.nlm.nih.gov/pmc/articles/PMC5599950.

43. Sherwin, J.C. et al., "The association between time spent outdoors and myopia in children and adolescents: a systematic review and meta-analysis", *Opthalmology,* 2011,Vol.119, No.10, pp.2141–51.

44. See www.huffingtonpost.com/mark-blumenthal/did_nixon_ win_with_radio_liste_b_729967.html for an interesting analysis of the Kennedy-Nixon TV/Radio debate legend. 引用了 2002 年的一项实验，实验对象被分成两组，一组观看辩论的视频，另一组听辩论的音频，这一结果与 1960 年的民调结果相差无几。(Druckman, J.N., "The power of television images: the first Kennedy-

Nixon debate revisited" ,*The Journal of Politics,* 2003,Vol.65, No.2, pp.559–71.

第十四节

1. www.engadget.com/2007/01/09/live-from-macworld-2007-steve- jobs-keynote.

2. www.engadget.com/2007/07/25/apple-sold-270-000-iphones-in- the-first-30-hours.

3. Newzoo research, accessed at venturebeat.com/2018/09/11/ newzoo-smartphone-users-will-top-3-billion-in-2018-hit-3-8- billion-by-2021.

4. www.zenithmedia.com/smartphone-penetration-reach-66-2018.

5. Power, S. et al., "Sleepless in school? The social dimensions of young people's bedtime rest and routines" , 2017, *Journal of Youth Studies,* accessed via Taylor & Francis. "One in five young people lose sleep over social media" , *ScienceDaily,* accessed via www. sciencedaily.com/ releases/2017/01/170116091419.htm, 16 January 2017.

6. Ofcom, *Communications Market Report*, 2018, accessed at www. ofcom.org.uk/ data/assets/pdf_file/0022/117256/CMR-2018-narrative-report.pdf.

7. Ofcom, *Communications Market Report*, 2018, accessed at www. ofcom.org.uk/ data/assets/pdf_file/0022/117256/CMR-2018-narrative-report.pdf.

8. Boyd, D.M., Ellison, N.B., "Social network sites:

definition, history, and scholarship", *Journal of Computer-Mediated Communication*, 2007, Vol.13, No.1, accessed at onlinelibrary.wiley.com/doi/full/10.1111/ j.1083-6101.2007.00393.x?scrollTo=references.

9. MySpace成立于2003年，两年内成为美国访问量最大的网站之一。两年后，鲁伯特·默多克（Rupert Murdoch）的新闻集团（NewsCorp）以5.8亿美元收购了该公司。最终以3 500万美元的价格卖给了贾斯汀·汀布莱克（Justin Timberlake）。2005年，英国社交网络网站Friends Reunited以1.2亿美元被收购，几年后，美国在线（AOL）（在MySpace上交易，被新闻集团击败）以8.5亿美元收购了Bebo。

10. 脸书有关数据，可访问zephoria.com/ top-15-valuable-facebook-statistics, 18 January 2019.

11. 超过90%的脸书用户通过移动设备访问该网站，参考blog.bufferapp.com/social-media- trends-2018

12. 2019年1月，主要网站的月活跃用户为：Youtube 19亿；What's App15亿；微信（中文）和Instragram 10亿；QQ(中文)8亿；qq空间和抖音（中文）5亿；新浪微博（中文）4.5亿；红迪网和推特3.3亿；Snapchat 3亿。来源：Statista.com

13. Bansal, A., Garg, C., Pakhare, A., Gupta, S., "Selfies: A boon or bane?", *J Family Med Prim Care*, 2018,Vol.7, No.4, pp.828–31.

14. Cascone, S., "For a project called 'selfie harm', the photographer Rankin asked teens to photoshop their own portraits. What they did was scary", *ArtNet News*, 2019, accessed at news.artnet.com/ art-world/rankin-selfie-harm-1457959.

15. Twenge, J.M., *Generation Me:Why Today's Young Americans Are More Confident, Assertive, Entitled – And More Miserable Than Ever Before* (New York, NY: Atria Books, 2014); Twenge, J.M., *The Narcissism*

Epidemic: Living in the Age of Entitlement (New York, NY: Atria Books, 2010).

16. 参考文献见摘要，详见: Pierre, J., “The Narcissism Epidemic and What We Can Do About It” , 2016, at www.psychologytoday.com/gb/blog/psych-unseen/201607/ the-narcissism-epidemic-and-what-we-can-do-about-it.

17. 在整个群体中，访问社交媒体是学生使用互联网的主要原因（98%），高于研究（93%）、购物（85%）和看新闻（81%）。Reed, P. et al., “Visual social media use moderates the relationship between initial problematic internet use and later narcissism” , *Open Psychology Journal*, 2019,Vol.12, pp.163–70, accessed at www.benthamopen. com/FULLTEXT/TOPSYJ-11-163.

18. www.cosmopolitan.co.uk/beauty-hair/news/a25314/uk-eyebrow- trends-statistics-2014.

19. www.groominglounge.com/blog/marketing-stuff/men-vs-women- who-spends-more-time-grooming.

20. www.businesswire.com/news/home/20180910005394/en/Global- Male-Grooming-Products-Market-2018-2023.

21. International Society of Aesthetic Plastic Surgeons, *Global Statistics 2017*, www.isaps.org/wp-content/uploads/2018/10/2017-Global- Survey-Press-Release-Demand-for-Cosmetic-Surgery-Procedures- Around-The-World-Continues-To-Skyrocket_2_RW.pdf.

22. 在美国，30岁以下的人文身的概率，是45岁以上人群的近3倍，身体穿孔的概率是45岁以上人群的20多倍。Pew Research Centre, *Millennials, a Portrait of Generation Next, Confident, Connected,* 2010, *Open to Change*, www. pewsocialtrends.org/files/2010/10/millennials-confident-connected- open-to-change.pdf.

23. Sanghvi, R., *Wired Magazine*, 2006, www.wired.

com/2016/09/ everyone-hated-news-feed-then-it-became-facebooks-most-im- portant-product.

24. Haynes, T., *Dopamine, Smartphones and You: A Battle for your Time*, 2018, sitn.hms.harvard.edu/flash/2018/dopamine-smartphones- battle-time.

25. Zuboff, S.,*The Age of Surveillance Capitalism* (London: Profile Books, 2019), pp.452–54.

26. Kegan. R., *The Evolving Self* (Cambridge, MA: Harvard University Press, 1992).

27. McAdams, D., "Life authorship in emerging adulthood" , *The Oxford Handbook of Emerging Adulthood* (Oxford: Oxford University Press, 2015).

28. Layard, R., *Happiness* citing Solnick and Hemenway, 1998, (London: Penguin Books, 2005).

29. Hennigan, K. et al., "Impact of the introduction of television on crime in the United States: empirical findings and theoretical implications" , *Journal of Personality and Social Psychology*, 1982,Vol.42, No.3, pp.461–77;Yong, H. et al., "Exploring the effects of television viewing on perceived life quality" , *Mass Communication and Society*, 2010,Vol.13, No.2, pp.118–38, cited in Zuboff, 2019.

30. Zuboff, 2019, pp.462–65.

31. Twenge, J.M., "iGen: Why today's super-connected kids are growing up less rebellious, more tolerant, less happy – and completely unprepared for adulthood – and what that means for the rest of us" , 2017, presaged in a lengthy *Atlantic* article, www.theatlantic. com/magazine/archive/2017/09/has-the-smartphone-destroyed-a- generation/534198.

32. See links to nine rebuttals at www.digitalnutrition.com.

au/5-rebuttals-to-that-smartphone-article-in-the-atlantic.

33. 可访问 www.pewinternet.org/2018/11/28/ teens-and-their-experiences-on-social-media.

34. Reported at www.theguardian.com/society/2018/nov/22/mental- health-disorders-on-rise-among-children-nhs-figures.

35. 国家统计数据办公室网址 www.ons.gov.uk/ peoplepopulationandcommunity/birthsdeathsandmarriages/deaths/bulletins/suicidesintheunitedkingdom/2017registrations#suicide- patterns-by-age.

36. Morgan, C. et al., "Incidence, clinical management, and mortality risk following self-harm among children and adolescents: cohort study in primary care" , *BMJ*, 2017,Vol. 359, accessed at www.bmj.com/ content/359/bmj.j4351.

37. Mercado, M. et al., "Trends in emergency department visits for nonfatal self-inflicted injuries among youth aged 10 to 24 years in the United States, 2001–2015" , JAMA, 2017, Vol.318, No.19, pp.1931–33, accessed at jamanetwork.com/searchresults?q=mercado&allJournals=1&SearchSo urceType=1&exPrm_qqq={!payloadDisMaxQParser%20pf=Tags%20qf=Tags^0.0000001%20payloadFields=Tags%20bf=}%22mercado%22&exPrm_hl.q=mercado, Center for Disease Control analysis of Emergency Dept Admissions.

38. Mojtobaj. R. et al., "National trends in the prevalence and treatment of depression in adolescents and young adults" , *Pediatrics*, 2016,Vol.138, No.6, accessed at pediatrics.aappublications.org/ content/143/1?current-issue=y, 20 January 2019.

39. Curtin. S.C. et al., "Increase in suicide in the United States, 1999–2014" , *NCHS Data Brief*, 2016, No.241, pp.1–8,

accessed at www.ncbi.nlm.nih.gov/pubmed/27111185, 20 January 2019.

40. Zuboff, 2019, pp.452–54.

41. 2018 年，牛津大学（Oxford University）研究人员发现，他们研究的几乎所有（数百万个）安卓应用程序都会定期发送用户信息。超过 40% 的应用会向脸书发送数据。Binns, R. et al., "Third party tracking in the mobile ecosystem", 2018, WebSci, 18: 10th ACM Conference on Web Science, 27–30 May 2018, Amsterdam, Netherlands.

42. Quora 上有个关于"谷歌对我有什么了解"的问题，其中一个回复是：一个 35 岁的男人和一个带着前夫儿子的女人同居了一年。他已经决定要娶她。后来某天，谷歌所有的婚戒广告都被 Ashley Madison（婚外情网站）、色情和交友网站的广告所取代。他不明白发生了什么，但这让他开始思考自己的感情可能出了问题。他的结论是，他并不是真爱自己的女朋友，而是对最近进入他生活的另一个女人有着强烈感情。他和女朋友分手了，当晚还带另一个女人出去了。祖博夫声称，大型科技公司试图预测我们的行为，这是个实证。可访问 quora.com (direct URL not available).

43. Subramanian, S., "Inside the Macedonian fake news complex", *Wired Magazine*, 2017, www.wired.com/2017/02/veles-macedonia-fake- news.

44. Zuboff, S., 2019, 出处同上。

45. www.marketwatch.com/story/want-to-delete-facebook-read-what- happened-to-these-people-first-2018-07-27.

第十五节

1. Ofcom, *Digital Day 2016*, stakeholders.ofcom.org.uk/ binaries/ research/cross-media/2016/Digital_Day_2016_Overview_ of_ findings_charts.pdf. Includes email and instant messaging but not the huge volume of messaging that goes through social media platforms.

2. For example: www.forbes.com/sites/neilhowe/2015/07/15/ why-millennials-are-texting-more-and-talking-less/#3cde0b4e5576.

3. Selzer, L.J., et al., "Instant messages vs. speech: hormones and why we still need to hear each other" , *Evolution of Human Behavior*, 2012, Vol.33, No.1, pp.42–45, accessed at www.ncbi.nlm. nih.gov/pmc/ articles/PMC3277914, 21 January 2019.

4. McGann, J. et al., "Poor human olfaction is a 19th-century myth" , *Science, 2017,* Vol.356, No.6338, accessed at science. sciencemag.org/ content/356/6338/eaam7263, 21 January 2019.

5. Lewis, J.G., "Smells ring bells: How smell triggers memories and emotions: Brain anatomy may explain why some smells conjure vivid memories and emotions" , 2015, accessed at www.psycholo- gytoday.com/gb/blog/brain-babble/201501/ smells-ring-bells-how- smell-triggers-memories-and-emotions.

6. www.independent.co.uk/news/media/advertising/the-smell- of-commerce-how-companies-use-scents-to-sell-their-products-2338142.html.

7. www.addmaster.co.uk/scentmaster/scentmaster-technology.

8. Kohli, P. et al., "The association between olfaction and

depression: A systematic review”, *Chem Senses*, 2016,Vol.41, No.6, pp.479–86, accessed at www.ncbi.nlm.nih.gov/pmc/articles/PMC4918728, 21 January 2019.

9. www.washingtonpost.com/lifestyle/food/what-is-dude- food-anyway-we-asked-the-experts-and-they-fired-away/2015/06/19/91da5fdc-15b5-11e5-89f3-61410da94eb1_story.html.

10. Billing, J., Sherman, P.W., “Antimicrobial functions of spices: Why some like it hot”, *The Quarterly Review of Biology*, 1998,Vol.73, No.1.

11. Mujcic, R. et al., “Evolution of well-being and happiness after increases in consumption of fruit and vegetables”, *Am J Public Health*, 2016,Vol.106, No.8, pp.1504–10, accessed at www.ncbi.nlm.nih. gov/pmc/articles/PMC4940663, 21 January 2019.

12. www.abc.net.au/news/2016-08-03/touch-screens-impacting-on- kids-writing-skills-therapist-says/7683054.

13. Keifer, M., Schuler, S, Mayer, C. Trumpp, N.M., Hille, K., Sachse, S., “Handwriting or typewriting? The influence of pen- or keyboard-based writing training on reading and writing performance in preschool children”, *Adv Cogn Psychol*. 2015,Vol.11, No.4, pp.136–46.

14. Jakubiak, B.K., “Affectionate touch to promote relational, psychological and physical wellbeing in adulthood: A theoretical model and review of the research”, *Personality and Social Psychology Review*, 2016,Vol.21, No.3, pp.228–52. accessed at journals.sagepub. com/doi/10.1177/1088868316650307.

15. Degges-White, S., “Skin hunger: Why you need to feed your hunger for contact”, *Psychology Today*, 2015, www.psychologytoday.com/ blog/lifetime-connections/201501/skin-

hunger-why-you-need- feed-your-hunger-contact.

16. utnews.utoledo.edu/index.php/08_08_2018/ut-chemists-discover- how-blue-light-speeds-blindness.

结语

1. Wallisch, P., "Illumination assumptions account for individual differences in the perceptual interpretation of a profoundly ambiguous stimulus in the color domain: 'The dress'", *Journal of Vision*, 2017,Vol.17, No.4.

2. Wallisch, 2017.

后记

1. Parma,V., et al., "More than Smell: COVID-19 is Associated with Severe Impairment of Smell, Taste and Chemesthesis", *Chemical Senses*, 2020,Vol. 45, No. 7, pp.609–22.

2. Speth, M., et al., "Mood, Anxiety and Olfactory Disorder in COVID-19: Evidence of Central Nervous System Involvement?", *The Laryngoscope*, 2020,Vol. 130, pp.2520–5.

3. Koumpa, F.S., et al., "Sudden Irreversible Hearing Loss Post COVID-19", *BMJ Case Reports CP*, 2020, 13, e238419.

4. Chen, L., Liu, M., Zhang, Z., et al., "Ocular Manifestations of a Hospitalised Patient with Confirmed 2019 Novel Coronavirus Disease", *British Journal of Ophthalmology*, 2020, 104, pp.748–51.

5. Carel, H., et al., "Reflecting on Experiences of Social

Distancing” , *The Lancet*, 2020,Vol. 396, Issue 10244, pp.87–8, www.thelancet. com/journals/lancet/article/PIIS0140-6736(20)31485-9/fulltext.

6. *Independent*, 18 September, 2020, www.independent.co.uk/news/ world/americas/us-politics/trump-coronavirus-good-thing-shake- hands-disgusting-people-olivia-troye-b480406.html, accessed 19 September 2020.

7. Cohen, S., et al., “Does Hugging Provide Stress-buffering Social Support? A Study of Susceptibility to Upper Respiratory Infection and Illness” , *Psychol Sci.*, 2015,Vol. 26(2), pp.135–47.

8. www.iea.org/reports/data-centres-and-data-transmission-networks, accessed 19 November 2020.

9. www.ofcom.org.uk/about-ofcom/latest/features-and-news/uk-internet-use-surges, accessed 19 November 2020.

10. Wai, A., Wong, C., et al., “Digital Screen Time During COVID-19 Pandemic: Risk for a Further Myopia Boom?” , *American Journal of Ophthalmology*, 2020, doi.org/10.1016/j.ajo.2020.07.034.

我们在光影中观察物体时，眼睛会自动校正
到”的颜色，以此来适应周围的明暗条件。
上图中，方块 1 和方块 2 都是灰色，但我
看到的却是一亮一暗［源自：克里斯·马登
ıris Madden）/ 阿拉米·斯托克（Alamy
ck）摄］

人类祖先中，南方古猿首先学会直立行走。这位雌性古人类名为“露西”，出土于现在的埃塞俄比亚，科学家根据其骨骼化石重建出了距今 320 万年前的影像。南方古猿擅长爬树，同时会在地上直立行走，它们同时还会觅食野果等食物（源自：Momotarou2012/Wikimedia Commons）

5.4 亿年前发生了寒武纪生命大爆炸，史上首个已知的动物生命体被卷入进化浪潮，从此开始在水下生活。许多新物种进化出高度发达的眼睛。研究人员推测，正是原始视觉的进化引发了动物界的进化热潮（源自：Merlinus74/iStockphoto）

法国南部的肖维岩洞发现于1994年，洞内有几十幅绘制于35 000年前的美丽壁画，画上是当时常见的动物，如今已灭绝。这些壁画是将所见之景转化为图像的较早例子之一，是视觉主导文化的先驱。想查看更多肖维岩洞内壁画及其他洞穴艺术，可访问：www.bradshawfoundation.com

肖维岩洞中的壁画精妙绝伦，让人不由想起当代动画，两者制作过程相似，尽管无人知道为什么这些壁画位于黑暗洞穴的深处［源自：帕特里克·阿凡特瑞尔（Patrick Aventurier）/盖蒂图片社（Getty Images）］

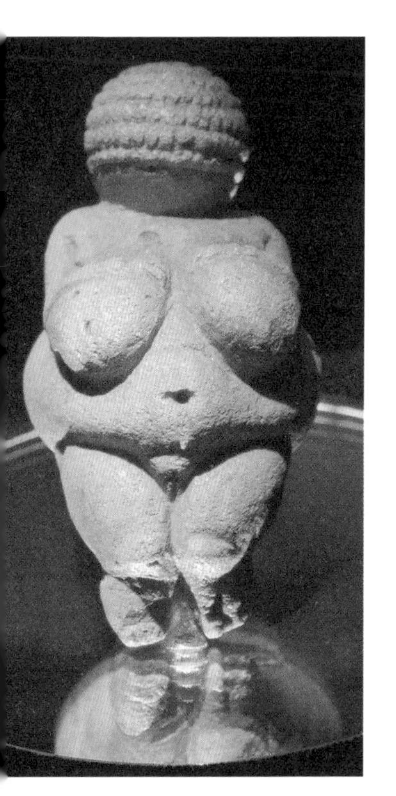

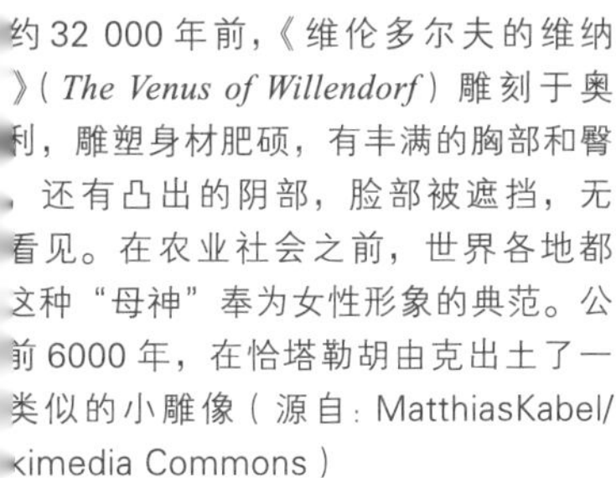

约 32 000 年前,《维伦多尔夫的维纳
》(*The Venus of Willendorf*)雕刻于奥
利，雕塑身材肥硕，有丰满的胸部和臀
，还有凸出的阴部，脸部被遮挡，无
看见。在农业社会之前，世界各地都
这种“母神”奉为女性形象的典范。公
前 6000 年，在恰塔勒胡由克出土了一
类似的小雕像(源自：MatthiasKabel/
kimedia Commons)

在古代美索不达米亚，随着农业定居点发展为城市，女性形象也发生了巨变。当时的女性更苗条，更年轻，也更注重面部特征，她们对照梳妆，以美貌为重，与如今别无不同(源自：AIWOK/Wikimedia Commons)

多年来，学者们试图破译神秘的埃及文字系统，即象形文字。1799 年，拿破仑的部下发现了一块嵌入墙壁的石头，上面刻着相同的铭文，分别用希腊文、象形文字和通俗体文字写成，这成了解开象形文字秘密的钥匙。这块石头就是罗塞塔石碑(Rosetta Stone)，目前收藏于大英博物馆[源自：格兰杰历史图片档案馆(Granger Historical Picture Archive)/阿拉米·斯托克摄]

18 世纪，东方学家通过椭圆装饰来破译象形文字，上面通常刻有皇室成员的名字。他们发现象形文字是
音的，也就是说，它们来源于口语发音，并不是人们长期以来认为的表意文字。这一发现破除了几个世
以来人们对埃及铭文的误解（源自：Ad Meskens/Wikimedia Commons）

圣谢尔河的休（Hugh of Saint-Cher）来自
米尼加，是一位红衣主教，画中的他戴着眼
意大利特雷维索距离比萨约三百多公里，画
托马索在此画了一幅壁画——大约 1275 年，
位佚名工匠发明了眼镜。13 世纪，人们对光
的兴趣颇深，这项发明与他们不谋而合（源
Risorto Celebrano/Wikimedia Commons）

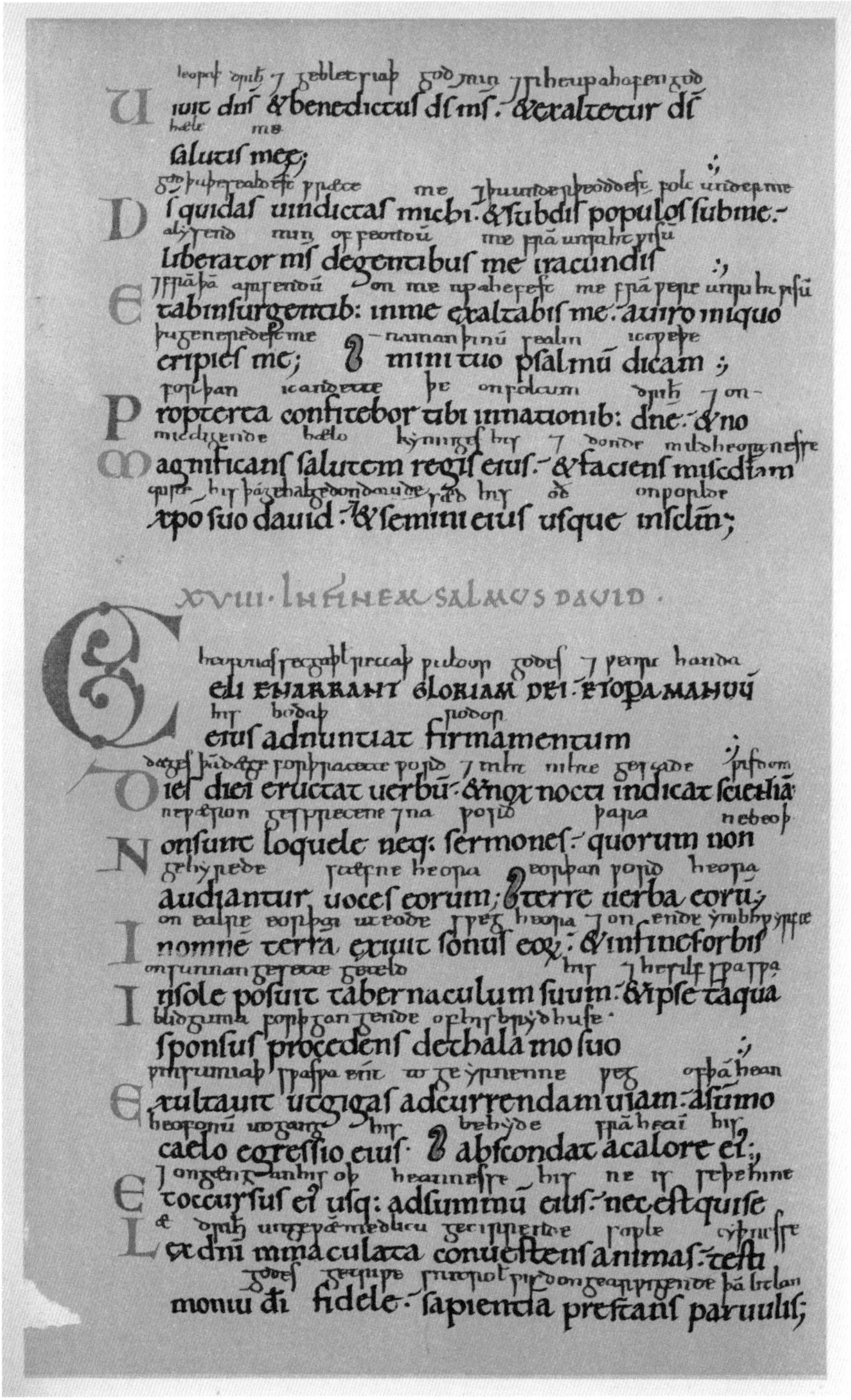

在公元800年前后，查理大帝任命了一位名叫阿尔昆（Alcuin）的教士，要求他提高国民的读写能力。阿尔昆创造了卡洛林王朝小草书体（Carolingian Miniscule），这是一种新书写体，字母圆润，笔画清晰，此外，还有一个重要的创新之处：单词之间有空格。这使得阅读首次成为一种无声且秘密的个人活动（源自：Lebrecht Music & Arts/阿拉米·斯托克摄）

在 11 世纪时，阿拉伯学者阿尔哈曾（Alhazan）发表了关于光学的论著，描述了人类在几个世纪以来观察到的一种自然光学现象。当光线通过孔洞进入黑暗的空间时，可以将外部场景投影到浅色平面上。这就是我们所说的暗箱（camera obscura）。这种现象也解释了图像在眼球视网膜上的形成过程［源自：马里奥·贝蒂尼（Mario Bettini，1642）］

1300 年，乔托（Giotto）在斯科洛文尼（Scrovegni Chapel）绘制壁画，他运用了自罗马时代以来，欧洲人闻所未闻的自然主义绘画技巧。有学者认为，13 世纪时，尤其是在阿尔哈曾的《光学宝鉴》（*Book of Optics*）被译为拉丁文后，学术界对光学产生了浓厚兴趣，就连乔托也不例外

65 年，罗伯特·胡克（Robert Hooke）
版了《显微图谱》（*Micrographia*），书中
道，他在用显微镜观察软木薄片时，看到
奇妙的结构。参照教士们抄写手稿时所住
单人房间（Cell），他采用“cell”一词来
名植物细胞。尽管在两个世纪前，巴斯德
已经提出有关细菌的理论，但受到《显
图谱》的启发，安东尼·范·列文虎克
ntoni van Leeuwenhoek）依旧对细菌和
细胞进行观察［源自：胡克（1665）/ 惠
博物馆（Wellcome　Collection）］

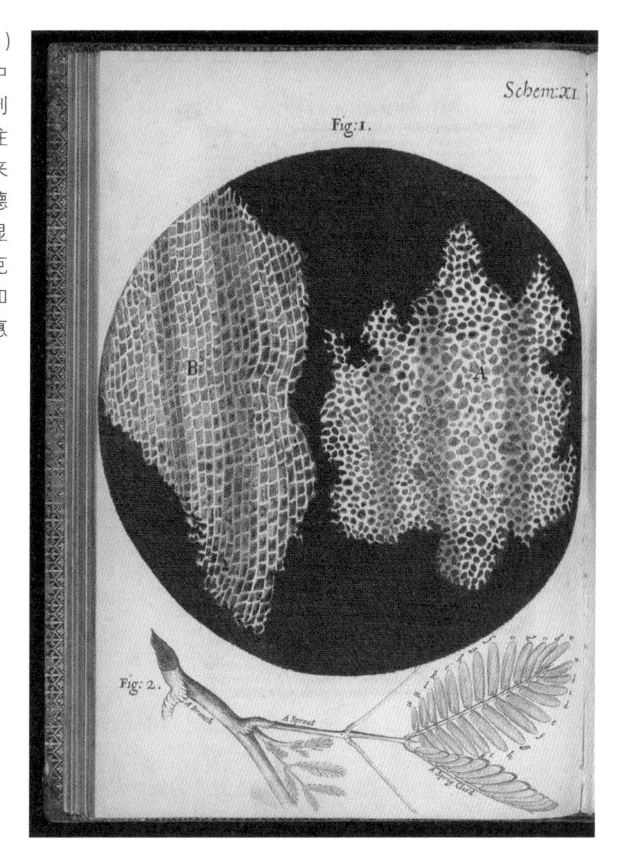

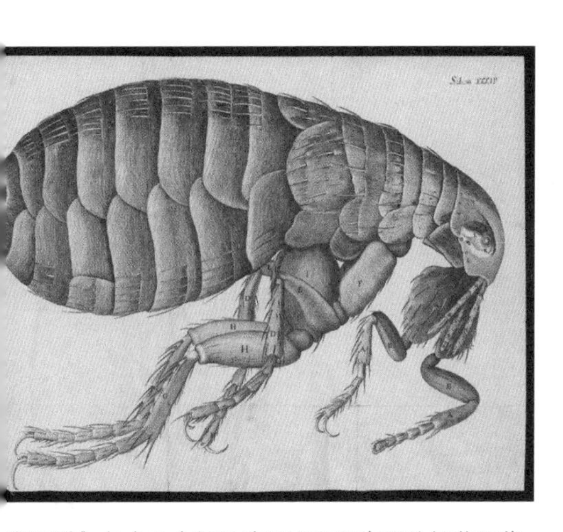

微图谱》包含几十幅无法用肉眼观查到的细节图像。
门激发了公众的想象力，改变了人们对自然和物质的
解。电子书在线查阅可访问：archive.org［源自：胡克
65）/ 惠康博物馆］

1668 年，艾萨克·牛顿（Isaac Newton）爵士发明了反射望远镜——使用面镜而不是透镜。1781 年，威廉·赫歇尔（William Herschel）使用大型反射望远镜发现了远古以来第一颗新行星。在土星运行轨道外，他又发现了天王星，这使得已知宇宙的规模扩大了四倍（源自：惠康博物馆）

使用煤气灯后，市民在夜间外出时有了更多的安全感。伦敦街道上人头攒动，人们都来一睹煤气灯的真
即使光源微弱，但革命的光芒依旧照亮了人类。当时有一幅讽刺漫画，记录了人们的各种反应，有的人
煤气灯惊讶不已，有的人因无法进行“夜间交易”而担心焦虑

从 16 世纪到 18 世纪后期，科学革命和启蒙运动风生水起。人们萌生了对视觉观察、捕捉和编目自然图像的浓厚兴趣。1806 年，威廉·沃拉斯顿（William Wollaston）发明了投影描绘器（camera lucida），这是一种辅助绘画的光学仪器，把棱镜安装在小支架上。它在纸上投影出了观察到的图像，艺术家可以将关键点从场景直接转化到画布上

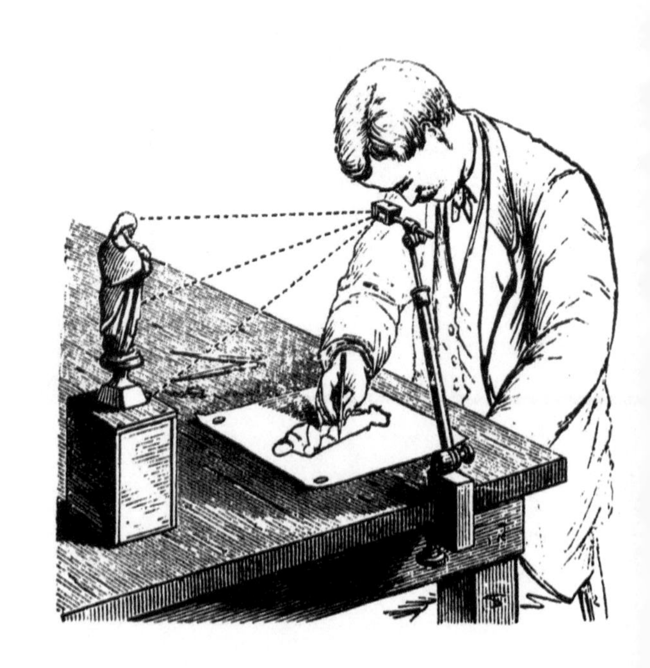

约翰·康斯特布尔（John Constable，1776—1837）及同时代的J.M.W透纳（J.M.W. Turner，1775—1851）是首批将自然风景的所有细节之处都描绘为艺术主题的现代艺术家。他们的作品给予后辈艺术创新者无数灵感（源自：The Picture Art Collection/阿拉米·斯托克摄）

1826年，发明家约瑟夫·尼塞福尔·尼埃普斯（Joseph Nicephore Niepce）拍摄了法国勒格拉斯（Le Gras）家里的窗外景色，这是首张保存完好的照片。几年后，尼埃普斯去世，他的搭档路易·达盖尔（Louis Daguerre）接力前行，1839年1月，在巴黎推出了世界上首项具有商业价值的摄影工艺——以他的名字命名，即“达盖尔摄影法”（Daguerreotype，又称“银版摄影法”）

这项技术轰动一时，但原因却出乎达盖尔的意料：从农场工人到贵族阶级，人人都想拍照。人们对照片的渴望使得达盖尔摄影法风靡一时［源自：小塞缪尔·J. 瓦格斯塔夫（Gift of Samuel J. Wagstaff）捐赠／保罗·盖蒂博物馆（The J. Paul Getty Museum）］

早期的街道照片看起来空荡荡的，这是因为拍照需要较长的曝光时间，因此行人、马匹和推车等移动的元素难以被记录下来。这张照片偶然定格了第一对上镜的人：一个鞋匠和他的顾客。其实，他们依旧身处巴黎坦普尔大街（Boulevard du Temple）的喧嚣中

太盖尔摄影法传到费城时，当地化学家罗伯特·科尼利厄斯（Robert Cornelius）立即着手制作了一台相
，在阳光明媚的某天，他把相机带到室外，站在它的前面。一段时间后，他拍出了第一张已知的肖像照，
寸是第一张自拍照［源自：美国国会图书馆（Library of Congress）］

1860 年，摄影师马修·布雷迪（Matthew Brady）在纽约为一位不知名的政治候选人拍摄了他的肖像
当候选人亚伯拉罕·林肯（Abraham Lincoln）在当选美国第十六任总统时，他赞叹到，是布雷迪的照片
他赢得了大选（源自：美国国会图书馆）

雷德里克·道格拉斯（Frederick Douglass）
经是个逃亡的奴隶，后来成了著名的演说
和作家，同时是美国废奴运动的领袖。他拍
了自己的照片，用以改变公众对黑人的态
照片上的他英俊潇洒，衣着优雅，举止端
告诉世人黑人和白人一样平易近人，一样
得钦佩。19 世纪时，道格拉斯是拍照最多的
国人［源自：英国国家肖像艺术馆（National
trait Gallery），史密森尼学会（Smithsonian
titution）］

相同摄影素材一样重要。1863 年，葛底斯堡战役（Battle of Gettysburg）爆发，摄影师蒂莫西·H. 奥沙文（Timothy H.O'Sullivan）拍摄了这张照片，命名为《死亡收成》（*A Harvest of Death*），却被指控故意摄死亡场景，以此来渲染悲惨气氛。难道把“枪口”转向摄影师后，就能否认照片的真实性吗？（源自：国国会图书馆）

摄影能够拍出肉眼不可见的细节，科学家们对此兴趣颇深。埃德沃德·迈布里奇（Eadweard Muybridge）设置了数部摄像机来拍摄人类和动物的运动轨迹，在1881年，他拍摄下这张动态跨栏照。他所做的工作改变了人们对运动和解剖学的理解（源自：美国国会图书馆）

摄影先驱威廉·福克斯·塔尔博特（William Fox Talbot），正负系统摄影法的发明者，使得摄影成了一门艺术。1844年，塔尔博特拍摄了这张照片——《开着的门》（*The Open Door*），相较于照片中的“主角”，某些不起眼的角落可能更引人注目［源自：Gilman Collection，约瑟夫·M·科恩（Joseph M. Cohen）与罗伯特·罗森克兰兹于2005年捐赠/美国大都会艺术博物馆（The Metropolitan Museum of Art）］

开始，艺术摄影以古典为主题风格，比如在1857年，奥斯卡·古斯塔夫·雷兰德（Oscar Gustave
lander）拍下的这张照片——《两种人生》（*The Two Ways of Life*）。这张照片由三十多张底片组成，属于
作，但照片的风格和主题可能让人感到不自在

然摄影曾是一种非常成功的艺术活动，直至今日仍风靡全球。1865年，卡尔顿·E. 沃特金斯（Carleton
Watkins）用大型相机定格了加州约塞米蒂国家公园（Yosemite）的壮丽景色。这也促使林肯总统立法保
约塞米蒂国家公园，并建立了美国国家公园管理局（the US National Parks Service）（源自：保罗·盖
博物馆）

随着电影风靡一时，电影制作人愈发野心勃勃。D.W. 格里菲斯（D.W. Griffith）是史上首位使用复杂的电影剪辑来增强现实主义、渲染情感的导演，他用这种方式来达到令人叹为观止的观影效果。1915 年，他导演了电影《一个国家的诞生》（*The Birth of a Nation*），导致在现实生活中沉寂了几十年的三 K 党死灰复燃（源自：Pictorial Press Ltd./ 阿拉米・斯托克摄）